普通高等教育“十二五”规划教材
高等学校教材

# 数学物理方程与特殊函数

闫桂峰　张　琼　姜海燕　编

電子工業出版社
Publishing House of Electronics Industry
北京 · BEIJING

## 内 容 简 介

本书是编者在多年教学经验的基础上，根据工科本科生数学基础课程教学基本要求编写而成的。本书结构严谨，内容丰富，阐述明了，层次分明，配有大量应用实例。全书共分 8 章，其内容有典型数学物理方程的导出和定解问题的提法、求解数学物理方程定解问题的几种方法（包括行波法、分离变量法、积分变换法、格林函数法和差分法），以及两类特殊函数——贝塞尔函数和勒让德多项式的性质及其应用。

本书可以作为高等院校工科本科生“数学物理方程”课程的教材或教学参考书，也可以作为广大工科研究生和相关领域的科研工作者的参考书。



图书在版编目 (CIP) 数据

数学物理方程与特殊函数 / 闫桂峰，张琼，姜海燕编. —北京：电子工业出版社，2013.3

高等学校教材

ISBN 978-7-121-19879-3

I. ①数… II. ①闫… ②张… ③姜… III. ①数学物理方程－高等学校－教材
②特殊函数－高等学校－教材 IV. ①O175.24 ②O174.6

中国版本图书馆 CIP 数据核字（2013）第 052454 号

策划编辑：余 义
责任编辑：余 义
印 刷：北京七彩京通数码快印有限公司
装 订：北京七彩京通数码快印有限公司
出版发行：电子工业出版社
北京市海淀区万寿路 173 信箱 邮编：100036
开 本：787×1092 1/16 印张：14.5 字数：371 千字
版 次：2013 年 3 月第 1 版
印 次：2021 年 12 月第 6 次印刷
定 价：33.00 元

凡所购买电子工业出版社图书有缺损问题，请向购买书店调换。若书店售缺，请与本社发行部联系，联系及邮购电话：(010)88254888。

质量投诉请发邮件至 zlts@phei.com.cn，盗版侵权举报请发邮件至 dbqq@phei.com.cn。

服务热线：(010)88258888。

# 前　言

数学物理方程与特殊函数是高等院校一门重要的专业基础课，是通信工程、电子工程、自动控制等专业本科生的一门必修课程，它前承高等数学、复变函数等基础数学课程，后启电路信号系统、电路分析等专业课程，是理工科本科生深入学习专业知识不可或缺的工具。

本书编者以十多年来为本校电子、信息、控制等工科专业讲授“数学物理方程与特殊函数”课程的教学经验为基础，参阅了国内外大量教材和文献，编写了这本适合新时期研究型教学任务的教材。本教材在编写时特别注意理论联系实际，详细地描述了数学、物理等基础知识与实际问题的紧密联系，针对工程实际中最常出现的三类典型问题建立了相应的数学模型，介绍了这些问题的分析和求解过程、结果的物理意义及其图像，使内容更加丰富、完整，有利于提高教学效果，加深学生对知识的理解，进而培养他们解决实际问题的能力。本书可以作为工科本科生“数学物理方程”课程的教材或教学参考书，也可以为广大工科研究生和相关领域的科研工作者提供参考。

本书包括 8 章内容。第 1 章介绍了三类典型方程的推导过程及定解问题的提法。第 2 章介绍了求解波动问题的特征线法、球面平均值方法和降维法，给出了一维波动方程的达朗贝尔公式和二维、三维波动方程的泊松公式。第 3 章叙述了求解有界域上数学物理方程最常用、最基本的方法——分离变量法。第 4 章讨论了傅里叶变换和拉普拉斯变换，它们是求解无界域上数学物理方程定解问题的两种常用的方法。第 5 章介绍了格林函数法。第 6、7 章分别讲述了两类特殊函数——贝塞尔函数和勒让德多项式。第 8 章对偏微分方程的差分方法进行了简单介绍。作为预备知识和辅助教学材料，附录 A 汇总了线性常微分方程的基本理论和方法，附录 B 介绍了傅里叶级数的基本理论，附录 C 给出了常用的变换表。

本书各章都配有精心挑选的习题，以供读者选择，书后附有所有计算题目的答案。特别地，本书还增加了一些计算机实践题目，这些题目需要使用计算机进行数值计算或辅助作图。

本书第 4 章由张琼编写，第 8 章由姜海燕执笔，其余章节的编写由闫桂峰负责。

本书是北京理工大学“十二五”校级规划教材，在编写和出版过程中得到了电子工业出版社和北京理工大学教务处的大力支持和帮助，北京理工大学数学学院多位同事给予了关心与帮助，在此一并表示感谢。

由于编者学识水平有限，书中一定还存在不少缺点和错误，衷心希望广大读者批评指正。

编　者

2012 年 12 月

# 前　言

数学物理方程与特殊函数是高等院校一门重要的专业基础课，是通信工程、电子工程、自动控制等专业本科生的一门必修课程。它前承高等数学、复变函数等基础数学课程，后启电路信号系统、电路分析等专业课程，是理工科本科生深入学习专业知识不可或缺的工具。

本书编者以十多年来为本校电子、信息、控制等工科专业讲授"数学物理方程与特殊函数"课程的教学经验为基础，参阅了国内外大量资料和文献，编写了这本适合新时期研究型教学任务的教材。本教材在编写时特别注意理论联系实际，详细地描述了数学、物理等基础知识与实际问题的紧密联系，针对工程实际中最常出现的三类典型问题建立了相应的数学模型，介绍了这些问题的分析和求解过程，结果的物理意义及其图像，使内容更加丰富、完整，有利于提高教学效果，加深学生对知识的理解，进而培养他们解决实际问题的能力。本书可以作为工科本科生"数学物理方程"课程的教材或教学参考书，也可以为广大工科研究生和相关领域的科研工作者提供参考。

本书包括8章内容。第1章介绍了三类典型方程的推导过程及定解问题的提法。第2章介绍了求解波动问题的特征线法、球面平均值方法和降维法，给出了一维波动方程的达朗贝尔公式和二维、三维波动方程的泊松公式。第3章叙述了求解有界域上数学物理方程最常用、最基本的方法——分离变量法。第4章讨论了傅里叶变换和拉普拉斯变换，它们是求解无界域上数学物理方程定解问题的两种常用的方法。第5章介绍了格林函数法。第6、7章分别讲述了两类特殊函数——贝塞尔函数和勒让德多项式。第8章对偏微分方程的差分方法进行了简单介绍，作为预备知识和辅助教学材料，附录A汇总了线性常微分方程的基本理论和方法，附录B介绍了傅里叶级数的基本理论，附录C给出了常用的变换表。

本书各章都配有精心挑选的习题，以供读者选择，书后附有所有计算题目的答案。特别地，本书还增加了一些计算机实践题目，这些题目需要使用计算机进行数值计算或辅助作图。

本书第4章由张宗娟编写，第8章由姜海燕执笔，其余章节的编写由闫桂峰负责。

本书是北京理工大学"十二五"校级规划教材，在编写和出版过程中得到了电子工业出版社和北京理工大学教务处的大力支持和帮助，北京理工大学数学学院多位同事给予了关心与帮助，在此一并表示感谢。

由于编者学识水平有限，书中一定还存在不少缺点和错误，衷心希望广大读者批评指正。

编　者

2012年12月

# 目　录

# 第 1 章　数学物理方程的导出和定解问题

在这一章里，将通过弦振动、热传导、静电场的势等物理模型说明如何从实际问题导出数学物理方程，并相应地提出定解条件和定解问题等概念。它们将是本课程所介绍的理论与方法的主要研究对象。

## 1.1　数学物理方程的导出

常微分方程的未知函数都是单变量函数，如质点的位移、电路中的电流和电压等物理量都是时间 $t$ 的函数，这些物理量的变化规律在数学上的表示就是常微分方程。但是，在科学研究和生产实际中，还有许多物理量不仅与时间 $t$ 有关，而且与空间位置$(x, y, z)$有关。如描述声波在介质中的传播、电磁波的电场强度和磁感应强度随空间和时间变化等规律时，就会得到含有未知函数及其偏导数的关系式，这些关系式就称为**数学物理方程**。下面以几个典型方程的推导为例，说明如何从实际研究对象出发，抓住主要因素，利用有关的物理定律，如牛顿第二定律、能量守恒定律、质量守恒定律等，建立数学物理方程。

### 1.1.1　弦的微小横振动

在演奏乐器时，被拨动的弦只是一小段，但是弦是拉紧的，各小段之间有相互作用力，即张力。在张力的作用下，一小段弦的振动会引起邻近小段弦的振动，这种振动的传播称为**波**。现在研究弦的微小横振动。设有细长柔软的弦，紧绷于 $A$、$B$ 两点之间，在平衡位置 $AB$ 附近，弦受垂直外力作用后产生振幅极小的横振动，确定弦的运动状态。

1．假设与结论

(1) 横振动：如图1.1所示，取弦的平衡位置为 $x$ 轴，横振动是指弦上各点的振动发生在一个平面内，且各点的运动方向垂直于平衡位置。选坐标系 $Oxu$，以 $u(x,t)$ 表示弦上点 $x$ 在时刻 $t$ 离开平衡位置的位移。

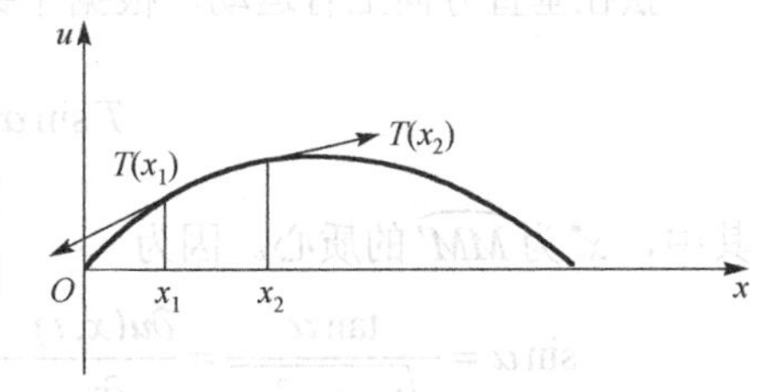


图 1.1　弦的微小横振动

(2) 微小振动：弦上各点位移与弦长相比很小，且振动很平缓，即各点斜率变化很微小，也即$\left(\dfrac{\partial u}{\partial x}\right)^2 \ll 1$，于是

$$\Delta s = \int_x^{x+\Delta x} \sqrt{1+\left(\frac{\partial u}{\partial x}\right)^2}\,\mathrm{d}x \approx \int_x^{x+\Delta x} \mathrm{d}x = \Delta x$$

即在微小横振动过程中，弦长基本上不发生改变。

(3) 弦是柔软的：弦线对形变不产生任何抗力，张力 $\boldsymbol{T}(x,t)$ 的方向总沿着弦在点 $x$ 的切线

方向，并且由于在振动过程中，弦长不发生变化，因此各点张力 $\boldsymbol{T}(x,t)$ 与时间无关，即 $\boldsymbol{T}(x,t)=\boldsymbol{T}(x)$，记 $|\boldsymbol{T}(x)|=T(x)$。

(4) 弦是均匀的：弦上各点密度为常数，记其为 $\rho$。

(5) 弦的重力与张力相比很小，可以忽略。

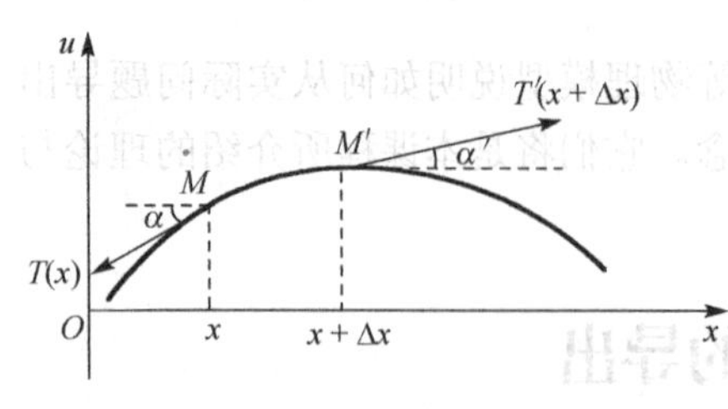


图 1.2　微元 $\overset{\frown}{MM'}$ 的受力分析

2. 建立方程

如图 1.2 所示，任取弦上一小弧段微元 $\overset{\frown}{MM'}$，研究 $\overset{\frown}{MM'}$ 在水平方向上和铅垂方向上的运动情况。

1) 受力分析

设弦在点 $M$、$M'$ 的切线与 $x$ 轴的夹角分别为 $\alpha$、$\alpha'$，微元在端点 $M$ 受张力 $T(x)$ 作用，其在 $x$ 轴方向的分量为 $-T(x)\cos\alpha$，在 $y$ 轴方向的分量为 $-T(x)\sin\alpha$；在端点 $M'$ 处受张力 $T(x+\Delta x)$ 作用，其在 $x$ 轴、$y$ 轴方向的分量分别为 $T(x+\Delta x)\cos\alpha$ 和 $T(x+\Delta x)\sin\alpha$。

2) 运动方程

由于小弧段 $\overset{\frown}{MM'}$ 在水平方向上没有运动，故合力为零，即

$$T(x+\Delta x)\cos\alpha'-T(x)\cos\alpha=0$$

由于 $\alpha\approx 0$，故

$$\cos\alpha=\frac{1}{\sqrt{1+\tan^2\alpha}}=\frac{1}{\sqrt{1+u_x^2(x,t)}}\approx 1$$

同理，$\cos\alpha'\approx 1$，所以有

$$T(x+\Delta x)-T(x)=0$$

即各点张力相等，以常数 $T$ 表示。

弦在垂直方向上有运动，根据牛顿第二定律，有

$$T\sin\alpha'-T\sin\alpha=\rho\Delta s\frac{\partial^2 u(x^*,t)}{\partial t^2} \tag{1.1.1}$$

其中，$x^*$ 为 $\overset{\frown}{MM'}$ 的质心。因为

$$\sin\alpha=\frac{\tan\alpha}{\sqrt{1+\tan^2\alpha}}=\frac{\partial u(x,t)}{\partial x}\frac{1}{\sqrt{1+u_x^2(x,t)}}\approx\frac{\partial u(x,t)}{\partial x},\quad \sin\alpha'\approx\frac{\partial u(x+\Delta x,t)}{\partial x}$$

且 $\Delta s\approx\Delta x$，所以有

$$T\left[\frac{\partial u(x+\Delta x,t)}{\partial x}-\frac{\partial u(x,t)}{\partial x}\right]=\rho\Delta x\frac{\partial^2 u(x^*,t)}{\partial t^2}$$

假设函数 $u(x,t)$ 二阶连续可微，由微分中值定理

$$T\frac{\partial^2 u(\tilde{x},t)}{\partial x^2}\Delta x=\rho\Delta x\frac{\partial^2 u(x^*,t)}{\partial t^2}$$

其中，$x<\tilde{x}<x+\Delta x$。令 $\Delta x\to 0$，则 $\tilde{x}\to x$，$x^*\to x$，得

$$T\frac{\partial^2 u(x,t)}{\partial x^2}=\rho\frac{\partial^2 u(x,t)}{\partial t^2}$$

令 $a^2=\dfrac{T}{\rho}$，则有

$$\frac{\partial^2 u}{\partial t^2}-a^2\frac{\partial^2 u}{\partial x^2}=0 \tag{1.1.2}$$

式(1.1.2)称为**弦的自由振动方程**。

若弦还受外力的作用，假设外力线密度为 $F(x,t)$，方向为 $u$ 轴正向，则式(1.1.1)应修改为

$$T\sin\alpha'-T\sin\alpha+F(\bar{x},t)\Delta s=\rho\Delta s\frac{\partial^2 u(x^*,t)}{\partial t^2}$$

其中，$x<\bar{x}<x+\Delta x$，考虑到 $\Delta s\approx\Delta x$，并令 $\Delta x\to 0$，化简移项得

$$\frac{\partial^2 u}{\partial t^2}-a^2\frac{\partial^2 u}{\partial x^2}=f \tag{1.1.3}$$

其中，$f=\dfrac{F}{\rho}$。式(1.1.3)称为**弦的强迫振动方程**。

类似地，研究平面柔软均匀薄膜的微小振动，会得到二维波动方程

$$\frac{\partial^2 u}{\partial t^2}-a^2\Delta_2 u=0 \tag{1.1.4}$$

其中，$u(x,y,t)$ 为膜上各点的横向位移；$a^2=\dfrac{T}{\rho}$，$a$ 为膜上振动的传播速度，$T$ 为膜上张力，$\rho$ 为薄膜的面密度。如果薄膜上有横向外力作用，设外力面密度为 $F(x,y,t)$，则得

$$\frac{\partial^2 u}{\partial t^2}-a^2\Delta_2 u=f(x,y,t) \tag{1.1.5}$$

其中，$f(x,y,t)=\dfrac{F(x,y,t)}{\rho}$，$\Delta_2=\dfrac{\partial^2}{\partial x^2}+\dfrac{\partial^2}{\partial y^2}$ 为二维拉普拉斯算子。

利用流体力学中无黏性的理想流体的运动方程、连续性方程和绝热过程的物态方程，通过研究空气质点在平衡位置附近的振动速度、空气的压强和密度的关系，可以推导出描述声波在空气中传播规律的声学方程，即

$$\frac{\partial^2 u}{\partial t^2}-a^2\Delta_3 u=0 \tag{1.1.6}$$

其中，$u(x,y,z,t)$ 为空气密度相对变化量，即 $u=\dfrac{\rho-\rho_0}{\rho_0}$；$a^2=\dfrac{\gamma p_0}{\rho_0}$；$\gamma$ 为空气定压比热与定容比热之比值；$p_0$、$\rho_0$ 分别为空气处于平衡状态时的压强和密度；$\Delta_3=\dfrac{\partial^2}{\partial x^2}+\dfrac{\partial^2}{\partial y^2}+\dfrac{\partial^2}{\partial z^2}$ 为三维拉普拉斯算子。

在以上三个例子中，方程的形式非常相似，实际上，在 1.3 节将看到它们是同一类方程，式(1.1.2)、式(1.1.4)和式(1.1.6)都是波动方程，只是维数不同而已。波动方程可以用来描述声波、电磁波、杆的振动等。

## 1.1.2 热传导方程

由于温度不均匀，热量从温度高的地方向温度低的地方转移，这种现象称为**热传导**。在热传导问题中，研究的是温度在空间中的分布和随时间的变化规律。工程技术中存在大量热传导问题，如混凝土温度应力场的计算问题，首先应通过确定温度场得到温度梯度，再计算温度应力。下面，根据热传导的傅里叶定律和热量守恒定律来推导温度满足的方程。用 $u(x, y, z, t)$ 表示物体在点 $M(x, y, z)$、时刻 $t$ 的温度，通过对任意一个小的体积微元 $\Omega$ 内的热平衡关系的研究，建立其方程。

热传导的起源是温度分布的不均匀，温度不均匀的程度可由温度梯度表示，热传导的强弱可用热流强度，即单位时间内通过单位横截面积的热量来表示。关于温度梯度和热流强度的关系，有如下傅里叶定律。

**傅里叶定律** 物体在 $\mathrm{d}t$ 时间内，沿外法线方向 $\boldsymbol{n}$，流过 $\mathrm{d}S$ 面积的热量 $\mathrm{d}Q$ 与 $\mathrm{d}t$、$\mathrm{d}S$ 及 $\dfrac{\partial u}{\partial \boldsymbol{n}}$ 成正比，即

$$\mathrm{d}Q = -k(x, y, z)\frac{\partial u}{\partial \boldsymbol{n}}\mathrm{d}S\mathrm{d}t \tag{1.1.7}$$

其中

$$\frac{\partial u}{\partial \boldsymbol{n}} = \mathrm{grad}u \cdot \boldsymbol{n} = \frac{\partial u}{\partial x}\cos(\boldsymbol{n}, x) + \frac{\partial u}{\partial y}\cos(\boldsymbol{n}, y) + \frac{\partial u}{\partial z}\cos(\boldsymbol{n}, z)$$

为温度的法向导数，它表示温度沿方向 $\boldsymbol{n}$ 的变化率，$\boldsymbol{n}$ 为 $\partial\Omega$ 的外法线方向。$k(x, y, z) > 0$ 称为**导热系数**，式中的负号表示热流方向与温度梯度方向相反，温度梯度 $\mathrm{grad}u$ 是由温度低的一侧指向温度高的一侧，而热流的方向正好相反。

在物体中，取任意一个封闭的区域 $\Omega$，设其边界为 $\partial\Omega$，则从 $t_1$ 到 $t_2$ 时间段内，流入 $\Omega$ 的热量为

$$Q_1 = \int_{t_1}^{t_2}\left[\iint_{\partial\Omega} k(x,y,z)\frac{\partial u}{\partial \boldsymbol{n}}\mathrm{d}S\right]\mathrm{d}t$$

设温度函数 $u(x, y, z, t)$ 二阶连续可微，则由奥氏公式有

$$Q_1 = \int_{t_1}^{t_2}\iiint_{\Omega}\left[\frac{\partial}{\partial x}\left(k\frac{\partial u}{\partial x}\right) + \frac{\partial}{\partial y}\left(k\frac{\partial u}{\partial y}\right) + \frac{\partial}{\partial z}\left(k\frac{\partial u}{\partial z}\right)\right]\mathrm{d}V\mathrm{d}t$$

$\Omega$ 内各点的温度由 $u(x, y, z, t_1)$ 变到 $u(x, y, z, t_2)$ 共吸收热量为

$$Q_2 = \iiint_{\Omega} c(x, y, z)\rho(x, y, z)[u(x, y, z, t_2) - u(x, y, z, t_1)]\mathrm{d}V$$

其中，$c(x, y, z)$ 为各点的比热，$\rho(x, y, z)$ 为密度。而

$$u(x, y, z, t_2) - u(x, y, z, t_1) = \int_{t_1}^{t_2}\frac{\partial u}{\partial t}\mathrm{d}t$$

由热量守恒定律，有 $Q_1 = Q_2$，即

$$\int_{t_1}^{t_2}\left\{\iiint_{\Omega}\left[\frac{\partial}{\partial x}\left(k\frac{\partial u}{\partial x}\right)+\frac{\partial}{\partial y}\left(k\frac{\partial u}{\partial y}\right)+\frac{\partial}{\partial z}\left(k\frac{\partial u}{\partial z}\right)\right]\mathrm{d}V\right\}\mathrm{d}t=\iiint_{\Omega}\int_{t_1}^{t_2}c\rho\frac{\partial u}{\partial t}\mathrm{d}t\mathrm{d}V \tag{1.1.8}$$

由 $u$ 的二阶连续可微性及 $\Omega$ 和 $[t_1,t_2]$ 的任意性，得

$$c\rho\frac{\partial u}{\partial t}=\frac{\partial}{\partial x}\left(k\frac{\partial u}{\partial x}\right)+\frac{\partial}{\partial y}\left(k\frac{\partial u}{\partial y}\right)+\frac{\partial}{\partial z}\left(k\frac{\partial u}{\partial z}\right)$$

若物体均匀且各向同性，则 $k$、$c$、$\rho$ 均为常数，记 $a^2=\dfrac{k}{c\rho}$（$a$ 称为**导温系数**），得

$$\frac{\partial u}{\partial t}-a^2\Delta_3 u=0 \tag{1.1.9}$$

若 $\Omega$ 内有热源，设单位时间内单位体积产生的热量为 $F(x,y,z,t)$，则在时间 $[t_1,t_2]$ 内热源散发的热量为

$$Q_3=\int_{t_1}^{t_2}\iiint_{\Omega}F(x,y,z,t)\mathrm{d}V\mathrm{d}t$$

则式(1.1.8)应修改为

$$\int_{t_1}^{t_2}\left\{\iiint_{\Omega}\left[\frac{\partial}{\partial x}\left(k\frac{\partial u}{\partial x}\right)+\frac{\partial}{\partial y}\left(k\frac{\partial u}{\partial y}\right)+\frac{\partial}{\partial z}\left(k\frac{\partial u}{\partial z}\right)\right]\mathrm{d}V\right\}\mathrm{d}t+\int_{t_1}^{t_2}\iiint_{\Omega}F(x,y,z,t)\mathrm{d}V\mathrm{d}t=\iiint_{\Omega}\int_{t_1}^{t_2}c\rho\frac{\partial u}{\partial t}\mathrm{d}V\mathrm{d}t$$

化简得到有热源的热传导方程为

$$\frac{\partial u}{\partial t}-a^2\Delta_3 u=f(x,y,z,t) \tag{1.1.10}$$

其中，$f(x,y,z,t)=F(x,y,z,t)/(c\rho)$。式(1.1.9)和式(1.1.10)统称为**三维热传导方程**。

若物体是一根细长的杆，其侧表面与周围介质不进行热交换，垂直于轴线的同一截面上各点温度分布相同，则可以近似地认为杆上温度分布只依赖于截面的位置，因此若取细杆的轴线为 $x$ 轴，则相应的热传导方程为

$$\frac{\partial u}{\partial t}-a^2\frac{\partial^2 u}{\partial x^2}=f(x,t) \tag{1.1.11}$$

式(1.1.11)称为**一维热传导方程**。

若物体是一个薄片，上、下底面不与周围介质进行热交换，则热传导方程为

$$\frac{\partial u}{\partial t}-a^2\left(\frac{\partial^2 u}{\partial x^2}+\frac{\partial^2 u}{\partial y^2}\right)=f(x,y,t) \tag{1.1.12}$$

式(1.1.12)称为**二维热传导方程**。

热传导方程除了可以描述物体的温度变化规律外，还可以描述很多实际问题，如物质扩散时的浓度变化规律、长海峡的潮汐波的运动、土壤力学中的渗透问题等。对于扩散问题，若以 $N(x,y,z,t)$ 表示扩散物质的浓度，则根据扩散定律和质量守恒定律，可得

$$\frac{\partial N}{\partial t}-D\Delta_3 N=0 \tag{1.1.13}$$

其中，$D$ 称为**扩散系数**，$D>0$。

### 1.1.3 静电场的势方程

由静电学知道，静电场是有源无旋场。反映静电场基本性质的是高斯定理。下面，根据这一定理来推导出描述静电场的数学物理方程。

假设有一个静电场，其电场强度为 $\boldsymbol{E}=(E_1,E_2,E_3)$，介电常数 $\varepsilon=1$，电荷密度为 $\rho(x,y,z)$；$\Omega$ 是空间中的一个有界区域，$\partial\Omega$ 为其边界，则有如下静电学基本定理。

**高斯定理** 穿过闭合曲面 $\partial\Omega$ 向外的电通量等于 $\partial\Omega$ 内所含电量的 $4\pi$ 倍，即

$$\iint\limits_{\partial\Omega}\boldsymbol{E}\cdot\boldsymbol{n}\mathrm{d}S=4\pi\iiint\limits_{\Omega}\rho(x,y,z)\mathrm{d}V$$

其中，$\boldsymbol{n}$ 为 $\partial\Omega$ 的外法向量。由奥氏公式

$$\begin{aligned}\iint\limits_{\partial\Omega}\boldsymbol{E}\cdot\boldsymbol{n}\mathrm{d}S&=\iint\limits_{\partial\Omega}[E_1\cos(\boldsymbol{n},x)+E_2\cos(\boldsymbol{n},y)+E_3\cos(\boldsymbol{n},z)]\mathrm{d}S\\&=\iiint\limits_{\Omega}\left[\frac{\partial E_1}{\partial x}+\frac{\partial E_2}{\partial y}+\frac{\partial E_3}{\partial z}\right]\mathrm{d}V\\&=\iiint\limits_{\Omega}\mathrm{div}\boldsymbol{E}\mathrm{d}V\end{aligned}$$

于是，有

$$\iiint\limits_{\Omega}\mathrm{div}\boldsymbol{E}\mathrm{d}V=4\pi\iiint\limits_{\Omega}\rho\mathrm{d}V$$

由 $\Omega$ 的任意性，得静电场方程

$$\mathrm{div}\boldsymbol{E}=4\pi\rho(x,y,z)$$

又由于静电场 $\boldsymbol{E}$ 是有势场，故存在势函数 $u$，使得

$$\boldsymbol{E}=-\mathrm{grad}\,u$$

于是，有

$$\mathrm{div\ grad}\,u=f(x,y,z)$$

其中，$f(x,y,z)=-4\pi\rho(x,y,z)$，即

$$\frac{\partial^2u}{\partial x^2}+\frac{\partial^2u}{\partial y^2}+\frac{\partial^2u}{\partial z^2}=f(x,y,z)\tag{1.1.14}$$

式(1.1.14)是静电场有源的电势方程，称为**三维泊松方程**。若区域内无电荷，即 $\rho(x,y,z)\equiv0$，则得无源的电势方程

$$\frac{\partial^2u}{\partial x^2}+\frac{\partial^2u}{\partial y^2}+\frac{\partial^2u}{\partial z^2}=0\tag{1.1.15}$$

式(1.1.15)称为**三维拉普拉斯方程**。

对于流速场 $\boldsymbol{v}$，若其无旋，则存在势函数 $\varphi$，使得

$$\boldsymbol{v}=-\mathrm{grad}\varphi$$

若该速度场无源，则 $\boldsymbol{v}$ 的散度为零，即

$$\operatorname{div} \boldsymbol{v} = 0$$

故对于无源无旋的流速场 $\boldsymbol{v}$，有

$$\operatorname{div} \operatorname{grad} \varphi = 0$$

即

$$\frac{\partial^2 \varphi}{\partial x^2} + \frac{\partial^2 \varphi}{\partial y^2} + \frac{\partial^2 \varphi}{\partial z^2} = 0 \tag{1.1.16}$$

实际上，引力势、弹性力学中的调和势等均可由拉普拉斯方程（或泊松方程）描述。在无热源的热传导问题中，经过相当长的时间后，各点的温度随时间的推移而趋于稳定，称为温度分布趋于稳恒状态，这时 $\frac{\partial u}{\partial t} = 0$，式(1.1.9)退化为拉普拉斯方程

$$\Delta_3 u = 0$$

类似地，若热源与时间无关，且温度分布达到稳定状态时就有

$$\Delta_3 u = f(x, y, z)$$

所以稳恒温度场、浓度场也可由拉普拉斯方程（或泊松方程）描述。

从上述几个例子可以看出，推导数学物理方程实质上就是找物理规律的数学表示。物理规律反映的是某个物理量在邻近地点和邻近时刻之间的联系。一般地，数学物理方程的导出步骤可归纳如下：

(1) 确定所研究的物理量 $u$，如振动问题中弦（或膜）的位移、热传导问题中的温度等；

(2) 根据所研究问题的区域确定适当的坐标系，如常用的直角坐标系、平面极坐标系等；

(3) 确定研究单元，根据物理定律（如前面用过的牛顿第二定律、能量守恒定律、质量守恒定律等）和实验资料写出该单元与邻近单元的相互作用，分析这种相互作用在一个短时间内对物理量 $u$ 的影响，表达为数学式；

(4) 简化整理，得到数学物理方程。

应该强调的一点是，虽然这里只对几个具体的物理问题导出了方程，但是，这些方程所反映的规律绝不局限于这几个具体问题，它们具有广泛的代表性，许多不同的物理过程的变化规律可以用同一个数学物理方程来描述，如扩散方程、土壤力学中的渗透方程都具有热传导方程的形式，稳定的温度分布、流体的势等都满足拉普拉斯方程，杆的扭转、建筑物的剪振动等都满足波动方程。

## 1.2　定解条件及定解问题

通常，方程描述的是某一类物理过程的共同规律，因此被称为泛定方程为了描述一个特定的物理现象，除了方程外，还必须考虑实际物理模型的初始状态和所处的环境。如弦的振动，方程 $u_{tt} - a^2 u_{xx} = 0$ 描述了所有均匀柔软的弦做微小横振动的一般性运动规律。容易验证

$$u_1(x, t) = \sin \frac{\pi x}{l} \cos \frac{\pi a t}{l}$$

$$u_2(x,t)=\cos\frac{\pi x}{l}\cos\frac{\pi at}{l}$$

$$u_3(x,t)=\sin\frac{\pi x}{2l}\cos\frac{\pi at}{2l}$$

$$u_4(x,t)=\cos\frac{\pi x}{2l}\cos\frac{\pi at}{2l}$$

都是一维波动方程$u_{tt}-a^2u_{xx}=0$ 的解，但它们显然是不同的，图 1.3 给出了这 4 个解在$t=0,\frac{1}{4},\frac{1}{2},\frac{3}{4},1$时的图像，从中可以看出，这些解代表着不同的波。实际上，弦端点状态的不同，如有两端固定、两端自由及一端固定而另一端按已知规律振动等，会导致所对应的振动规律$u(x,t)$的不同，因此要刻画一条具体、特定的弦的振动规律，必须考虑端点的状况对解的影响。另外，由于任何一个振动物体在一个时刻的振动状态总是与此时刻前的状态有关，因此它一定与初始时刻的状态有关。如果引起弦振动的初始原因不同，那么弦的振动规律会有显著的不同。

因此，为了描述一个具体的物理问题，除了方程外，还必须考虑这个物理问题的初始状态和环境条件。在数学物理方程中，将用来说明物理模型的初始状态和边界上约束情况的条件分别称为**初始条件**和**边界条件**。下面具体说明初始条件和边界条件的表达形式。

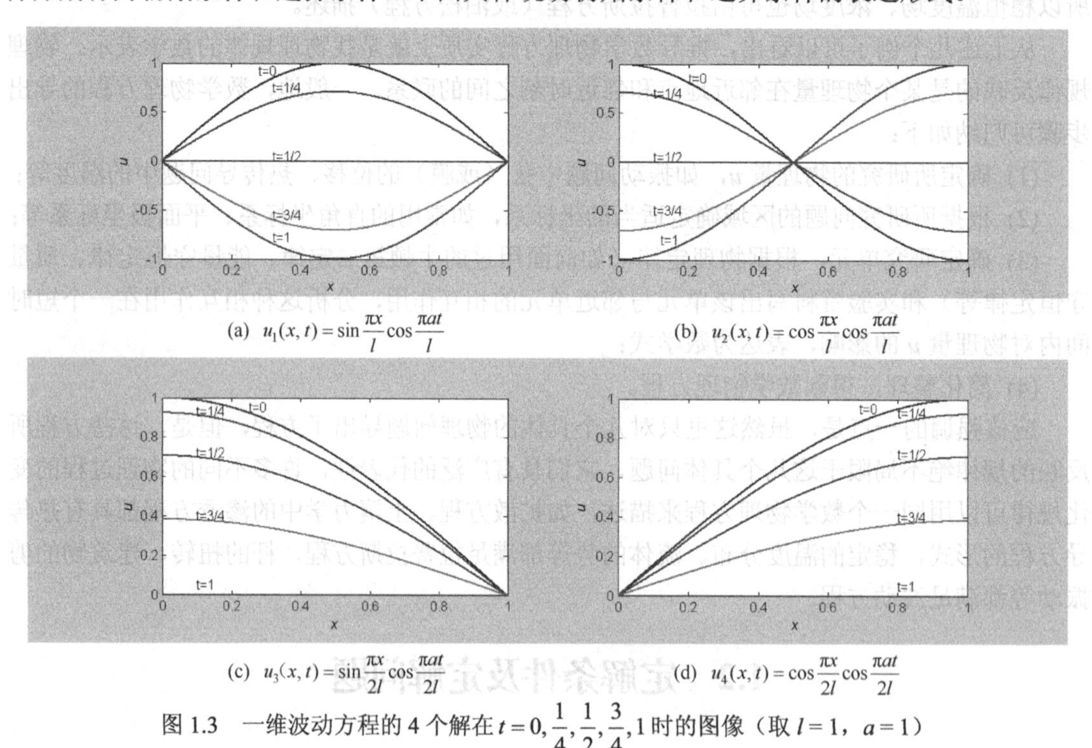


(a) $u_1(x,t)=\sin\frac{\pi x}{l}\cos\frac{\pi at}{l}$ (b) $u_2(x,t)=\cos\frac{\pi x}{l}\cos\frac{\pi at}{l}$

(c) $u_3(x,t)=\sin\frac{\pi x}{2l}\cos\frac{\pi at}{2l}$ (d) $u_4(x,t)=\cos\frac{\pi x}{2l}\cos\frac{\pi at}{2l}$

图 1.3 一维波动方程的 4 个解在$t=0,\frac{1}{4},\frac{1}{2},\frac{3}{4},1$时的图像（取$l=1$，$a=1$）

### 1.2.1 初始条件

对随时间变化的问题，必须考虑研究对象在起始时刻的状态。对于振动过程，初始条件应包括初始时刻的位移和速度，设初始位移、初始速度分别为$\varphi(x,y,z)$、$\psi(x,y,z)$，称

$$u(x,y,z,t)\big|_{t=0}=\varphi(x,y,z),\qquad \left.\frac{\partial u(x,y,z,t)}{\partial t}\right|_{t=0}=\psi(x,y,z) \tag{1.2.1}$$

为振动方程的**初始条件**，当$\varphi(x,y,z)\equiv 0$、$\psi(x,y,z)\equiv 0$时，式(1.2.1)称为**齐次初始条件**；当$\varphi(x,y,z)$或$\psi(x,y,z)$不恒为零时，它称为**非齐次初始条件**。

对于输运过程（扩散、热传导等），初始状态指的是所研究物理量的初始分布（初始浓度分布、初始温度分布等），因此，初始条件是

$$u(x,y,z,t)\big|_{t=0}=\varphi(x,y,z) \tag{1.2.2}$$

其中，$\varphi(x,y,z)$为已知函数。

从式(1.2.1)和式(1.2.2)可以看到，不同类型的方程，其相应初始条件的个数不同。从数学角度看，就时间这个变量而言，输运过程的方程中只出现 $t$ 的一阶导数，它是关于 $t$ 的一阶微分方程，所以只需要一个初始条件；振动方程中出现了 $t$ 的二阶导数，所以需要两个初始条件；对于泊松方程和拉普拉斯方程，由于其不包含时间变量，所以不需要提初始条件。

另外，需要注意的一点是初始条件应当给出整个系统的初始状态，而非系统中个别点的初始状态。例如，对于“长为$l$、两端固定的弦，初始时刻时，将弦的中点拉起$h$”，如图 1.4 所示。其相应的初始条件应为

$$u\big|_{t=0}=\begin{cases}\dfrac{2h}{l}x & \left(0\leqslant x<\dfrac{l}{2}\right)\\[2mm] \dfrac{2h}{l}(l-x) & \left(\dfrac{l}{2}\leqslant x\leqslant l\right)\end{cases}$$

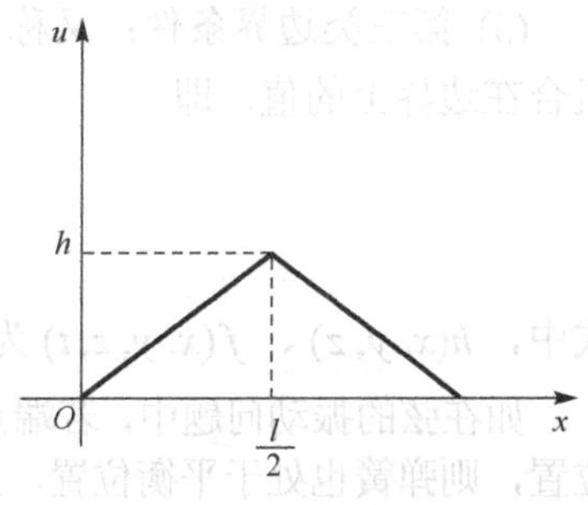

图 1.4　初始位移

## 1.2.2　边界条件

研究具体的物理系统，还必须考虑周围环境对研究对象的影响，即需要给出系统的边界条件。常用的线性边界条件主要有以下三类。

(1) 第一类边界条件：又称为**狄利克雷条件**，它直接规定未知函数在边界上的数值，即

$$u(x,y,z,t)\big|_{\Gamma}=f(x,y,z,t) \tag{1.2.3}$$

其中，$f(x,y,z,t)$为已知函数，$\Gamma$为边界。

如弦的振动问题，设弦长为 $l$，一端固定，一端以$\sin t$规律运动，则在其两个端点上满足

$$u\big|_{x=0}=0,\qquad u\big|_{x=l}=\sin t$$

(2) 第二类边界条件：又称为**诺伊曼条件**，它直接给出未知函数在边界上的法向导数值，即

$$\left.\frac{\partial u}{\partial \boldsymbol{n}}\right|_{\Gamma}=f(x,y,z,t) \tag{1.2.4}$$

其中，$\boldsymbol{n}$为边界$\Gamma$上点$(x,y,z)$的外法向量，$f(x,y,z,t)$为已知函数。

对于弦的振动，第二类边界条件$\left.\dfrac{\partial u}{\partial x}\right|_{x=l}=f(t)$可视为在端点$x=l$处有沿着$u$轴方向的外力

$Tf(t)$，其中 $T$ 为弦中张力。而齐次条件 $\left.\dfrac{\partial u}{\partial x}\right|_{x=l}=0$ 则表示该端点不受垂直方向外力的作用，所以称其为**自由端**。

而对于热传导方程，由傅里叶传热定律得

$$k\left.\frac{\partial u}{\partial \boldsymbol{n}}\right|_{\Gamma}=-\frac{\mathrm{d}Q}{\mathrm{d}S\mathrm{d}t}$$

故第二类边界条件 $\left.\dfrac{\partial u}{\partial \boldsymbol{n}}\right|_{\Gamma}=f(x,y,z,t)$ 表示在单位面积、单位时间内沿边界外法线方向流出的热量为 $kf(x,y,z,t)$，若在边界没有热量交换，则称边界是**绝热的**，此时有 $\left.\dfrac{\partial u}{\partial \boldsymbol{n}}\right|_{\Gamma}=0$。如长为 $l$ 的导热杆，在 $x=0$ 端有热量流出，热流密度为 $q(t)$，$x=l$ 端绝热，则杆两端的边界条件为 $\left.\dfrac{\partial u}{\partial x}\right|_{x=0}=\dfrac{q(t)}{k}$ 和 $\left.\dfrac{\partial u}{\partial x}\right|_{x=l}=0$。

(3) 第三类边界条件：又称为**混合边界条件**。它给出了未知函数和它的法向导数的线性组合在边界上的值，即

$$\left[u+h\frac{\partial u}{\partial \boldsymbol{n}}\right]_{\Gamma}=f(x,y,z,t) \tag{1.2.5}$$

式中，$h(x,y,z)$、$f(x,y,z,t)$ 为已知函数。

如在弦的振动问题中，若端点 $x=l$ 固定于弹簧的一端，弹簧的另一端固定，且弦处于平衡位置，则弹簧也处于平衡位置，此种连接称为**弹性连接**。设弦的位移为 $u(x,t)$，则在 $x=l$ 处，弹性力为 $-k\left.u\right|_{x=l}$，其中 $k$ 为弹簧的弹性系数，而张力的垂直分量为 $T\left.\dfrac{\partial u}{\partial x}\right|_{x=l}$，由力的平衡，有

$$T\left.\frac{\partial u}{\partial x}\right|_{x=l}=-k\left.u\right|_{x=l}$$

即

$$\left.\left(\frac{\partial u}{\partial x}+hu\right)\right|_{x=l}=0$$

其中，$h=\dfrac{k}{T}$。若 $x=0$ 端也固定在弹性支承上，则有

$$\left.\left(\frac{\partial u}{\partial x}-hu\right)\right|_{x=0}=0$$

又如杆的导热问题，若端点 $x=l$ 自由冷却，且周围介质温度为 $u_1$，则由牛顿冷却定理，在 $\mathrm{d}t$ 时间内通过杆的端点横截面散失的热量和杆端点上的温度与介质的温度差、杆的横截面积及 $\mathrm{d}t$ 成正比，即

$$\mathrm{d}Q_1=H(u-u_1)\mathrm{d}S\mathrm{d}t$$

其中，$H$ 为热交换系数，$H>0$；$\mathrm{d}S$ 为杆的横截面积。同时，从杆的内部流到边界的热量为

$$dQ_2 = -k\frac{\partial u}{\partial \boldsymbol{n}}dSdt = -k\frac{\partial u}{\partial x}dSdt$$

则在这个端点的边界条件为

$$-k\frac{\partial u}{\partial x}\bigg|_{x=l} = H(u-u_1)$$

即

$$\left(u + h\frac{\partial u}{\partial x}\right)\bigg|_{x=l} = u_1$$

其中，$h = k/H$。

以上三类边界条件都是线性的，若 $f \equiv 0$，则分别称为第一类、第二类、第三类**齐次边界条件**，否则称为**非齐次边界条件**。

当然，边界条件并不只限于以上三类，还有各式各样的线性甚至非线性的边界条件。如在热传导问题中，如果物体表面按照斯蒂芬定律向周围辐射热量，那么边界条件为

$$-k\frac{\partial u}{\partial \boldsymbol{n}}\bigg|_{\Gamma} = H\left(u^4\big|_{\Gamma} - u_1^4\right)$$

其中，$H$ 为一个常数，$u_1$ 为外界温度，$u$ 和 $u_1$ 都是热力学温度。

关于边界条件有两点说明：

(1) 边界条件只要确切说明边界上的物理状况即可；

(2) 应区分边界条件和泛定方程中的外力或源，如在一维热传导问题中，若在 $x=0$ 端有热流流入，强度为 $q$，那么在该端点有边界条件

$$-k\frac{\partial u}{\partial x}\bigg|_{x=0} = q$$

若把 $x=0$ 端的流入热流误解为热源，而将方程写为

$$\frac{\partial u}{\partial t} - a^2\frac{\partial^2 u}{\partial x^2} = \frac{q}{c\rho}$$

则是错误的。

除了初始条件和边界条件外，有些具体的物理问题还需要附加一些其他条件才能确定其解。如在研究弦振动问题时，如果有横向力集中作用于点 $x = x_0$，那么该点就成为弦的折点（如图 1.5 所示）。在折点 $x_0$ 处，斜率的左、右极限 $u_x(x_0-,t)$和$u_x(x_0+,t)$ 不同，$u_x$ 有跃变，因此 $u_{xx}$ 不存在，故弦振动方程 $u_{tt} - a^2u_{xx} = 0$ 在该点没有意义。但是，在折点 $x_0$ 处弦的位移应该是连续的，即

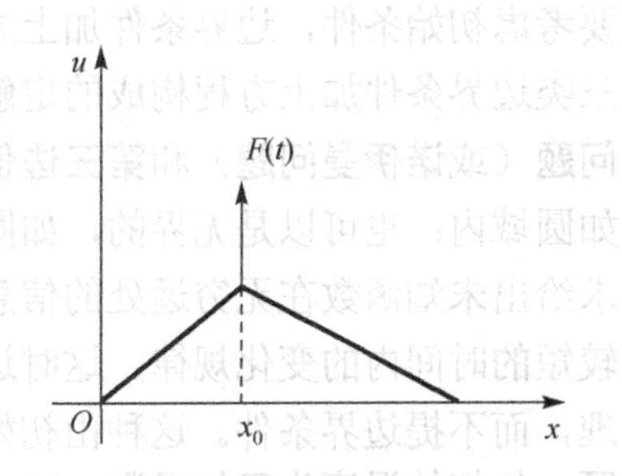


图 1.5　有折点弦的位移

$$u(x_0-,t) = u(x_0+,t) \tag{1.2.6}$$

同时，折点 $x_0$ 处外力与张力是平衡的，即

$$T\frac{\partial u(x_0+,t)}{\partial x}-T\frac{\partial u(x_0-,t)}{\partial x}=-F(t) \tag{1.2.7}$$

其中，$T$ 为弦中张力。式(1.2.6)和式(1.2.7)描述了弦在折点处的状态，称为**衔接条件**。

另外，在一些情况下，出于物理上的合理性等原因，要求解为单值、有限等，提出所谓的自然边界条件。这些条件通常都不是所研究的问题直接明确地给出的，而是根据解的特性要求自然加上去的，故称为**自然边界条件**。如欧拉方程

$$x^2y+2xy'-n(n+1)y=0$$

的通解是 $y=C_1x^n+C_2x^{-(n+1)}$，其中 $C_1$、$C_2$ 是任意常数。在区间[0, $l$]中，若要求解有限，则必有如下自然边界条件：

$$y|_{x=0}\to \text{有限}$$

从而，在区间[0, $l$]中，其解应表示为

$$y=C_1x^n$$

又如在平面极坐标系下，由解的单值性可得到自然周期条件

$$u(\rho,\varphi)=u(\rho,\varphi+2\pi) \tag{1.2.8}$$

对于球坐标系或柱坐标系，有同样的条件成立。

初始条件、边界条件统称为**定解条件**，对于具体的物理模型，方程和定解条件一起才构成问题的完整提法。如弦的微小横振动，两端固定，初始位移为 $\varphi(x)$，初始速度为 $\psi(x)$，求弦上任一点 $x$ 在振动开始后任一时刻 $t$ 的位移 $u(x,t)$，则问题的数学表示为

$$\begin{cases}\dfrac{\partial^2u}{\partial t^2}-a^2\dfrac{\partial^2u}{\partial x^2}=0 & (0<x<l,t>0)\\ u|_{x=0}=0,u|_{x=l}=0 & (0<x<l)\\ u|_{t=0}=\varphi(x),\left.\dfrac{\partial u}{\partial t}\right|_{t=0}=\psi(x)\end{cases}$$

以上公式是弦振动问题的完整描述，称之为**定解问题**。

对于描述稳恒过程的拉普拉斯方程或泊松方程，未知函数 $u$ 与时间 $t$ 无关，这时没有必要考虑初始条件，边界条件加上方程就构成了定解问题，称其为**边值问题**。通常，将上述的三类边界条件加上方程构成的定解问题分别称为**第一边值问题（或狄利克雷问题）**、**第二边值问题（或诺伊曼问题）**和**第三边值问题（或罗宾问题）**。边值问题考虑的区域可以是有界的，如圆域内；也可以是无界的，如圆域外。当考虑的区域无界时，按问题的实际意义，通常要求给出未知函数在无穷远处的信息。如果物体的体积很大，而只需考虑物体内部的物理量在较短的时间内的变化规律，这时边界上的影响还达不到内部，就把区域当成是无界区域来处理，而不提边界条件。这种由初始条件和方程组成的定解问题称为**初值问题**，又称为**柯西问题**，如初始温度为已知函数 $\varphi(x)$ 的无限长杆的热传导问题描述为

$$\begin{cases}\dfrac{\partial u}{\partial t}-a^2\dfrac{\partial^2u}{\partial x^2}=0 & (-\infty<x<+\infty,t>0)\\ u|_{t=0}=\varphi(x)\end{cases}$$

既含有初始条件又含有边界条件的定解问题称为**混合问题**，或称**初边值问题**，如三维热传导方程的混合问题为

$$\begin{cases}\dfrac{\partial u}{\partial t}-a^2\left(\dfrac{\partial^2 u}{\partial x^2}+\dfrac{\partial^2 u}{\partial y^2}+\dfrac{\partial^2 u}{\partial z^2}\right)=0 \quad [(x,y,z)\in\Omega, t>0] \\ \left.\left(\dfrac{\partial u}{\partial \boldsymbol{n}}+\sigma u\right)\right|_{\partial\Omega}=f(x,y,z,t) \\ u|_{t=0}=\varphi(x,y,z)\end{cases}$$

又如，一维波动方程的混合问题为

$$\begin{cases}\dfrac{\partial^2 u}{\partial t^2}-a^2\dfrac{\partial^2 u}{\partial x^2}=0 \quad (0<x<l, t>0) \\ u|_{x=0}=0, \left.\dfrac{\partial u}{\partial x}\right|_{x=l}=0 \\ u|_{t=0}=\varphi(x), \left.\dfrac{\partial u}{\partial t}\right|_{t=0}=\psi(x)\end{cases}$$

定解问题是具体物理模型的数学抽象，到底应该加怎样的定解条件才是适当的呢？这个问题不能单纯地由定解条件决定，而应从整个定解问题来考虑。从问题的实际意义来看，定解问题既然是实际物理模型的抽象，那么它的解应该存在、唯一，而且对定解条件是连续依赖的。这些就是数学上所讲的定解问题解的存在性、唯一性和稳定性，总称为**定解问题的适定性**。适定性的研究需要涉及许多数学知识，故本书只对一些最基本、最特殊的定解问题的适定性进行介绍。

# 1.3　二阶线性偏微分方程的分类、化简及叠加原理

## 1.3.1　基本概念

在常微分方程理论中，了解了常微分方程的阶、通解、线性、齐次和非齐次等概念。在数学物理方程的理论中，也需要介绍类似的基本概念。

数学物理方程又称为偏微分方程，就是含有未知函数偏导数的方程，方程中所含有的未知函数偏导数的最高阶数，称为**方程的阶**；若方程中关于未知函数及其所有偏导数的次数为 0 次或 1 次，则称该方程为**线性方程**。若把所有的自变量依次记为 $x_1,x_2,\cdots,x_n$，二阶线性偏微分方程可统一表示为

$$\sum_{i=1}^{n}\sum_{j=1}^{n}a_{ij}u_{x_ix_j}+\sum_{i=1}^{n}b_iu_{x_i}+cu=f \tag{1.3.1}$$

其中，$a_{ij}(i,j=1,2,\cdots,n)$、$b_j(j=1,2,\cdots,n)$、$c$、$f$ 都是自变量 $x_1,x_2,\cdots,x_n$ 的函数，且 $a_{ij}(i,j=1,2,\cdots,n)$ 不全等于零。若 $f\equiv 0$，则称方程是**齐次**的，否则称其为**非齐次**的。非齐次的方程通常描述有源（如外力、电荷扩散源等）作用的物理过程。

### 1.3.2　分类和化简

在 1.1 节中，我们从实际问题出发，推导并建立了波动方程、热传导方程和拉普拉斯方程。不同的方程描述的物理规律也不一样。如波的传播是可逆的，而热传导是不可逆的。可以想象，方程解的性质也有很大差别。反映这种差别并对其进行研究是非常有必要的，为此，在数学上将偏微分方程进行分类。这一节将主要讨论二阶线性偏微分方程的分类问题，以两个自变量的二阶线性方程为例，给出相应的定义与例子。一般地，两个自变量的二阶线性偏微分方程的一般形式为

$$a_{11}u_{xx}+2a_{12}u_{xy}+a_{22}u_{yy}+b_1u_x+b_2u_y+cu=f \tag{1.3.2}$$

其中，$a_{11}$、$a_{12}$、$a_{22}$、$b_1$、$b_2$、$c$、$f$ 只是自变量 $x$、$y$ 的函数，且 $a_{11}$、$a_{12}$、$a_{22}$ 中至少有一个不为零。

在解析几何中，$Oxy$ 平面上的二次曲线方程

$$a_{11}x^2+2a_{12}xy+a_{22}y^2+b_1x+b_2y+c=f$$

可通过适当的坐标变换化简为椭圆、双曲线或抛物线的标准方程。对于式(1.3.2)，也希望找到适当的自变量替换把它进行分类、化简。为此，作自变量的变换

$$\begin{cases}\xi=\xi(x,y)\\ \eta=\eta(x,y)\end{cases}$$

设该变换的雅可比行列式不等于零，即

$$J=\begin{vmatrix}\xi_x & \xi_y\\ \eta_x & \eta_y\end{vmatrix}\neq 0$$

由复合函数微分的链式法则，有

$$\begin{aligned}
u_x&=u_\xi\xi_x+u_\eta\eta_x\\
u_y&=u_\xi\xi_y+u_\eta\eta_y\\
u_{xx}&=u_{\xi\xi}\xi_x^2+2u_{\xi\eta}\xi_x\eta_x+u_{\eta\eta}\eta_x^2+u_\xi\xi_{xx}+u_\eta\eta_{xx}\\
u_{xy}&=u_{\xi\xi}\xi_x\xi_y+u_{\xi\eta}(\xi_x\eta_y+\xi_y\eta_x)+u_{\eta\eta}\eta_x\eta_y+u_\xi\xi_{xy}+u_\eta\eta_{xy}\\
u_{yy}&=u_{\xi\xi}\xi_y^2+2u_{\xi\eta}\xi_y\eta_y+u_{\eta\eta}\eta_y^2+u_\xi\xi_{yy}+u_\eta\eta_{yy}
\end{aligned}$$

将它们代入式(1.3.2)中，得到以 $\xi$ 和 $\eta$ 为自变量的方程

$$a'_{11}u_{\xi\xi}+2a'_{12}u_{\xi\eta}+a'_{22}u_{\eta\eta}+b'_1u_\xi+b'_2u_\eta+cu=f \tag{1.3.3}$$

其中

$$\begin{cases}
a'_{11}=a_{11}\xi_x^2+2a_{12}\xi_x\xi_y+a_{22}\xi_y^2\\
a'_{12}=a_{11}\xi_x\eta_x+a_{12}(\xi_x\eta_y+\xi_y\eta_x)+a_{22}\xi_y\eta_y\\
a'_{22}=a_{11}\eta_x^2+2a_{12}\eta_x\eta_y+a_{22}\eta_y^2\\
b'_1=a_{11}\xi_{xx}+2a_{12}\xi_{xy}+a_{22}\eta_{yy}+b_1\xi_x+b_2\xi_y\\
b'_2=a_{11}\eta_{xx}+2a_{12}\eta_{xy}+a_{22}\eta_{yy}+b_1\eta_x+b_2\eta_y
\end{cases} \tag{1.3.4}$$

由于$a_{11}'$、$a_{12}'$、$a_{22}'$、$b_1'$、$b_2'$、$c$、$f$都只是自变量$\xi$、$\eta$的函数，故式(1.3.3)仍是线性方程。现在问题的关键在于如何选取自变量变换，使得式(1.3.3)形式最简单。从式(1.3.4)观察到式(1.3.3)中两个二阶项系数$a_{11}'$、$a_{22}'$的结构形式完全相同，若能得到下面一阶偏微分方程

$$a_{11}\varphi_x^2+2a_{12}\varphi_x\varphi_y+a_{22}\varphi_y^2=0 \tag{1.3.5}$$

的两个线性无关的解$\varphi_1(x,y)=c_1$、$\varphi_2(x,y)=c_2$，并取$\xi=\varphi_1(x,y)$、$\eta=\varphi_2(x,y)$，则有$a_{11}'=0$、$a_{22}'=0$，式(1.3.3)就大大地简化了。事实上，式(1.3.5)可以转化为一阶常微分方程求解。不妨设$a_{11}\neq 0$，式(1.3.5)可写为

$$a_{11}\left(\frac{\varphi_x}{\varphi_y}\right)^2+2a_{12}\frac{\varphi_x}{\varphi_y}+a_{22}=0 \tag{1.3.6}$$

如果将$\varphi(x,y)=c$（其中$c$是常数）看成隐函数$y(x)$的方程，则有

$$\frac{\mathrm{d}y}{\mathrm{d}x}=-\frac{\varphi_x}{\varphi_y}$$

将其代入式(1.3.6)中，有

$$a_{11}\left(\frac{\mathrm{d}y}{\mathrm{d}x}\right)^2-2a_{12}\frac{\mathrm{d}y}{\mathrm{d}x}+a_{22}=0 \tag{1.3.7}$$

常微分方程(1.3.7)称为二阶线性偏微分方程(1.3.2)的**特征方程**，其解称为**特征线**。

下面讨论式(1.3.7)根的情况、相应的特征线的形式及式(1.3.2)的简化形式。式(1.3.7)可分解为以下两个一阶方程：

$$\frac{\mathrm{d}y}{\mathrm{d}x}=\frac{a_{12}\pm\sqrt{a_{12}^2-a_{11}a_{22}}}{a_{11}} \tag{1.3.8}$$

特征方程的解决定于式(1.3.8)中根号的符号，记$\Delta(x,y)\equiv a_{12}^2-a_{11}a_{22}$，称其为**判别式**，根据判别式的符号可将二阶线性偏微分方程分为如下三类：

(1) 当$\Delta(x,y)>0$时，**双曲型**；

(2) 当$\Delta(x,y)<0$时，**椭圆型**；

(3) 当$\Delta(x,y)=0$时，**抛物型**。

**【例 1-1】** 利用定义容易验证：

(1) 弦振动方程$u_{tt}-a^2u_{xx}=f$是双曲型的。

(2) 二维拉普拉斯方程$u_{xx}+u_{yy}=0$是椭圆型的。

(3) 一维热传导方程$u_t-a^2u_{xx}=f$是抛物型的。

**注**：① $\Delta$为$(x,y)$的函数，所以一个方程在不同的区域上（甚至不同的点上）可能具有不同的类型，这种方程称为**混合型方程**；② 对于多个自变量的情况，方程的类型不止以上三种。

下面分别讨论三种情形下式(1.3.2)的化简及其标准形式。

(1) 若在点$(x_0,y_0)$的某邻域中$\Delta(x,y)>0$，则式(1.3.2)是双曲型方程，此时式(1.3.7)分解为两个一阶常微分方程

$$\frac{\mathrm{d}y}{\mathrm{d}x}=\frac{a_{12}+\sqrt{a_{12}^2-a_{11}a_{22}}}{a_{11}}$$

和

$$\frac{\mathrm{d}y}{\mathrm{d}x}=\frac{a_{12}-\sqrt{a_{12}^2-a_{11}a_{22}}}{a_{11}}$$

分别求解，可以得到两族不同的实特征线，设为$\varphi_1(x,y)=c_1$、$\varphi_2(x,y)=c_2$，取$\xi=\varphi_1(x,y)$、$\eta=\varphi_2(x,y)$，此时，式(1.3.3)中系数$a'_{11}=a'_{22}=0$，且容易验证$\Delta'=a'_{12}-a'_{11}a'_{22}=(\xi_x\eta_y-\eta_x\xi_y)^2(a_{12}-a_{11}a_{22})=J^2\Delta$，因为$J\neq 0$，故$\Delta'>0$，由$a'_{11}=a'_{22}=0$得$a'_{12}\neq 0$，此时方程可化为

$$u_{\xi\eta}=Au_\xi+Bu_\eta+Cu+D \tag{1.3.9}$$

其中，$A$、$B$、$C$、$D$均为$\xi$、$\eta$的已知函数，式(1.3.9)称为**双曲型方程的第一标准型**。

进一步，令

$$\xi=\frac{\alpha+\beta}{2},\qquad \eta=\frac{\alpha-\beta}{2}$$

则式(1.3.9)可化为

$$u_{\alpha\alpha}-u_{\beta\beta}=A_1u_\alpha+B_1u_\beta+C_1u+D_1 \tag{1.3.10}$$

式(1.3.10)称为**双曲型方程的第二标准形式**。

(2) 若在点$(x_0,y_0)$的某邻域中$\Delta(x,y)<0$，则式(1.3.2)是椭圆型方程，此时式(1.3.7)的解为一对共轭复根，设其为$\varphi_1(x,y)=c_1$、$\varphi_2(x,y)=c_2$，作代换

$$\begin{cases}\xi=\varphi_1(x,y)\\ \eta=\varphi_2(x,y)\end{cases}$$

则方程可化为

$$u_{\xi\eta}=Au_\xi+Bu_\eta+Cu+D$$

其中，$A$、$B$、$C$、$D$均为$\xi$、$\eta$的已知复函数。再作代换

$$\begin{cases}\alpha=\dfrac{\xi+\eta}{2}\\ \beta=\dfrac{\xi-\eta}{2i}\end{cases}$$

则方程可化为

$$u_{\alpha\alpha}+u_{\beta\beta}=A_2u_\alpha+B_2u_\beta+C_2u+D_2 \tag{1.3.11}$$

其中$A_2$、$B_2$、$C_2$、$D_2$均为$\xi$、$\eta$的已知实函数，式(1.3.11)称为**椭圆型方程的标准形式**。

(3) 若在点$(x_0,y_0)$的某邻域中$\Delta(x,y)<0$，则式(1.3.2)是抛物型方程，此时式(1.3.7)只有一个实根，$\varphi(x,y)=c$，任取一个与$\varphi(x,y)$线性无关的函数为$\psi(x,y)$，并令$\xi=\varphi(x,y)$、$\eta=\psi(x,y)$，这时由于$a_{12}^2=a_{11}a_{22}$，所以

$$a'_{11} = a_{11}\xi_x^2 + 2a_{12}\xi_x\xi_y + a_{22}\xi_y^2 = \left(\sqrt{a_{11}}\xi_x + \sqrt{a_{22}}\xi_y\right)^2 = 0$$

即

$$\sqrt{a_{11}}\xi_x + \sqrt{a_{22}}\xi_y = 0$$

从而

$$a'_{12} = a_{11}\xi_x\eta_x + a_{12}(\xi_x\eta_y + \xi_y\eta_x) + a_{22}\xi_y\eta_y = (\sqrt{a_{11}}\xi_x + \sqrt{a_{22}}\xi_y)(\sqrt{a_{11}}\eta_x + \sqrt{a_{22}}\eta_y) = 0$$

又由 $\varphi(x, y)$ 与 $\psi(x, y)$ 线性无关，有 $a'_{22} \neq 0$，因此，方程可化为

$$u_{\eta\eta} = A_3 u_\xi + B_3 u_\eta + C_3 u + D_3 \tag{1.3.12}$$

其中，$A_3$、$B_3$、$C_3$、$D_3$ 均为 $\xi$、$\eta$ 的已知实函数，式(1.3.12)称为**抛物型方程的标准形式**。

**【例 1-2】** 化简方程 $y^2 u_{xx} - x^2 u_{yy} = 0, (x, y \neq 0)$.

**解**：计算判别式 $\Delta = 0 - (-x^2y^2) = x^2y^2 > 0$，因此这个方程在整个定义域上是双曲型的，它的特征方程为

$$y^2\left(\frac{\mathrm{d}y}{\mathrm{d}x}\right)^2 - x^2 = 0, \quad 即 \frac{\mathrm{d}y}{\mathrm{d}x} = \pm\frac{x}{y}$$

解之得特征线

$$\frac{y^2 - x^2}{2} = C_1, \frac{y^2 + x^2}{2} = C_2$$

作自变量变换

$$\begin{cases} \xi = \dfrac{y^2 - x^2}{2} \\ \eta = \dfrac{y^2 + x^2}{2} \end{cases}$$

计算可得

$$u_x = x(-u_\xi + u_\eta), \quad u_y = y(u_\xi + u_\eta)$$
$$u_{xx} = (-u_\xi + u_\eta) + x^2(u_{\xi\xi} - 2u_{\xi\eta} + u_{\eta\eta})$$
$$u_{yy} = (u_\xi + u_\eta) + y^2(u_{\xi\xi} + 2u_{\xi\eta} + u_{\eta\eta})$$

代入化简，原方程可化为

$$u_{\xi\eta} = -\frac{\eta}{2(\eta^2 - \xi^2)}u_\xi + \frac{\xi}{2(\eta^2 - \xi^2)}u_\eta$$

**【例 1-3】** 判别方程 $x^2u_{xx} + 2xyu_{xy} + y^2u_{yy} = 0$ 的类型，并将其化为标准形式。

**解**：计算判别式

$$\Delta = (xy)^2 - x^2y^2 = 0$$

因此，这个方程在整个定义域上是抛物型的。它的特征方程为

$$\frac{\mathrm{d}y}{\mathrm{d}x}=\frac{y}{x}$$

解之，得特征线

$$\frac{y}{x}=C$$

作自变量变换

$$\begin{cases}\xi=\dfrac{y}{x}\\ \eta=y\end{cases}$$

此时，$\xi$ 和 $\eta$ 是线性无关的函数。计算可得

$$u_x=u_\xi\xi_x+u_\eta\eta_x=-\frac{y}{x^2}u_\xi$$

$$u_y=u_\xi\xi_y+u_\eta\eta_y=\frac{1}{x}u_\xi+u_\eta$$

$$u_{xx}=\frac{2y}{x^3}u_\xi+\frac{y^2}{x^4}u_{\xi\xi}$$

$$u_{xy}=-\frac{1}{x^2}u_\xi-\frac{y}{x^3}u_{\xi\xi}-\frac{y}{x^2}u_{\xi\eta}$$

$$u_{yy}=\frac{1}{x^2}u_{\xi\xi}+\frac{2}{x}u_{\xi\eta}+u_{\eta\eta}$$

代入化简，原方程可化为

$$\eta^2u_{\eta\eta}=0$$

### 1.3.3 线性方程的叠加原理

一些复杂的问题，会受到多种因素的制约，若这些因素是相互独立的，那么它们所产生的影响也是相互独立的，可以进行叠加。如热传导问题，由于既受热源的影响，又受边界因素和初始状况的影响，因而含有边界条件和初始条件的非齐次热传导问题就可以视为三种因素的叠加。一个复杂的问题可以化为若干个简单问题的叠加，从而使问题得以简化。一般说来，如果泛定方程和定解条件都是线性的，就可以把定解问题的解看成几个部分的线性叠加，只要这些部分各自满足的泛定方程和定解条件的相应的线性叠加正好是原来的泛定方程和定解条件即可，这称为**叠加原理**。

含有 $n$ 个自变量的二阶线性偏微分方程的一般形式可写为

$$Lu\equiv\sum_{i,j=1}^{n}a_{ij}\frac{\partial^2u}{\partial x_ix_j}+\sum_{i=1}^{n}b_i\frac{\partial u}{\partial x_i}+cu=f$$

而其定解条件可统一表示为

$$B[u]=g$$

其中，$L$ 和 $B$ 是微分算子。下面给出叠加原理。

**定理 1.1（叠加原理 1）** 若$u_i$满足线性方程$L[u_i]=f_i$，（或定解条件$B[u_i]=g_i$）$i=1,2,\cdots,n$，则它们的线性组合$u=\sum_{i=1}^{n}c_iu_i$满足方程

$$L[u]=\sum_{i=1}^{n}c_if_i \quad \text{（或定解条件 } B[u]=\sum_{i=1}^{n}c_ig_i\text{）}$$

其中，$c_i$为任意常数。

叠加原理是一个非常重要的结论，在本书后面的章节中经常会用到它。利用叠加原理，可以把复杂问题分解成若干个简单问题来处理。在实际应用中，不仅用到有限个特解的叠加，还经常用到无限多个特解的叠加，需要用级数或积分表示，此时必须证明这些级数或积分是收敛的，而且收敛到原问题的解。因此，叠加原理还有如下拓展的形式。

**定理 1.2（叠加原理 2）** 设$u_i$在区域$\Omega$内满足线性方程$L[u_i]=f_i$，（或定解条件$B[u_i]=g_i$）$i=1,2,\cdots$，若函数项级数$\sum_{i=1}^{\infty}c_iu_i$在$\Omega$内收敛，并且微分算子$L$的运算与级数求和运算可交换次序，则级数的和函数$u=\sum_{i=1}^{\infty}c_iu_i$一定满足方程

$$L[u]=\sum_{i=1}^{\infty}c_if_i \quad \text{（或定解条件 } B[u]=\sum_{i=1}^{\infty}c_ig_i\text{）}$$

**定理 1.3（叠加原理 3）** 设$u(M;M^0)$满足线性方程$L[u(M;M^0)]=f(M;M^0)$（或定解条件$B[u(M;M^0)]=g(M;M^0)$），其中$M=(x_1,x_2,\cdots,x_n)$是自变量，$M^0=(x_1^0,x_2^0,\cdots,x_k^0)$是参数。设积分$U(M)=\int u(M;M^0)\mathrm{d}M^0$收敛，且微分算子$L$的运算与求积分运算可交换次序，则$U(M)$一定满足方程

$$LU(M)=\int f(M;M^0)\mathrm{d}M^0 \quad \text{（或定解条件 } B[U(M)]=\int g(M;M^0)\mathrm{d}M^0\text{）}$$

**【例 1-4】** 非齐次波动方程的柯西问题

$$\begin{cases}\dfrac{\partial^2u}{\partial t^2}-a^2\dfrac{\partial^2u}{\partial x^2}=f(x,t) & (-\infty<x<+\infty,t>0)\\ u\big|_{t=0}=\varphi(x),\ \dfrac{\partial u}{\partial t}\Big|_{t=0}=\psi(x)\end{cases}$$

的解等于齐次波动方程的柯西问题

$$\begin{cases}\dfrac{\partial^2u}{\partial t^2}-a^2\dfrac{\partial^2u}{\partial x^2}=0 & (-\infty<x<+\infty,t>0)\\ u\big|_{t=0}=\varphi(x),\dfrac{\partial u}{\partial t}\Big|_{t=0}=\psi(x)\end{cases}$$

的解和齐次初始条件的柯西问题

$$
\begin{cases}
\dfrac{\partial^2 u}{\partial t^2} - a^2 \dfrac{\partial^2 u}{\partial x^2} = f(x,t) & (-\infty < x < +\infty, t > 0) \\
u\big|_{t=0} = 0,\ \dfrac{\partial u}{\partial t}\bigg|_{t=0} = 0
\end{cases}
$$

的解之和。

## 习　题

1．设均匀弹性细杆的线密度为 $\rho$，杨氏模量为 $E$。试推导出杆的纵振动方程。

2．气体或液体由于浓度不均匀，物质会由浓度高的地方向浓度低的地方转移，这种现象称为扩散。Nernst 定律描述了扩散现象：$\mathrm{d}t$ 时间内通过法向量为 $\boldsymbol{n}$ 的曲面微元流向 $\boldsymbol{n}$ 所指那一侧的物体质量为

$$
\mathrm{d}Q = -k\frac{\partial u}{\partial \boldsymbol{n}}\mathrm{d}S\mathrm{d}t
$$

其中，$k$ 为物体的扩散系数，$u = u(x,y,z,t)$ 表示在时刻 $t$、点 $(x,y,z)$ 处的浓度，$\mathrm{d}S$ 为面积微元。试利用 Nernst 扩散定律和质量守恒定律推导扩散方程。

3．设有一平面薄板的导热物体，上下两面绝热，边界与周围介质没有热交换。试推导其热传导方程。

4．若弦在阻尼介质中振动，阻尼力与速度成正比，即 $F = -R\dfrac{\partial u}{\partial t}$，$R$ 为阻力系数。试推导弦的阻尼振动方程。

5．证明 $n(n \geqslant 2)$ 维拉普拉斯方程

$$
\frac{\partial^2 u}{\partial x_1^2} + \frac{\partial^2 u}{\partial x_2^2} + \cdots + \frac{\partial^2 u}{\partial x_n^2} = 0
$$

的通解为

$$
u(x_1, x_2, \cdots, x_n) = \begin{cases}
c_1 + c_2 \dfrac{1}{r^{n-2}} & (n \neq 2) \\
c_1 + c_2 \ln\dfrac{1}{r} & (n = 2)
\end{cases}
$$

其中，$r = \sqrt{x_1^2 + x_2^2 + \cdots + x_n^2}$，$c_1$、$c_2$ 为任意常数。

6．长为 $l$ 的均匀弦，两端固定，弦中张力为 $T$，在 $x = x_0$ 处以横向力 $F$ 拉弦，达到平衡后放手任其自由振动，写出该振动的初始条件和边界条件。

7．设有长度为 $l$ 的细杆，侧表面绝热，$x = 0$ 端温度恒定为 $u_0$，另一端有恒定热流 $q_0$ 流入，杆的初始温度分布是 $\dfrac{x(l-x)}{2}$。试写出这个热传导问题的定解问题。

8．长为$l$的柱形管，一端封闭，另一端开放，管外空气含有某种气体，其浓度为$u_0$，向管内扩散，写出该扩散问题的定解问题。

9．将下列方程化为标准型：

(1) $\frac{\partial^2 u}{\partial x^2}-2\frac{\partial^2 u}{\partial x\partial y}-3\frac{\partial^2 u}{\partial y^2}+2\frac{\partial u}{\partial x}+6\frac{\partial u}{\partial y}=0$；

(2) $x^2\frac{\partial^2 u}{\partial x^2}+y^2\frac{\partial^2 u}{\partial y^2}=0$。

# 第2章　行　波　法

本章将利用行波法和球面平均法分别求解一维、二维和三维波动方程的柯西问题。

## 2.1　一维波动方程的柯西问题

考虑初始位移为$\varphi(x)$、初始速度为$\psi(x)$的无界弦的自由振动，该振动可以归结为如下初值问题：

$$\begin{cases}\dfrac{\partial^2 u}{\partial t^2}-a^2\dfrac{\partial^2 u}{\partial x^2}=0 \qquad (-\infty<x<+\infty, t>0)\\ u\big|_{t=0}=\varphi(x)\\ \dfrac{\partial u}{\partial t}\Big|_{t=0}=\psi(x)\end{cases} \tag{2.1.1}$$

弦振动方程可经自变量变换简化。作变换

$$\begin{cases}\xi=x-at\\ \eta=x+at\end{cases}$$

由于

$$\begin{aligned}u_x&=u_\xi\xi_x+u_\eta\eta_x=u_\xi+u_\eta\\ u_{xx}&=(u_\xi+u_\eta)_\xi\xi_x+(u_\xi+u_\eta)_\eta\eta_x=u_{\xi\xi}+2u_{\xi\eta}+u_{\eta\eta}\\ u_t&=-au_\xi+au_\eta=a(u_\eta-u_\xi)\\ u_{tt}&=a^2(u_{\xi\xi}-u_{\xi\eta}+u_{\eta\eta})\end{aligned}$$

代入式(2.1.1)的方程中，得

$$-4a^2\frac{\partial^2 u}{\partial\xi\partial\eta}=0$$

由$a^2>0$，有

$$\frac{\partial^2 u}{\partial\xi\partial\eta}=0$$

在上式两端先对$\eta$积分，得

$$\frac{\partial u}{\partial\xi}=f(\xi)$$

其中，$f(\xi)$是任意的函数。再对$\xi$积分，得

$$u=\int f(\xi)\mathrm{d}\xi+F_2(\eta)=F_1(\xi)+F_2(\eta)$$

其中，$F_1$、$F_2$都是任意的函数。把$\xi$、$\eta$换成$x$、$t$的表示式，即得

$$u(x,t)=F_1(x-at)+F_2(x+at) \tag{2.1.2}$$

式(2.1.2)给出的仅仅是泛定方程的解，为了得到满足式(2.1.1)的解，考虑初始条件，得

$$F_1(x)+F_2(x)=\varphi(x) \tag{2.1.3}$$

和

$$-aF_1'(x)+aF_2'(x)=\psi(x) \tag{2.1.4}$$

将式(2.1.4)两端取从 $x_0$ 到 $x$ 积分：

$$a[-F_1(x)+F_2(x)]+a[F_1(x_0)-F_2(x_0)]=\int_{x_0}^{x}\psi(\xi)\mathrm{d}\xi$$

即

$$-F_1(x)+F_2(x)=\frac{1}{a}\int_{x_0}^{x}\psi(\xi)\mathrm{d}\xi+C \tag{2.1.5}$$

其中，$x_0$任意, $C=F_2(x_0)-F_1(x_0)$。

联立式(2.1.3)和式(2.1.5)，解得

$$F_1(x)=\frac{1}{2}\varphi(x)-\frac{1}{2a}\int_{x_0}^{x}\psi(\xi)\mathrm{d}\xi-\frac{C}{2}$$

$$F_2(x)=\frac{1}{2}\varphi(x)+\frac{1}{2a}\int_{x_0}^{x}\psi(\xi)\mathrm{d}\xi+\frac{C}{2}$$

将以上两式代入式(2.1.2)中，即得柯西问题的解

$$u(x,t)=\frac{\varphi(x-at)+\varphi(x+at)}{2}+\frac{1}{2a}\int_{x-at}^{x+at}\psi(\xi)\mathrm{d}\xi \tag{2.1.6}$$

式(2.1.6)称为一维波动方程柯西问题的**达朗贝尔（D'Alembert）公式**。

下面说明达朗贝尔公式的物理意义。为此，首先讨论泛定方程的解式(2.1.2)。为了便于讨论，令 $F_2=0$，得

$$u(x,t)=F_1(x-at)$$

它是方程(2.1.1)的解。当 $t$ 取不同的值时，它表示相应于不同时刻的振动状态：$u(x,0)=F_1(x)$ 表示初始时刻的振动状态，$u(x,t_0)=F_1(x-at_0)$ 表示时刻 $t_0$ 的振动状态。如图 2.1 所示。在 $Oxu$ 平面上，将 $F_1(x)$ 向右平移 $at_0$ 距离就可以得到 $F_1(x-at_0)$，随着 $t_0$ 的增大，$F_1(x-at_0)$ 将逐渐向右平行移动，故称齐次波动方程形如 $F_1(x-at)$ 的解为**右行波**。

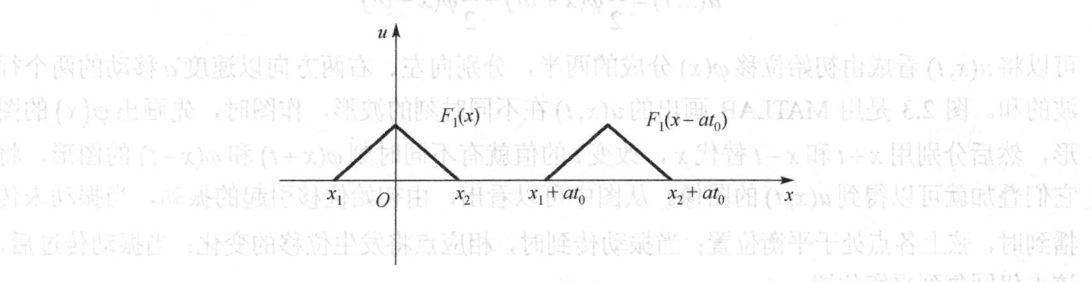


图 2.1 右行波

右行波在传播过程中波形不变，经过 $t_0$ 时刻，波形移动了 $at_0$ 的距离，右行波的传播速度正好为波动方程中的常数 $a$。

同理，称齐次波动方程形如 $F_2(x+at_0)$ 的解为**左行波**，它表示波形 $F_2(x)$ 以速度 $a$ 向左传播，且传播过程中波形也不发生变化。而方程的解是由右行波和左行波叠加而成的，因而这种先求泛定方程的解、再确定无界波动方程柯西问题的解的方法被称为**行波法**。

下面再来讨论达朗贝尔公式的物理意义。为了便于讨论，分别研究仅由初始位移和初始速度引起的振动问题。

**1．初始位移引起的振动**

设

$$\varphi(x)=\begin{cases}\dfrac{10}{\pi}\left(x-\dfrac{2\pi}{5}\right) & \left(\dfrac{2\pi}{5}\leqslant x\leqslant\dfrac{\pi}{2}\right)\\ \dfrac{10}{\pi}\left(\dfrac{3\pi}{5}-x\right) & \left(\dfrac{\pi}{2}\leqslant x\leqslant\dfrac{3\pi}{5}\right)\\ 0 & \left(x<\dfrac{2\pi}{5}\text{或}x>\dfrac{3\pi}{5}\right)\end{cases}$$

和

$$\psi(x)=0,\qquad -\infty<x<+\infty$$

$\varphi(x)$ 的图像如图 2.2 所示。

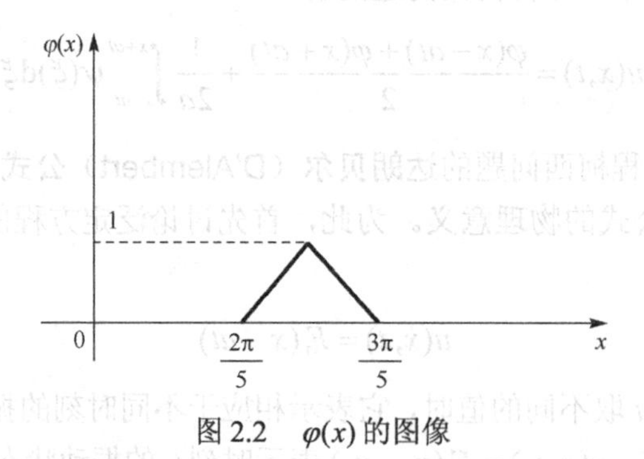


图 2.2　$\varphi(x)$ 的图像

由达朗贝尔公式

$$u(x,t)=\frac{1}{2}\varphi(x+at)+\frac{1}{2}\varphi(x-at)$$

可以将 $u(x,t)$ 看成由初始位移 $\varphi(x)$ 分成的两半，分别向左、右两方向以速度 $a$ 移动的两个行波的和。图 2.3 是用 MATLAB 画出的 $u(x,t)$ 在不同时刻的波形，作图时，先画出 $\varphi(x)$ 的图形，然后分别用 $x+t$ 和 $x-t$ 替代 $x$，改变 $t$ 的值就有不同时刻 $\varphi(x+t)$ 和 $\varphi(x-t)$ 的图形，将它们叠加就可以得到 $u(x,t)$ 的图像。从图中可以看出，由初始位移引起的振动，当振动未传播到时，弦上各点处于平衡位置；当振动传到时，相应点将发生位移的变化；当振动传过后，该点仍回复到平衡位置。

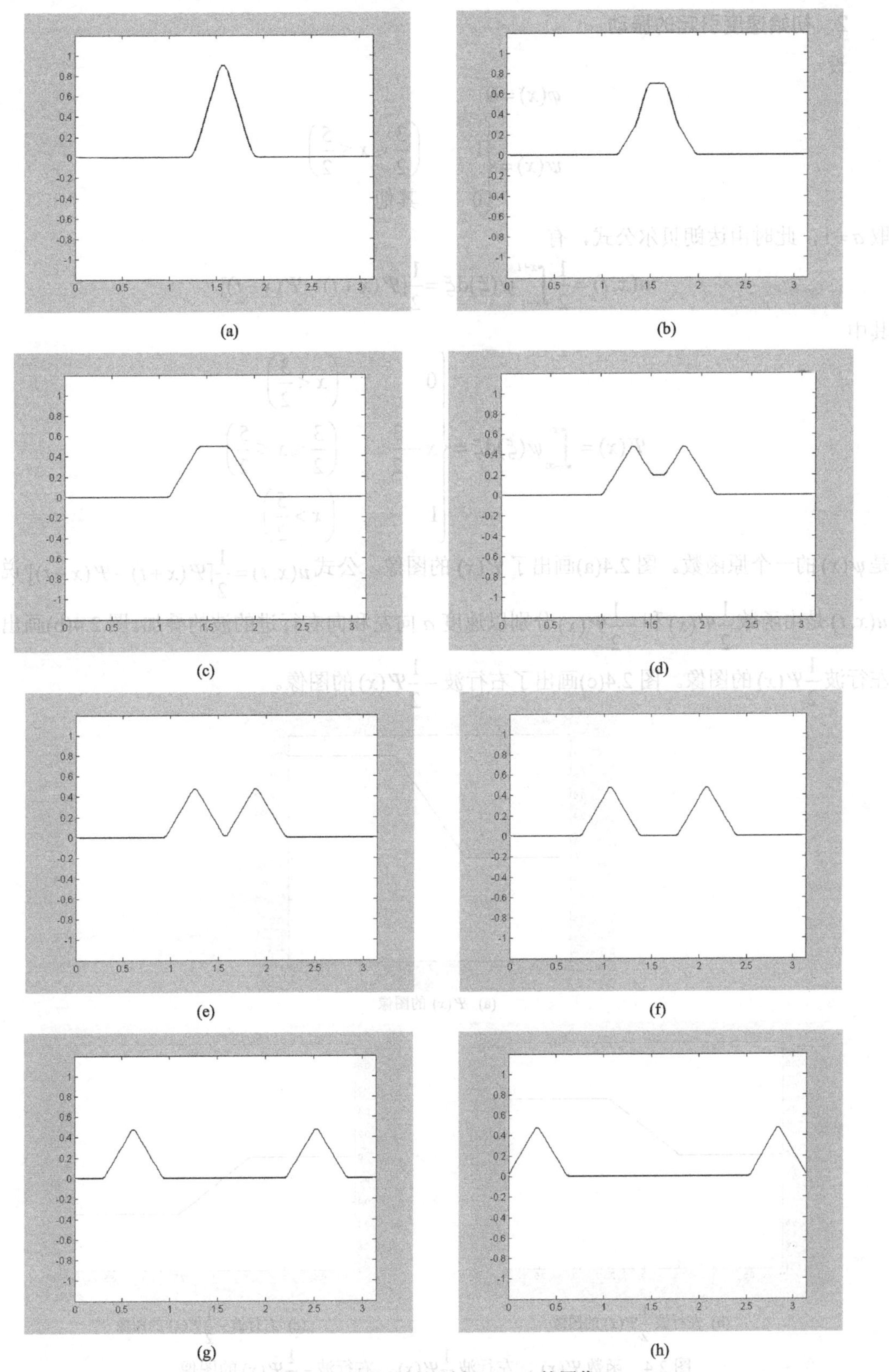

图 2.3　不同时刻行波解 $u(x, t)$ 的图像

2. 初始速度引起的振动

设

$$\varphi(x)=0$$

$$\psi(x)=\begin{cases}1 & \left(\dfrac{3}{2}\leqslant x\leqslant\dfrac{5}{2}\right)\\ 0 & 其他\end{cases}$$

取 $a=1$，此时由达朗贝尔公式，有

$$u(x,t)=\frac{1}{2}\int_{x-t}^{x+t}\psi(\xi)\mathrm{d}\xi=\frac{1}{2}[\Psi(x+t)-\Psi(x-t)]$$

其中

$$\Psi(x)=\int_{-\infty}^{x}\psi(\xi)\mathrm{d}\xi=\begin{cases}0 & \left(x<\dfrac{3}{2}\right)\\ x-\dfrac{3}{2} & \left(\dfrac{3}{2}\leqslant x\leqslant\dfrac{5}{2}\right)\\ 1 & \left(x>\dfrac{5}{2}\right)\end{cases}$$

是 $\psi(x)$ 的一个原函数。图 2.4(a)画出了 $\Psi(x)$ 的图像。公式 $u(x,t)=\dfrac{1}{2}[\Psi(x+t)-\Psi(x-t)]$ 说明 $u(x,t)$ 是由函数 $\dfrac{1}{2}\Psi(x)$ 和 $-\dfrac{1}{2}\Psi(x)$ 分别以速度 $a$ 向左和向右行进的波的叠加。图 2.4(b)画出了左行波 $\dfrac{1}{2}\Psi(x)$ 的图像。图 2.4(c)画出了右行波 $-\dfrac{1}{2}\Psi(x)$ 的图像。

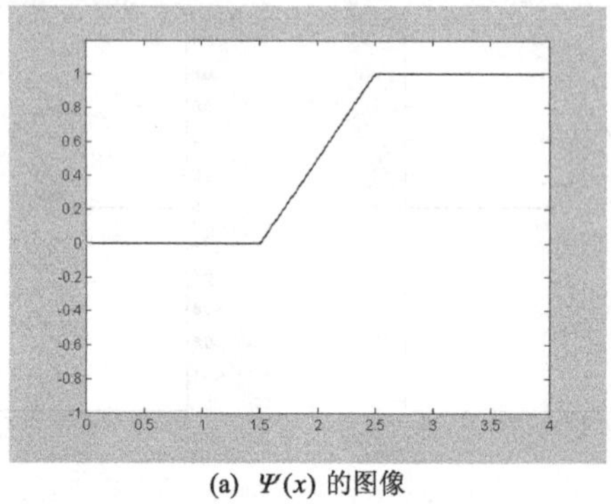


(a) $\Psi(x)$ 的图像

(b) 左行波 $\dfrac{1}{2}\Psi(x)$ 的图像

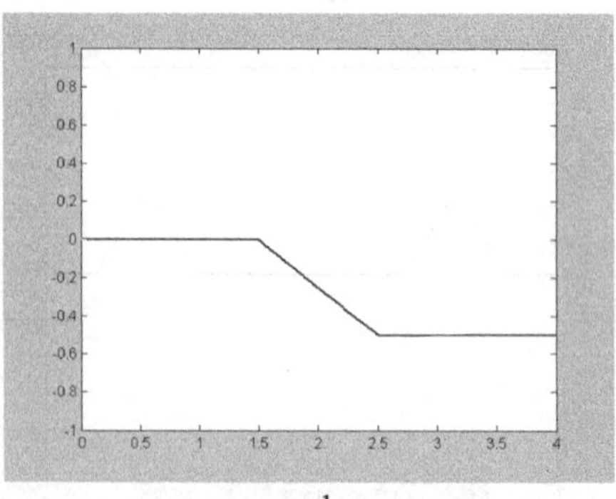


(c) 右行波 $-\dfrac{1}{2}\Psi(x)$ 的图像

图 2.4　函数 $\Psi(x)$、左行波 $\dfrac{1}{2}\Psi(x)$、右行波 $-\dfrac{1}{2}\Psi(x)$ 的图像

图 2.5 画出了各时刻$u(x,t)$的波形。从图中可以看到，当 $t=0$ 时，$u(x,0)=\frac{1}{2}\Psi(x)+\left[-\frac{1}{2}\Psi(x)\right]=0$，随着时间的推移，波形$u(x,t)$为上下底边逐渐伸长的等腰梯形。

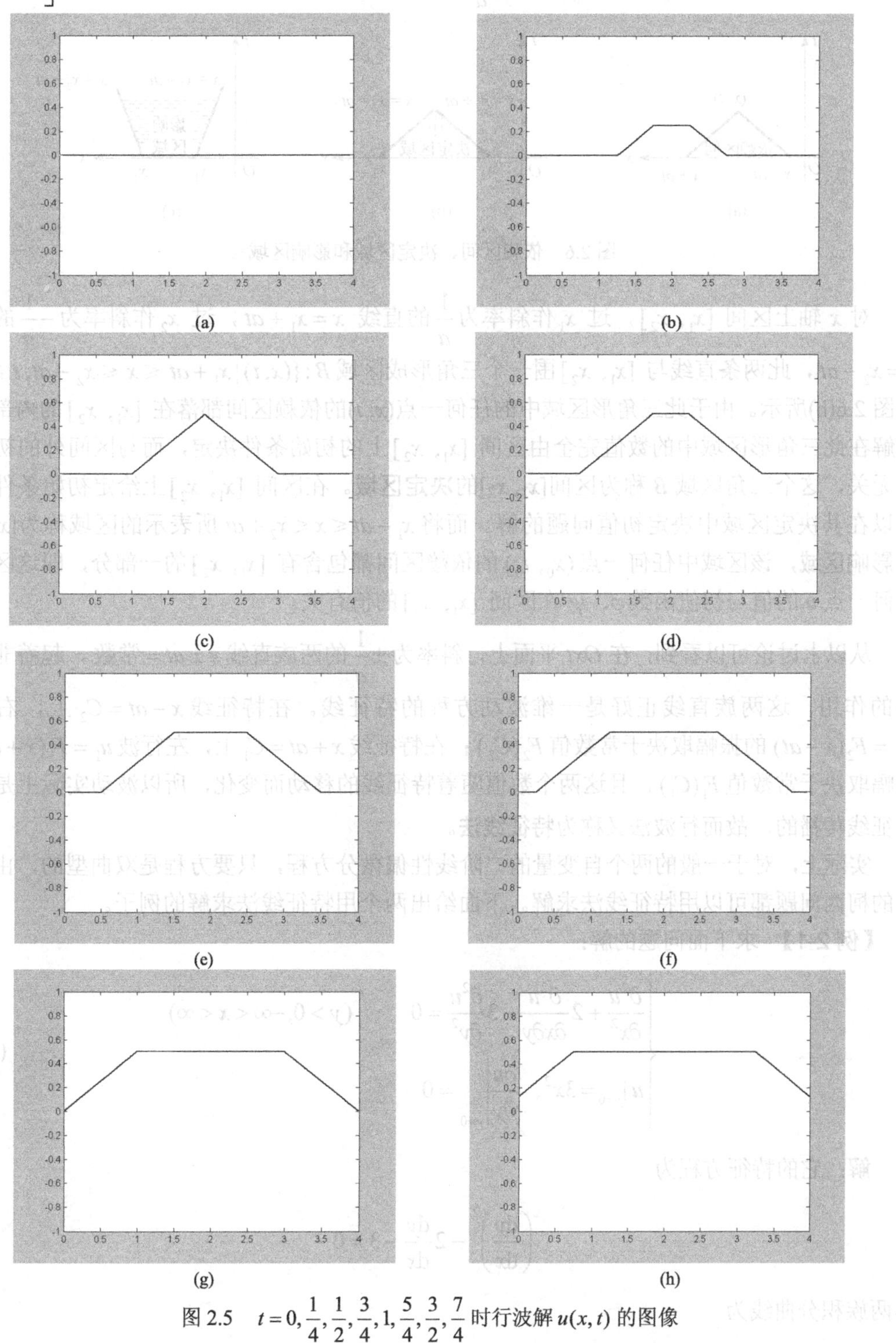

图 2.5 $t=0,\frac{1}{4},\frac{1}{2},\frac{3}{4},1,\frac{5}{4},\frac{3}{2},\frac{7}{4}$ 时行波解$u(x,t)$的图像

从达朗贝尔公式(2.1.6)还可以看出，解在点$(x, t)$的数值仅依赖于$x$轴上区间$[x-at,\ x+at]$内的初始条件，而与其他点上的初始条件无关，因此区间$[x-at,\ x+at]$称为点$(x, t)$的**依赖区间**，它是由过点$(x, t)$的两条斜率分别是$\pm\dfrac{1}{a}$的直线在$x$轴上截得的区间，如图 2.6(a)所示。

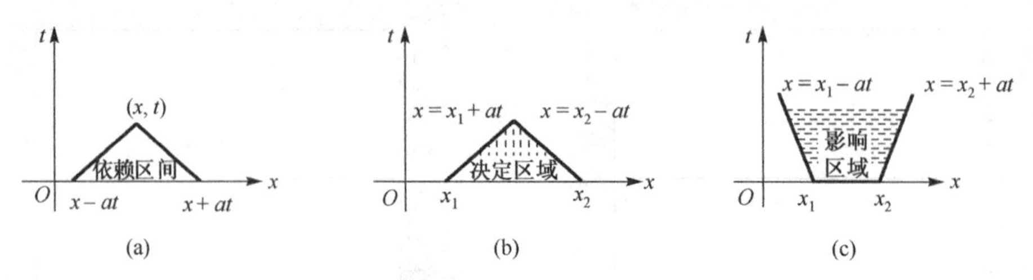


图 2.6　依赖区间、决定区域和影响区域

对$x$轴上区间$[x_1,\ x_2]$，过$x_1$作斜率为$\dfrac{1}{a}$的直线$x=x_1+at$，过$x_2$作斜率为$-\dfrac{1}{a}$的直线$x=x_2-at$，此两条直线与$[x_1,\ x_2]$围一个三角形成区域$B:\{(x,t)\,|\,x_1+at\leqslant x\leqslant x_2-at, t\geqslant 0\}$，如图 2.6(b)所示。由于此三角形区域中的任何一点$(x, t)$的依赖区间都落在$[x_1,\ x_2]$的内部，因此解在此三角形区域中的数值完全由区间$[x_1,\ x_2]$上的初始条件决定，而与区间外的初始条件无关，这个三角区域$B$称为区间$[x_1, x_2]$的**决定区域**。在区间$[x_1,\ x_2]$上给定初始条件，就可以在其决定区域中决定初值问题的解。而将$x_1-at\leqslant x\leqslant x_2+at$所表示的区域称为$[x_1,\ x_2]$的**影响区域**，该区域中任何一点$(x_0,\ t_0)$的依赖区间都包含有$[x_1,\ x_2]$的一部分，即这区域上任何一点$u$的值与初值函数$\varphi$、$\psi$在区间$[x_1,\ x_2]$的值有关。

从以上讨论可以看到，在$Oxt$平面上，斜率为$\pm\dfrac{1}{a}$的两族直线$x\pm at=$常数，起着非常重要的作用，这两族直线正好是一维波动方程的特征线。在特征线$x-at=C_2$上，右行波$u_2=F_2(x-at)$的振幅取决于常数值$F_2(C_2)$；在特征线$x+at=C_1$上，左行波$u_1=F_1(x+at)$的振幅取决于常数值$F_1(C_1)$，且这两个数值随着特征线的移动而变化，所以波动实际上是沿着特征线传播的，故而行波法又称为**特征线法**。

实际上，对于一般的两个自变量的二阶线性偏微分方程，只要方程是双曲型的，由其表述的柯西问题都可以用特征线法求解。下面给出两个用特征线法求解的例子。

**【例 2-1】** 求下面问题的解：

$$\begin{cases}\dfrac{\partial^2 u}{\partial x^2}+2\dfrac{\partial^2 u}{\partial x\partial y}-3\dfrac{\partial^2 u}{\partial y^2}=0 & (y>0,-\infty<x<\infty)\\[2ex] u\,|_{y=0}=3x^2,\ \left.\dfrac{\partial u}{\partial y}\right|_{y=0}=0\end{cases}\tag{2.1.7}$$

**解**：它的特征方程为

$$\left(\frac{\mathrm{d}y}{\mathrm{d}x}\right)^2-2\frac{\mathrm{d}y}{\mathrm{d}x}-3=0$$

其两族积分曲线为

$$\begin{cases}3x-y=C_1\\x+y=C_2\end{cases}$$

作特征变换

$$\begin{cases}\xi=3x-y\\\eta=x+y\end{cases}$$

容易验证，该变换的雅可比行列式不等于零，经过变换原方程化成

$$\frac{\partial^2 u}{\partial\xi\partial\eta}=0$$

它的通解为

$$u=f_1(\xi)+f_2(\eta)$$

其中，$f_1$、$f_2$是二次连续可微函数。于是，原方程的解为

$$u(x,y)=f_1(3x-y)+f_2(x+y) \tag{2.1.8}$$

把这个函数代入到问题的初始条件中，得

$$f_1(3x)+f_2(x)=3x^2 \tag{2.1.9}$$

$$-f_1'(3x)+f_2'(x)=0 \tag{2.1.10}$$

将式(2.1.10)两端积分，得

$$-\frac{1}{3}f_1(3x)+f_2(x)=C \tag{2.1.11}$$

其中，$C=\frac{1}{3}f_1(3x_0)-f_2(x_0)$，$x_0$为任意一点。联立式(2.1.9)和式(2.1.11)，即

$$\begin{cases}f_1(3x)+f_2(x)=3x^2\\-\frac{1}{3}f_1(3x)+f_2(x)=C\end{cases}$$

解之得

$$\begin{cases}f_1(3x)=\frac{9}{4}x^2-\frac{3}{4}C\\f_2(x)=\frac{3}{4}x^2+\frac{3}{4}C\end{cases}$$

即

$$\begin{cases}f_1(x)=\frac{1}{4}x^2-\frac{3}{4}C\\f_2(x)=\frac{3}{4}x^2+\frac{3}{4}C\end{cases}$$

将上式代入式(2.1.8)中，即得原问题的解为

$$u(x, y) = \frac{1}{4}(3x - y)^2 + \frac{3}{4}(x + y)^2 = 3x^2 + y^2$$

**【例 2-2】** 求下面方程的通解：

$$\frac{\partial^2 u}{\partial x^2} - 2\sin x\frac{\partial^2 u}{\partial x \partial y} - \cos^2 x\frac{\partial^2 u}{\partial y^2} - \cos x\frac{\partial u}{\partial y} = 0$$

**解**：特征方程为

$$\left(\frac{\mathrm{d}y}{\mathrm{d}x}\right)^2 + 2\sin x\frac{\mathrm{d}y}{\mathrm{d}x} - \cos^2 x = 0$$

特征曲线为

$$\begin{cases} y = x + \cos x + C_1 \\ y = -x + \cos x + C_2 \end{cases}$$

所以，令

$$\begin{cases} \xi = x + y - \cos x \\ \eta = -x + y - \cos x \end{cases}$$

代入原方程，方程化为$\frac{\partial^2 u}{\partial \xi \partial \eta} = 0$。于是

$$u(x, y) = f_1(x + y - \cos x) + f_2(-x + y - \cos x)$$

为原问题的解，其中 $f_1$、$f_2$ 是任意二次连续可微函数。

## 2.2　齐次化原理及非齐次方程柯西问题

齐次化原理又称为 Duhamel 原理，应用齐次化原理能把非齐次发展方程的定解问题化为齐次发展方程的定解问题。

### 2.2.1　齐次化原理

考虑一维无界弦的强迫振动，设初位移、初速度为 0，受密度为 $F(x, t)$ 的外力作用做强迫振动，其满足的定解问题为

$$\begin{cases} \dfrac{\partial^2 u}{\partial t^2} - a^2\dfrac{\partial^2 u}{\partial x^2} = f(x, t) \quad (-\infty < x < +\infty, t > 0) \\ u\big|_{t=0} = 0 \\ \dfrac{\partial u}{\partial t}\Big|_{t=0} = 0 \end{cases} \tag{2.2.1}$$

其中，$f(x,t) = F(x,t)/\rho$。

**定理 2.1（齐次化原理）** 设 $v(x, t; \tau)$ 是齐次柯西问题

$$\begin{cases} \dfrac{\partial^2 v}{\partial t^2} - a^2 \dfrac{\partial^2 v}{\partial x^2} = 0 \qquad (-\infty < x < +\infty, t > \tau) \\ v\big|_{t=\tau} = 0, \\ \dfrac{\partial v}{\partial t}\bigg|_{t=\tau} = f(x, \tau) \end{cases} \tag{2.2.2}$$

的解，其中$\tau$是参数，则

$$u(x,t) = \int_0^t v(x,t;\tau)\,\mathrm{d}\tau \tag{2.2.3}$$

为非齐次方程柯西问题(2.2.1)的解。

**证明**：由式(2.2.3)知，$u\big|_{t=0} = 0$。利用含参变量积分的求导公式，并利用条件$v(x,\tau;\tau) = 0$有

$$\frac{\partial}{\partial t}u(x,t) = v(x,t;t) + \int_0^t \frac{\partial}{\partial t}v(x,t;\tau)\mathrm{d}\tau = \int_0^t \frac{\partial}{\partial t}v(x,t;\tau)\mathrm{d}\tau$$

于是

$$\frac{\partial}{\partial t}u(x,t)\bigg|_{t=0} = 0$$

而

$$\begin{aligned} \frac{\partial^2}{\partial t^2}u(x,t) &= \frac{\partial v}{\partial t}\bigg|_{t=\tau} + \int_0^t \frac{\partial^2}{\partial t^2}v(x,t;\tau)\mathrm{d}\tau \\ &= f(x,t) + a^2\int_0^t \frac{\partial^2}{\partial x^2}v(x,t;\tau)\mathrm{d}\tau \\ &= a^2\frac{\partial^2}{\partial x^2}\int_0^t v(x,t;\tau) + f(x,t) \\ &= a^2\frac{\partial^2}{\partial x^2}u(x,t) + f(x,t) \end{aligned}$$

因此，由式(2.2.3)定义的函数$u(x,t)$是问题(2.2.1)的解。

## 2.2.2 非齐次方程柯西问题

利用齐次化原理可以求解非齐次方程柯西问题。在式(2.2.2)中令$t' = t - \tau > 0$，则问题变为

$$\begin{cases} \dfrac{\partial^2 v}{\partial t'^2} - a^2 \dfrac{\partial^2 v}{\partial x^2} = 0 \qquad (-\infty < x < +\infty, t' > 0) \\ v\big|_{t'=0} = 0 \\ \dfrac{\partial v}{\partial t'}\bigg|_{t'=0} = f(x, \tau) \end{cases} \tag{2.2.4}$$

由达朗贝尔公式，并将$t' = t - \tau$回代，有

$$v(x,t;\tau) = \frac{1}{2a}\int_{x-at'}^{x+at'} f(\xi,\ \tau)\mathrm{d}\xi = \frac{1}{2a}\int_{x-a(t-\tau)}^{x+a(t-\tau)} f(\xi,\ \tau)\mathrm{d}\xi$$

所以，问题式(2.2.1)的解为

$$\begin{aligned} u(x,t) &= \int_0^t v(x,t;\tau)\mathrm{d}\tau \\ &= \frac{1}{2a}\int_0^t \int_{x-a(t-\tau)}^{x+a(t-\tau)} f(\xi,\ \tau)\mathrm{d}\xi\mathrm{d}\tau \end{aligned} \tag{2.2.5}$$

对一般非齐次一维波动方程柯西问题

$$\begin{cases} \dfrac{\partial^2 u}{\partial t^2} - a^2\dfrac{\partial^2 u}{\partial x^2} = f(x,t) & (-\infty < x < +\infty, t > 0) \\ u\big|_{t=0} = \varphi(x) \\ \dfrac{\partial u}{\partial t}\Big|_{t=0} = \psi(x) \end{cases} \tag{2.2.6}$$

可以利用叠加原理将其拆成两个容易求解的问题来解决。令 $u(x,t) = U(x,t) + V(x,t)$，其中 $U(x,t)$、$V(x,t)$ 分别为以下定解问题的解：

$$\begin{cases} \dfrac{\partial^2 U}{\partial t^2} - a^2\dfrac{\partial^2 U}{\partial x^2} = 0 & (-\infty < x < +\infty, t > 0) \\ U\big|_{t=0} = \varphi(x) \\ \dfrac{\partial U}{\partial t}\Big|_{t=0} = \psi(x) \end{cases} \tag{2.2.7}$$

和

$$\begin{cases} \dfrac{\partial^2 V}{\partial t^2} - a^2\dfrac{\partial^2 V}{\partial x^2} = f(x,t) & (-\infty < x < +\infty, t > 0) \\ V\big|_{t=0} = 0 \\ \dfrac{\partial V}{\partial t}\Big|_{t=0} = 0 \end{cases} \tag{2.2.8}$$

式(2.2.7)是齐次波动方程柯西问题，其解可直接由达朗贝尔公式给出，而式(2.2.8)可利用齐次化原理求解之。它们的解分别为

$$U(x,t) = \frac{1}{2}[\varphi(x+at) + \varphi(x-at)] + \frac{1}{2a}\int_{x-at}^{x+at} \psi(\xi)\mathrm{d}\xi$$

和

$$V(x,t) = \frac{1}{2a}\int_0^t \int_{x-a(t-\tau)}^{x+a(t-\tau)} f(\xi,\ \tau)\,\mathrm{d}\xi\mathrm{d}\tau$$

所以，式(2.2.6)的解为

$$u(x,t) = \frac{1}{2}[\varphi(x+at) + \varphi(x-at)] + \frac{1}{2a}\int_{x-at}^{x+at} \psi(\xi)\,\mathrm{d}\xi + \frac{1}{2a}\int_0^t \int_{x-a(t-\tau)}^{x+a(t-\tau)} f(\xi,\ \tau)\,\mathrm{d}\xi\mathrm{d}\tau$$

对有界弦非齐次方程混合问题

$$\begin{cases}\dfrac{\partial^2 u}{\partial t^2}-a^2\dfrac{\partial^2 u}{\partial x^2}=f(x,t) & (0<x<l,t>0)\\ u\big|_{x=0}=0,\ u\big|_{x=l}=0 \\ u\big|_{t=0}=0,\ \dfrac{\partial u}{\partial t}\Big|_{t=0}=0\end{cases}\tag{2.2.9}$$

也有类似的齐次化原理：若 $v(x,t;\tau)$ 是

$$\begin{cases}\dfrac{\partial^2 v}{\partial t^2}-a^2\dfrac{\partial^2 v}{\partial x^2}=0 & (0<x<l,\ t>\tau)\\ v\big|_{x=0}=0,\ v\big|_{x=l}=0 \\ v\big|_{t=\tau}=0,\ \dfrac{\partial v}{\partial t}\Big|_{t=\tau}=f(x,\tau)\end{cases}\tag{2.2.10}$$

的解，则 $u(x,t)=\int_0^t v(x,t;\tau)\,\mathrm{d}\tau$ 为非齐次方程混合问题(2.2.9)的解。

对非齐次热传导方程混合问题，可把持续热源的作用视为若干瞬时热源作用的叠加，也有相应的齐次化原理，表述如下。

若 $v(x,t;\tau)$ 是如下齐次方程混合问题的解

$$\begin{cases}\dfrac{\partial v}{\partial t}-a^2\dfrac{\partial^2 v}{\partial x^2}=0 & (0<x<l,\ t>\tau)\\ v\big|_{x=0}=0,\ v\big|_{x=l}=0 \\ v\big|_{t=\tau}=f(x,\tau)\end{cases}\tag{2.2.11}$$

则 $u(x,t)=\int_0^t v(x,t;\tau)\,\mathrm{d}\tau$ 为以下非齐次方程混合问题

$$\begin{cases}\dfrac{\partial u}{\partial t}-a^2\dfrac{\partial^2 u}{\partial x^2}=f(x,t) & (0<x<l,\ t>0)\\ u\big|_{x=0}=0,\ u\big|_{x=l}=0 \\ u\big|_{t=0}=0\end{cases}\tag{2.2.12}$$

的解。

## 2.3 半无限长弦的振动

研究半无限长弦的自由振动，半无限长弦具有一个端点。先考虑端点固定的情况，即定解问题：

$$\begin{cases}\dfrac{\partial^2 u}{\partial t^2}-a^2\dfrac{\partial^2 u}{\partial x^2}=0 & (x>0,\ t>0)\\ u\big|_{x=0}=0 \\ u\big|_{t=0}=\varphi(x),\ \dfrac{\partial u}{\partial t}\Big|_{t=0}=\psi(x)\end{cases}\tag{2.3.1}$$

注意到初始函数 $\varphi(x)$、$\psi(x)$ 只有在 $x \geqslant 0$ 时才有意义，所以不能直接使用达朗贝尔公式求解。但是，从物理上看，问题(2.3.1)与无界弦的柯西问题有一定的联系，左行波到达端点 $x=0$ 前，与无限长弦波的传播规律相同；当左行波到达端点 $x=0$ 时，将会产生向右传播的反射波，该反射波可视为从 $x<0$ 部分传播过来的右行波，于是可借助于达朗贝尔公式来求解。从数学观点来看，也就是采用适当方式，将 $\varphi(x)$ 和 $\psi(x)$ 延拓到负半轴 $x<0$ 上去，使之既满足边界条件，又能用达朗贝尔公式。为此，将 $u(x,t)$、$\varphi(x)$、$\psi(x)$ 关于 $x$ 做奇延拓，即令

$$U(x,t)=\begin{cases} u(x,t) & (x\geqslant 0) \\ -u(-x,t) & (x<0) \end{cases}$$

$$\varPhi(x)=\begin{cases} \varphi(x) & (x\geqslant 0) \\ -\varphi(-x) & (x<0) \end{cases}$$

$$\varPsi(x)=\begin{cases} \psi(x) & (x\geqslant 0) \\ -\psi(-x) & (x<0) \end{cases}$$

容易验证，$U(x,t)$ 为下列问题的解：

$$\begin{cases} \dfrac{\partial^2 U}{\partial t^2}-a^2\dfrac{\partial^2 U}{\partial x^2}=0 & (-\infty<x<\infty,\ t>0) \\ U\big|_{t=0}=\varPhi(x) \\ \dfrac{\partial U}{\partial t}\Big|_{t=0}=\varPsi(x) \end{cases}$$

利用达朗贝尔公式，有

$$U(x,t)=\frac{\varPhi(x+at)+\varPhi(x-at)}{2}+\frac{1}{2a}\int_{x-at}^{x+at}\varPsi(\xi)\mathrm{d}\xi$$

当 $x-at>0$ 时，由 $\varPhi$、$\varPsi$ 的定义可得

$$u(x,t)=\frac{\varphi(x+at)+\varphi(x-at)}{2}+\frac{1}{2a}\int_{x-at}^{x+at}\psi(\xi)\mathrm{d}\xi$$

当 $x-at<0$ 时，因

$$\varPhi(x-at)=-\varphi[-(x-at)]=-\varphi(at-x)$$

和

$$\int_{x-at}^{0}\varPsi(\xi)\mathrm{d}\xi=\int_{x-at}^{0}-\psi(-\xi)\,\mathrm{d}\xi=\int_{at-x}^{0}\psi(\xi)\,\mathrm{d}\xi$$

故

$$u(x,t)=\frac{\varphi(x+at)-\varphi(at-x)}{2}+\frac{1}{2a}\int_{at-x}^{x+at}\psi(\xi)\,\mathrm{d}\xi$$

综合两种情形，得

$$u(x,t)=\begin{cases}\dfrac{\varphi(x+at)+\varphi(x-at)}{2}+\dfrac{1}{2a}\displaystyle\int_{x-at}^{x+at}\psi(\xi)\mathrm{d}\xi & \left(t\leqslant\dfrac{x}{a}\right)\\ \dfrac{\varphi(x+at)-\varphi(at-x)}{2}+\dfrac{1}{2a}\displaystyle\int_{at-x}^{x+at}\psi(\xi)\mathrm{d}\xi & \left(t>\dfrac{x}{a}\right)\end{cases}\tag{2.3.2}$$

$\dfrac{x}{a}$表示点$x$的振动传播到原点所需的时间，$t\leqslant\dfrac{x}{a}$表明点$x$处的初始振动尚未到达端点，因此在$t\leqslant\dfrac{x}{a}$时间内无反射波产生，此时半无限长弦和无限长弦的波的传播状况是一致的，由达朗贝尔公式给出；而当$t>\dfrac{x}{a}$时，点$x$处的初始振动已到达端点，产生了反射波，此时波的传播状况就不能用达朗贝尔公式描述了。

**【例2-3】** 求解端点固定的半无限长弦振动问题并图示之。取$a=1$，初位移和初速度分别为

$$\varphi(x)=\begin{cases}\dfrac{10}{\pi}\left(x-\dfrac{2\pi}{5}\right) & \left(\dfrac{2\pi}{5}\leqslant x\leqslant\dfrac{\pi}{2}\right)\\ \dfrac{10}{\pi}\left(\dfrac{3\pi}{5}-x\right) & \left(\dfrac{\pi}{2}<x\leqslant\dfrac{3\pi}{5}\right)\\ 0 & \left(x<\dfrac{2\pi}{5}\text{或}x>\dfrac{3\pi}{5}\right)\end{cases}$$

和

$$\psi(x)=0,\qquad 0<x<+\infty$$

**解：** 由式(2.3.2)，有

$$u(x,t)=\begin{cases}\dfrac{\varphi(x+t)+\varphi(x-t)}{2} & (t\leqslant x)\\ \dfrac{\varphi(x+t)-\varphi(t-x)}{2} & (t>x)\end{cases}$$

该函数的解析表达式表示起来比较麻烦，但是可以用MATLAB画出它的动画，从而直观地看到这个波的传播过程。图2.7(a)～(d)表示波开始传播的过程；图2.7(e)～(i)表示波传播到固定端点时发生反射，并产生半波损失的过程；图2.7(j)～(l)表示反射波的传播。

同样，对于端点自由的半无限长弦的振动问题，

$$\begin{cases}\dfrac{\partial^2 u}{\partial t^2}-a^2\dfrac{\partial^2 u}{\partial x^2}=0 & (x>0,\ t>0)\\ u_x\big|_{x=0}=0 & \\ u\big|_{t=0}=\varphi(x),\ \dfrac{\partial u}{\partial t}\Big|_{t=0}=\psi(x) & \end{cases}\tag{2.3.3}$$

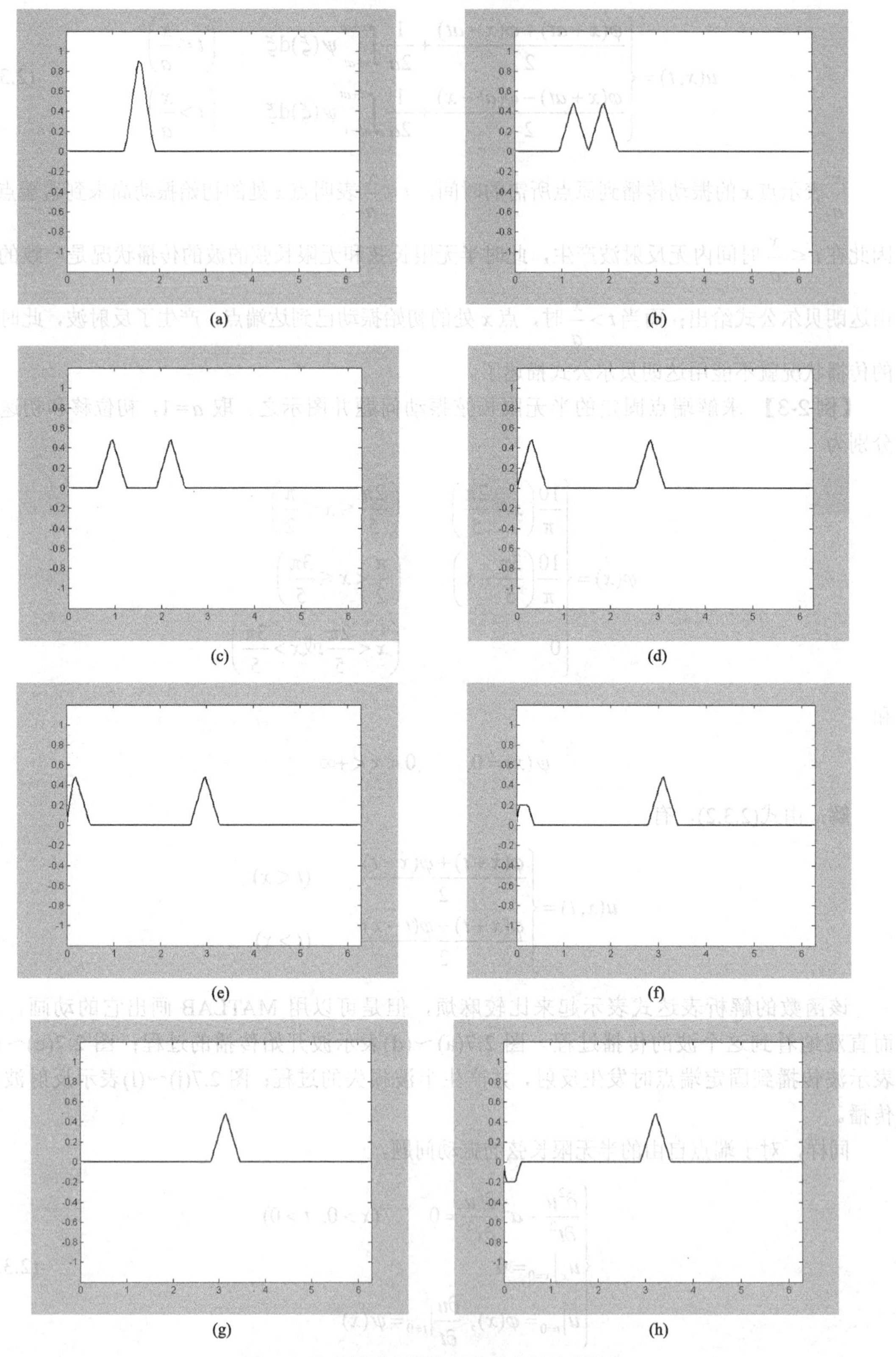

图 2.7　有界端固定的半无限长弦振动的图像

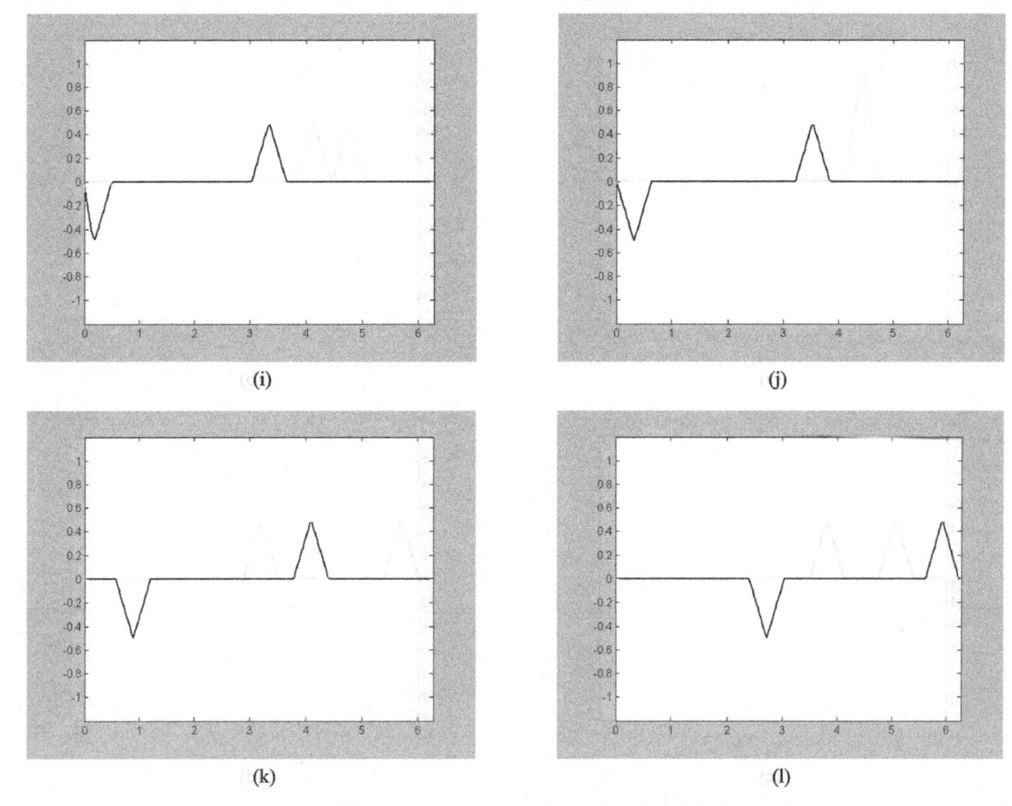

(i) (j) (k) (l)

图 2.7（续） 有界端固定的半无限长弦振动的图像

可以将 $u(x,t)$、$\varphi(x)$、$\psi(x)$ 从半无限区间 $x\geqslant 0$ 偶延拓到整个无限区间，即令

$$U(x,t)=\begin{cases}u(x,t) & (x\geqslant 0)\\ u(-x,t) & (x<0)\end{cases},\quad \Phi(x)=\begin{cases}\varphi(x) & (x\geqslant 0)\\ \varphi(-x) & (x<0)\end{cases},\quad \Psi(x)=\begin{cases}\psi(x) & (x\geqslant 0)\\ \psi(-x) & (x<0)\end{cases}$$

从而得到式(2.3.3)的解

$$u(x,t)=\begin{cases}\dfrac{\varphi(x+at)+\varphi(x-at)}{2}+\dfrac{1}{2a}\displaystyle\int_{x-at}^{x+at}\psi(\xi)\mathrm{d}\xi & \left(t\leqslant\dfrac{x}{a}\right)\\ \dfrac{\varphi(x+at)+\varphi(at-x)}{2}+\dfrac{1}{2a}\displaystyle\int_{0}^{x+at}\psi(\xi)\mathrm{d}\xi+\dfrac{1}{2a}\displaystyle\int_{0}^{at-x}\psi(\xi)\mathrm{d}\xi & \left(t>\dfrac{x}{a}\right)\end{cases}\tag{2.3.4}$$

**【例 2-4】** 求解并图示端点自由的半无限长弦振动问题。取 $a=1$，初位移和初速度与例 2-3 相同。

**解**：由式(2.3.4)，有

$$u(x,t)=\begin{cases}\dfrac{\varphi(x+t)+\varphi(x-t)}{2} & (t\leqslant x)\\ \dfrac{\varphi(x+t)+\varphi(t-x)}{2} & (t>x)\end{cases}$$

图 2.8(a)～(d)表示波开始传播的过程；图 2.8(e)～(i)表示波传播到自由端点时发生反射，并继续传播的过程，从图中可以清楚地看到，与固定端点情形不同，此时没有产生半波损失；图 2.8(j)～(l)表示反射波的传播。

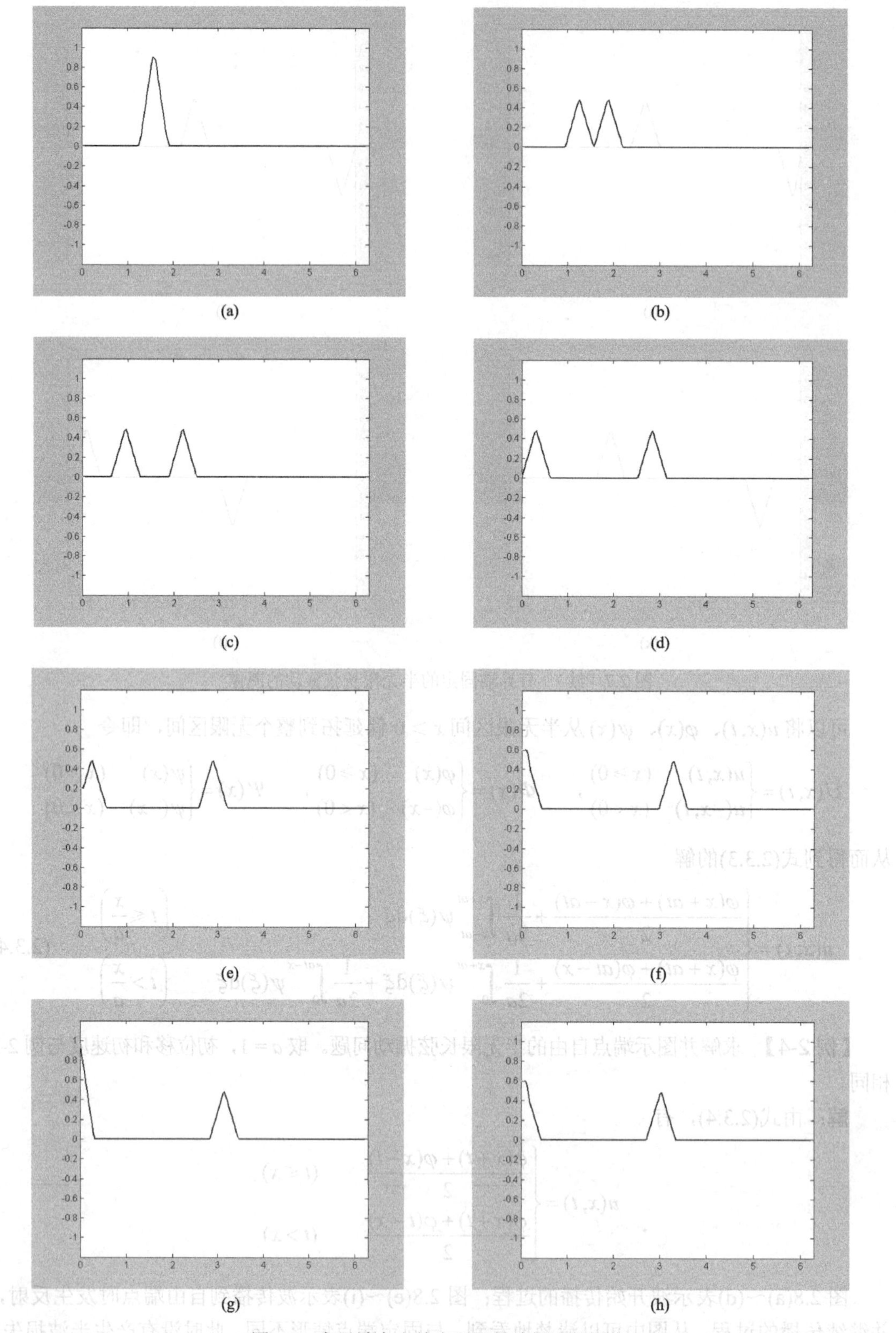


图 2.8　有界端自由的半无限长弦振动的图像

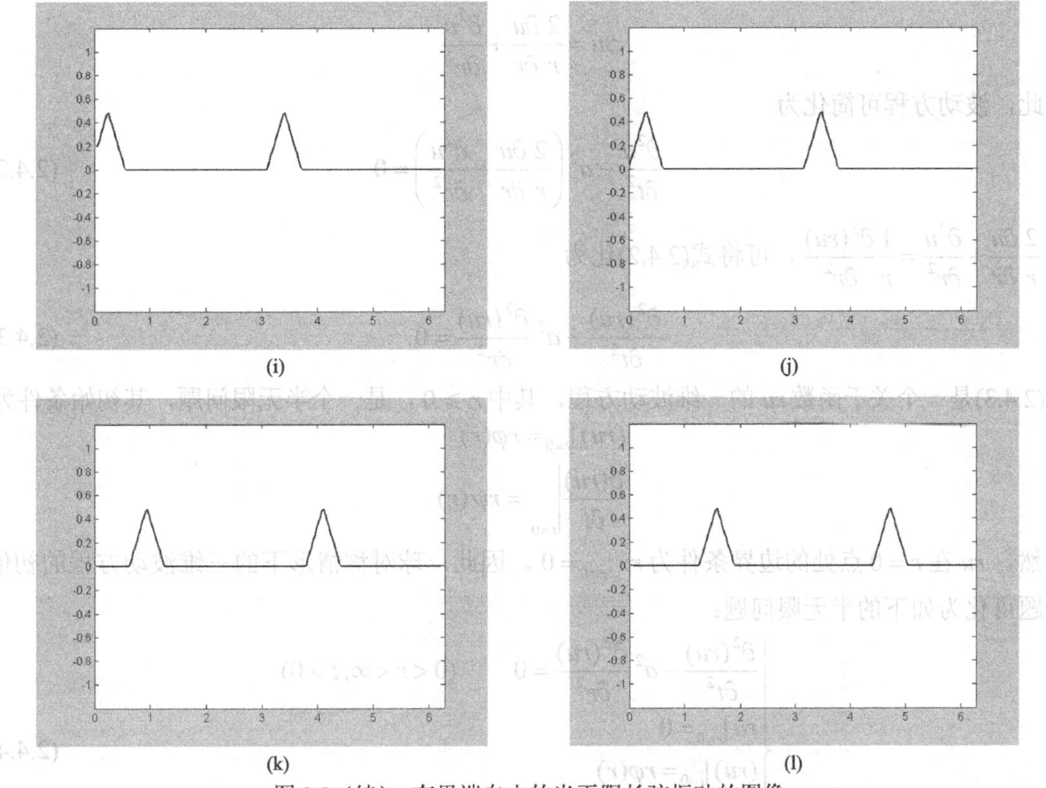

(i) (j) (k) (l)

图 2.8（续） 有界端自由的半无限长弦振动的图像

## 2.4 二维与三维波动方程

研究波在空间传播规律，可归结为求下列三维波动方程的初值问题

$$\begin{cases}\dfrac{\partial^2 u}{\partial t^2}-a^2\Delta u=0 \qquad (-\infty<x,y,z<+\infty,t>0)\\ u\big|_{t=0}=\varphi(x,y,z)\\ \dfrac{\partial u}{\partial t}\bigg|_{t=0}=\psi(x,y,z)\end{cases} \tag{2.4.1}$$

其中，$\varphi(x,y,z)$、$\psi(x,y,z)$ 是已知函数。由于三维波动方程与一维波动方程描述的都是波的传播现象，因此也可由行波法来求解之。首先考虑一种特殊情形——球对称情形。

### 2.4.1 球对称情形

在球坐标系下考虑问题，球坐标系与直角坐标系的变换关系为

$$\begin{cases}x=r\sin\theta\cos\phi \qquad (0\leqslant r<\infty,0\leqslant\theta\leqslant\pi,0\leqslant\phi<2\pi)\\ y=r\sin\theta\sin\phi\\ z=r\cos\theta\end{cases}$$

若 $\varphi(x,y,z)$、$\psi(x,y,z)$ 仅是 $r$ 的函数，则解 $u(x,y,z,t)$ 也仅是 $r$ 和 $t$ 的函数，此时称定解问题是**球对称的**。在球对称条件下，利用复合函数求导的链式法，计算可得

$$\Delta u=\frac{2}{r}\frac{\partial u}{\partial r}+\frac{\partial^2 u}{\partial r^2}$$

因此，波动方程可简化为

$$\frac{\partial^2 u}{\partial t^2}-a^2\left(\frac{2}{r}\frac{\partial u}{\partial r}+\frac{\partial^2 u}{\partial r^2}\right)=0 \tag{2.4.2}$$

由$\frac{2}{r}\frac{\partial u}{\partial r}+\frac{\partial^2 u}{\partial r^2}=\frac{1}{r}\frac{\partial^2 (ru)}{\partial r^2}$，可将式(2.4.2)化为

$$\frac{\partial^2 (ru)}{\partial t^2}-a^2\frac{\partial^2 (ru)}{\partial r^2}=0 \tag{2.4.3}$$

式(2.4.3)是一个关于函数$ru$的一维波动方程，其中$r\geqslant 0$，是一个半无限问题，其初始条件为

$$(ru)|_{t=0}=r\varphi(r)$$

$$\left.\frac{\partial (ru)}{\partial t}\right|_{t=0}=r\psi(r)$$

显然，$ru$在$r=0$点处的边界条件为$ru|_{r=0}=0$。因此，球对称情形下的三维波动方程的初值问题可化为如下的半无限问题：

$$\begin{cases}\dfrac{\partial^2 (ru)}{\partial t^2}-a^2\dfrac{\partial^2 (ru)}{\partial r^2}=0 \qquad (0<r<\infty, t>0)\\ ru|_{r=0}=0\\ (ru)|_{t=0}=r\varphi(r)\\ \left.\dfrac{\partial (ru)}{\partial t}\right|_{t=0}=r\psi(r)\end{cases} \tag{2.4.4}$$

由 2.3 节结论，有

$$ru(r,t)=\begin{cases}\dfrac{(r+at)\varphi(r+at)+(r-at)\varphi(r-at)}{2}+\dfrac{1}{2a}\displaystyle\int_{r-at}^{r+at}\xi\psi(\xi)\mathrm{d}\xi \qquad (r-at>0)\\ \dfrac{(r+at)\varphi(r+at)-(at-r)\varphi(at-r)}{2}+\dfrac{1}{2a}\displaystyle\int_{at-r}^{at+r}\xi\psi(\xi)\mathrm{d}\xi \qquad (r-at\leqslant 0)\end{cases}$$

从而

$$u(r,t)=\begin{cases}\dfrac{(r+at)\varphi(r+at)+(r-at)\varphi(r-at)}{2r}+\dfrac{1}{2ar}\displaystyle\int_{r-at}^{r+at}\xi\psi(\xi)\mathrm{d}\xi \qquad (r-at>0)\\ \dfrac{(r+at)\varphi(r+at)-(at-r)\varphi(at-r)}{2r}+\dfrac{1}{2ar}\displaystyle\int_{at-r}^{at+r}\xi\psi(\xi)\mathrm{d}\xi \qquad (r-at\leqslant 0)\end{cases} \tag{2.4.5}$$

### 2.4.2　一般情况

这种情况下，$u(x,y,z,t)$不仅仅是$r$、$t$的函数，此时，可引入球面平均函数来处理。令$S_r^M$表示以$M(x,y,z)$为中心、$r$为半径的球面，$\mathrm{d}S$是$S_r^M$上的面积元素，定义球面平均函数如下。

**定义 2.1**　称

$$\overline{u}(r,t)=\frac{1}{4\pi r^2}\iint\limits_{S_r^M}u(\xi,\eta,\varsigma,t)\mathrm{d}S$$

**为函数$u(x,y,z,t)$沿球面$S_r^M$的球面平均。**

设$\xi = x + r\sin\theta\cos\phi, \eta = y + r\sin\theta\sin\phi, \varsigma = z + r\cos\theta$是球面$S_r^M$上的点，$S_1^M$是以$M$为心的单位球面，$\mathrm{d}\omega$是单位球面上的面积元素，则$\mathrm{d}S = r^2\mathrm{d}\omega$，此时，球面平均函数可表示为

$$\overline{u}(r,t) = \frac{1}{4\pi}\iint\limits_{S_1^M} u(x + r\sin\theta\cos\phi, y + r\sin\theta\sin\phi, z + r\cos\theta, t)\mathrm{d}\omega$$

在上式中令$r \to 0$，利用积分中值定理，得到

$$\lim_{r\to 0}\overline{u}(r,t) = u(M,t)$$

即

$$\overline{u}(0,t) = u(M,t)$$

于是，求解式(2.4.1)的问题化为求$\overline{u}(r,t)$。以下推导$\overline{u}(r,t)$所满足的方程及条件，首先

$$\frac{\partial \overline{u}}{\partial r} = \frac{1}{4\pi}\iint\limits_{S_1^M}\left(\frac{\partial u}{\partial \xi}\sin\theta\cos\phi + \frac{\partial u}{\partial \eta}\sin\theta\sin\phi + \frac{\partial u}{\partial \varsigma}\cos\theta\right)\mathrm{d}\omega$$

$$= \frac{1}{4\pi}\iint\limits_{S_1^M}\frac{\partial u}{\partial \boldsymbol{n}}\mathrm{d}\omega$$

$$= \frac{1}{4\pi r^2}\iint\limits_{S_r^M}\frac{\partial u}{\partial \boldsymbol{n}}\mathrm{d}S$$

$$\underline{\underline{\text{奥高公式}}}\frac{1}{4\pi r^2}\iiint\limits_{B_r^M}\Delta u\mathrm{d}V$$

$$= \frac{1}{4\pi a^2 r^2}\iiint\limits_{B_r^M}\frac{\partial^2 u}{\partial t^2}\mathrm{d}V$$

式中，$B_r^M$是以$M$为球心、$r$为半径的球，$\boldsymbol{n}$是$S_r^M$的单位外法向量。进一步地，

$$4\pi a^2 r^2\frac{\partial \overline{u}}{\partial r} = \iiint\limits_{B_r^M}\frac{\partial^2 u}{\partial t^2}\mathrm{d}V = \frac{\partial^2}{\partial t^2}\int_0^r \mathrm{d}\tau\iint\limits_{S_\tau^M} u\mathrm{d}S$$

两边关于$r$求导，利用参变量积分的微分法得

$$\frac{\partial}{\partial r}\left(4\pi a^2 r^2\frac{\partial \overline{u}}{\partial r}\right) = \frac{\partial^2}{\partial t^2}\iint\limits_{S_r^M} u\mathrm{d}S$$

由平均值函数$\overline{u}(r,t)$的定义，得

$$a^2\frac{1}{r^2}\frac{\partial}{\partial r}\left(r^2\frac{\partial \overline{u}}{\partial r}\right) = \frac{\partial^2 \overline{u}}{\partial t^2}$$

化简可得

$$\frac{\partial^2(r\overline{u})}{\partial t^2} - a^2\frac{\partial^2(r\overline{u})}{\partial r^2} = 0$$

由初始条件和$\overline{u}(r,t)$的表达式，有

$$(r\overline{u})\big|_{t=0} = r\overline{\varphi}$$

$$\left.\frac{\partial(r\overline{u})}{\partial t}\right|_{t=0} = r\overline{\psi}$$

式中，$\overline{\varphi}$、$\overline{\psi}$分别是函数$\varphi$、$\psi$在$S_r^M$上的球面平均值。

综上所述，$r\bar{u}$ 满足如下定解问题：

$$\begin{cases}\dfrac{\partial^2(r\bar{u})}{\partial t^2}-a^2\dfrac{\partial^2(r\bar{u})}{\partial r^2}=0 \quad (0<r<\infty,\ t>0)\\ (r\bar{u})|_{r=0}=0\\ (r\bar{u})|_{t=0}=r\bar{\varphi}\\ \left.\dfrac{\partial(r\bar{u})}{\partial t}\right|_{t=0}=r\bar{\psi}\end{cases} \tag{2.4.6}$$

将 $r\bar{u}$ 看成一个函数，式(2.4.6)表示的是一个端点固定的半无限长弦振动问题，它的解可由 2.2 节中的讨论得到，即

$$\bar{u}(r,t)=\begin{cases}\dfrac{(r+at)\bar{\varphi}(r+at)+(r-at)\bar{\varphi}(r-at)}{2r}+\dfrac{1}{2ar}\displaystyle\int_{r-at}^{r+at}\xi\bar{\psi}(\xi)\mathrm{d}\xi & (r-at>0)\\ \dfrac{(r+at)\bar{\varphi}(r+at)-(at-r)\bar{\varphi}(at-r)}{2r}+\dfrac{1}{2ar}\displaystyle\int_{at-r}^{at+r}\xi\bar{\psi}(\xi)\mathrm{d}\xi & (r-at\leqslant 0)\end{cases}$$

由于只需要 $r\to 0$ 时 $\bar{u}(r,t)$ 的值，故只考虑 $r-at\leqslant 0$ 时 $\bar{u}(r,t)$ 的表达式，即

$$\frac{(r+at)\bar{\varphi}(r+at)-(at-r)\bar{\varphi}(at-r)}{2r}+\frac{1}{2ar}\int_{at-r}^{at+r}\xi\bar{\psi}(\xi)\mathrm{d}\xi$$

当 $r\to 0$ 时，上式两部分都是 $\dfrac{0}{0}$ 型的，利用洛必达法则，分别计算

$$\begin{aligned}&\lim_{r\to 0}\frac{(r+at)\bar{\varphi}(r+at)-(at-r)\bar{\varphi}(at-r)}{2r}\\ &=\lim_{r\to 0}\frac{\bar{\varphi}(at-r)+\bar{\varphi}(r+at)}{2}+\lim_{r\to 0}\frac{-at\bar{\varphi}(at-r)+at\bar{\varphi}(r+at)}{2r}\\ &=\bar{\varphi}(at)+at\bar{\varphi}'(at)\\ &=\frac{1}{a}\frac{\partial}{\partial t}[at\bar{\varphi}(at)]\end{aligned}$$

和

$$\begin{aligned}&\lim_{r\to 0}\frac{1}{2ar}\int_{at-r}^{at+r}\xi\bar{\psi}(\xi)\mathrm{d}\xi\\ &=\lim_{r\to 0}\frac{1}{2a}\frac{\mathrm{d}}{\mathrm{d}r}\int_{at-r}^{at+r}\xi\bar{\psi}(\xi)\mathrm{d}\xi\\ &=\lim_{r\to 0}\frac{(r+at)\bar{\psi}(r+at)+(-r+at)\bar{\psi}(-r+at)}{2a}\\ &=\frac{1}{a}[at\bar{\psi}(at)]\end{aligned}$$

因此，得到

$$u(x,y,z,t)=\lim_{r\to 0}\bar{u}(r,t)=\frac{1}{4\pi a}\left[\frac{\partial}{\partial t}\iint_{S_{at}^M}\frac{\varphi}{at}\mathrm{d}S+\iint_{S_{at}^M}\frac{\psi}{at}\mathrm{d}S\right] \tag{2.4.7}$$

以上即为**三维波动方程初值问题解的泊松公式**。

利用球面坐标，可将泊松公式化为便于计算的二次积分的形式

$$u=\frac{\partial}{\partial t}\left[\frac{t}{4\pi}\int_0^{2\pi}\int_0^{\pi}\varphi(x+at\sin\theta\cos\phi,y+at\sin\theta\sin\phi,z+at\cos\theta)\sin\theta\mathrm{d}\theta\mathrm{d}\phi\right]+$$
$$\frac{t}{4\pi}\int_0^{2\pi}\int_0^{\pi}\psi(x+at\sin\theta\cos\phi,y+at\sin\theta\sin\phi,z+at\cos\theta)\sin\theta\mathrm{d}\theta\mathrm{d}\phi$$

【例 2-5】 设已知三维波动问题中的初位移、初速度分别为

$$\varphi=x+y+z,\qquad \psi=0$$

求相应的柯西问题的解。

**解**：由三维波动方程初值问题解的泊松公式

$$\begin{aligned}u(x,y,z,t)&=\frac{1}{4\pi}\frac{\partial}{\partial t}\int_0^{2\pi}\int_0^{\pi}t[x+y+z+at(\sin\theta\cos\phi+\sin\theta\sin\phi+\cos\theta)]\sin\theta\mathrm{d}\theta\mathrm{d}\phi\\&=\frac{1}{4\pi}\frac{\partial}{\partial t}[t(x+y+z)]\int_0^{2\pi}\mathrm{d}\phi\int_0^{\pi}\sin\theta\mathrm{d}\theta+\\&\quad at^2\int_0^{2\pi}(\sin\phi+\cos\phi)\mathrm{d}\phi\int_0^{\pi}\sin^2\theta\mathrm{d}\theta+at^2\int_0^{2\pi}\mathrm{d}\phi\int_0^{\pi}\sin\theta\cos\theta\mathrm{d}\theta\\&=x+y+z\end{aligned}$$

## 2.4.3 二维波动方程的降维法

考虑二维波动方程的初值问题

$$\begin{cases}\dfrac{\partial^2u}{\partial t^2}-a^2\left(\dfrac{\partial^2u}{\partial x^2}+\dfrac{\partial^2u}{\partial y^2}\right)=0 & (-\infty<x,y<+\infty,t>0)\\ u|_{t=0}=\varphi(x,y)\\ \left.\dfrac{\partial u}{\partial t}\right|_{t=0}=\psi(x,y)\end{cases}\tag{2.4.8}$$

设解为$u(x,y,t)$，把它看成三维空间中的函数$\tilde{u}(x,y,z,t)=u(x,y,t)$，$\tilde{u}$为下述问题之解：

$$\begin{cases}\dfrac{\partial^2\tilde{u}}{\partial t^2}-a^2\left(\dfrac{\partial^2\tilde{u}}{\partial x^2}+\dfrac{\partial^2\tilde{u}}{\partial y^2}+\dfrac{\partial^2\tilde{u}}{\partial z^2}\right)=0 & (-\infty<x,y,z<+\infty,t>0)\\ \tilde{u}|_{t=0}=\varphi(x,y)\\ \left.\dfrac{\partial\tilde{u}}{\partial t}\right|_{t=0}=\psi(x,y)\end{cases}\tag{2.4.9}$$

由泊松公式，得

$$\tilde{u}(x,y,z,t)=\frac{1}{4\pi a}\left[\frac{\partial}{\partial t}\iint_{S_{at}^M}\frac{\varphi}{at}\mathrm{d}S+\iint_{S_{at}^M}\frac{\psi}{at}\mathrm{d}S\right]\tag{2.4.10}$$

这是在三维空间的球面$S_{at}^M$：$(\xi-x)^2+(\eta-y)^2+(\varsigma-z)^2=a^2t^2$上的曲面积分，其中$M(\xi,\eta,\varsigma)$是球面上的点。为便于计算，现将球面积分化为二重积分。由高等数学的知识$\iint_{S_{at}^M}f(\xi,\eta,\varsigma)\mathrm{d}S=$ $\iint_{\Sigma_{at}^M}f(\xi,\eta,\varsigma(\xi,\eta))\sqrt{1+\varsigma_\xi^2+\varsigma_\eta^2}\mathrm{d}\xi\mathrm{d}\eta$，其中$\Sigma_{at}^M$：$(\xi-x)^2+(\eta-y)^2\leqslant a^2t^2$为曲面$S_{at}^M$在平面$\varsigma=0$

上的投影区域。对于上半球面：$\varsigma - z = \sqrt{a^2t^2-(\xi-x)^2-(\eta-y)^2}$，有

$$\varsigma_\xi = \frac{-(\xi-x)}{\sqrt{a^2t^2-(\xi-x)^2-(\eta-y)^2}}$$

$$\varsigma_\eta = \frac{-(\eta-y)}{\sqrt{a^2t^2-(\xi-x)^2-(\eta-y)^2}}$$

$$\sqrt{1+\varsigma_\xi^2+\varsigma_\eta^2} = \frac{at}{\sqrt{a^2t^2-(\xi-x)^2-(\eta-y)^2}}$$

所以

$$\iint_{S_{at}^M} \frac{\varphi}{at}\mathrm{d}S = \iint_{\Sigma_{at}^M} \frac{\varphi(\xi,\eta)}{at}\cdot\frac{at}{\sqrt{a^2t^2-(\xi-x)^2-(\eta-y)^2}}\mathrm{d}\xi\mathrm{d}\eta$$

$$= \iint_{\Sigma_{at}^M} \frac{\varphi(\xi,\eta)}{\sqrt{a^2t^2-(\xi-x)^2-(\eta-y)^2}}\mathrm{d}\xi\mathrm{d}\eta$$

同理

$$\iint_{S_{at}^M} \frac{\psi}{at}\mathrm{d}S = \iint_{\Sigma_{at}^M} \frac{\psi(\xi,\eta)}{\sqrt{a^2t^2-(\xi-x)^2-(\eta-y)^2}}\mathrm{d}\xi\mathrm{d}\eta$$

对于下半球面：$\varsigma - z = \sqrt{a^2t^2-(\xi-x)^2-(\eta-y)^2}$，有

$$\varsigma_\xi = \frac{\xi-x}{\sqrt{a^2t^2-(\xi-x)^2-(\eta-y)^2}}$$

$$\varsigma_\eta = \frac{\eta-y}{\sqrt{a^2t^2-(\xi-x)^2-(\eta-y)^2}}$$

$$\sqrt{1+\varsigma_\xi^2+\varsigma_\eta^2} = \frac{at}{\sqrt{a^2t^2-(\xi-x)^2-(\eta-y)^2}}$$

$$\iint_{S_{at}^M} \frac{\varphi}{at}\mathrm{d}S = \iint_{\Sigma_{at}^M} \frac{\varphi(\xi,\eta)}{\sqrt{a^2t^2-(\xi-x)^2-(\eta-y)^2}}\mathrm{d}\xi\mathrm{d}\eta$$

和

$$\iint_{S_{at}^M} \frac{\psi}{at}\mathrm{d}S = \iint_{\Sigma_{at}^M} \frac{\psi(\xi,\eta)}{\sqrt{a^2t^2-(\xi-x)^2-(\eta-y)^2}}\mathrm{d}\xi\mathrm{d}\eta$$

将上下球面的结果相加，得

$$u(x,y,t) = \frac{1}{2\pi a}\left[\frac{\partial}{\partial t}\iint_{\Sigma_{at}^M} \frac{\varphi(\xi,\eta)}{\sqrt{a^2t^2-(\xi-x)^2-(\eta-y)^2}}\mathrm{d}\xi\mathrm{d}\eta + \iint_{\Sigma_{at}^M} \frac{\psi(\xi,\eta)}{\sqrt{a^2t^2-(\xi-x)^2-(\eta-y)^2}}\mathrm{d}\xi\mathrm{d}\eta\right] \tag{2.4.11}$$

式(2.4.11)是在圆域$\Sigma_{at}^M$上的积分，利用极坐标可将其化为便于计算的二次积分

$$u(x,y,t) = \frac{1}{2\pi a}\left[\frac{\partial}{\partial t}\int_0^{at}\int_0^{2\pi} \frac{\varphi(x+r\cos\theta, y+r\sin\theta)}{\sqrt{a^2t^2-r^2}}r\mathrm{d}r\mathrm{d}\theta + \int_0^{at}\int_0^{2\pi} \frac{\psi(x+r\cos\theta, y+r\sin\theta)}{\sqrt{a^2t^2-r^2}}r\mathrm{d}r\mathrm{d}\theta\right]$$

上式称为**二维波动方程柯西问题的泊松公式**。这种由高维波动方程柯西问题的解推导出较低维波动方程柯西问题的解的方法称为**降维法**。

### 2.4.4 解的物理意义

从泊松公式出发，解释波在三维空间的传播现象。设$T\subset R^3$是三维空间中的有界区域，$\varphi(x,y,z)$、$\psi(x,y,z)\begin{cases}\neq 0 & [(x,y,z)\in T]\\ =0 & [(x,y,z)\notin T]\end{cases}$。

**1．在任一固定点$M(x_0, y_0, z_0)$的振动情况**

设$M\notin T$，记$d=\min\limits_{Q\in T}\rho(M,Q)$，表示$M$到$T$的最小距离，$D=\max\limits_{Q\in T}\rho(M,Q)$，表示$M$到$T$的最大距离，由泊松公式知，点$M$在时刻$t$的振动状态$u(M,t)$由$\varphi$、$\psi$沿$S_{at}^M$的曲面积分所决定。

(1) 当$t<t_1=\dfrac{d}{a}$时，$S_{at}^M\cap T$为空集，所以$u(M,t)=0$，点$M$处于静止状态，说明$T$的振动尚未达到点$M$；

(2) 当$t_1<t<t_2=\dfrac{D}{a}$时，$S_{at}^M\cap T$不为空集，所以$u(M,t)\neq 0$，点$M$处于振动状态，表明$T$的振动已传到点$M$；

(3) 当$t>t_2=\dfrac{D}{a}$时，$S_{at}^M\cap T$为空集，说明振动已传过点$M$，点$M$仍回复到静止状态。

**2．在某固定时刻$t_0$，考虑初始时刻的振动所传播的范围**

设$P(\xi,\eta,\varsigma)\in T$，$T$是半径为$R$的球体。由泊松公式，只有与$M$相距为$at_0$的点上的初始扰动能够影响$u(M,t)$的值，所以$P(\xi,\eta,\varsigma)$的初始扰动在时刻$t_0$只影响到以$P$为球心、以$at_0$为半径的球面$S_{at_0}^M:(x-\xi)^2+(y-\eta)^2+(z-\varsigma)^2=a^2t^2$。当点$P$在$T$内移动时，球面族的包络面所围成的区域即为$T$内各点的振动在$t_0$时刻所传播的区域，称为$T$在$t_0$时刻的影响区域。当$t_0$足够大时，包络面是以$T$的心$O(T)$为心，分别以$at_0-R$和$at_0+R$为半径的球面所夹部分。故时刻$t_0$的影响区域为$at_0-R<r<at_0+R$的球壳，球面$S_{at_0-R}^{O(T)}$是振动到来的前峰，称为波的**前阵面**，球面$S_{at_0+R}^{O(T)}$是振动传过后的后沿，称为波的**后阵面**。

总之，三维空间中有限区域$T$上的初始振动，有着清晰的前阵面和后阵面，对空间的任一点，振动传过后，仍回复到平衡状态，这种只在有限时间内引起振动的现象称为**惠更斯（Huygens）原理**。

## 习　题

1．求解如下柯西问题：

$$\begin{cases}\dfrac{\partial^2 u}{\partial t^2}-a^2\dfrac{\partial^2 u}{\partial x^2}=0 & (-\infty<x<\infty, t>0)\\ u|_{t=0}=\cos x,\ \left.\dfrac{\partial u}{\partial t}\right|_{t=0}=\mathrm{e}^{-1}\end{cases}$$

2．求方程

$$\frac{\partial^2 u}{\partial x\partial y}-x^2 y=0 \qquad (x>1, y>0)$$

满足边界条件$u|_{y=0}=x^2$，$u|_{x=1}=\cos y$的解。

3．用特征线法求解定解问题

$$\begin{cases}\dfrac{\partial^2 u}{\partial x^2}+2\dfrac{\partial^2 u}{\partial x\partial y}-3\dfrac{\partial^2 u}{\partial y^2}=0\\ u|_{y=0}=\sin x,\ \left.\dfrac{\partial u}{\partial y}\right|_{y=0}=x\end{cases}$$

4．求解古尔萨（Goursat）问题

$$\begin{cases}\dfrac{\partial^2 u}{\partial t^2}-\dfrac{\partial^2 u}{\partial x^2}=0 & (-t<x<t, t>0)\\ u|_{x+t=0}=\varphi(x) & (x<0)\\ u|_{x-t=0}=\psi(x) & (x\geqslant 0)\end{cases}$$

式中，$\varphi(x)$、$\psi(x)$为已知光滑函数，且$\varphi(0)=\psi(0)$。

5．求下列初值问题的解：

(1) $$\begin{cases}\dfrac{\partial^2 u}{\partial t^2}-\dfrac{\partial^2 u}{\partial x^2}=t\sin x & (-\infty<x<\infty, t>0)\\ u|_{t=0}=0,\ \left.\dfrac{\partial u}{\partial t}\right|_{t=0}=\sin x\end{cases}$$

(2) $$\begin{cases}\dfrac{\partial^2 u}{\partial t^2}-a^2\dfrac{\partial^2 u}{\partial x^2}=x & (-\infty<x<\infty, t>0)\\ u|_{t=0}=0,\ \left.\dfrac{\partial u}{\partial t}\right|_{t=0}=3\end{cases}$$

6．半无限长弦的初位移和初速度都等于零，端点做微小振动$u|_{x=0}=A\sin\omega t$，求弦的振动。

7．求解问题

$$\begin{cases}\dfrac{\partial^2 u}{\partial t^2}-a^2\left(\dfrac{\partial^2 u}{\partial x^2}+\dfrac{\partial^2 u}{\partial y^2}+\dfrac{\partial^2 u}{\partial z^2}\right)=0 & (-\infty<x、y、z<\infty, t>0)\\ u|_{t=0}=x^3+y^2 z,\ \left.\dfrac{\partial u}{\partial t}\right|_{t=0}=0\end{cases}$$

8．求解初值问题

$$\begin{cases}\dfrac{\partial^2 u}{\partial t^2}-a^2\left(\dfrac{\partial^2 u}{\partial x^2}+\dfrac{\partial^2 u}{\partial y^2}\right)=0 & (-\infty<x、y<\infty, t>0)\\ u|_{t=0}=x^2(x+y),\ \left.\dfrac{\partial u}{\partial t}\right|_{t=0}=0\end{cases}$$

9．用降维法证明问题

$$\begin{cases}\dfrac{\partial^2 u}{\partial t^2}-a^2\left(\dfrac{\partial^2 u}{\partial x^2}+\dfrac{\partial^2 u}{\partial y^2}\right)=f(x,y,t) & (-\infty<x、y<\infty,t>0)\\ u\big|_{t=0}=0,\ \dfrac{\partial u}{\partial t}\bigg|_{t=0}=0\end{cases}$$

的解为

$$u(x,y,t)=\frac{1}{2\pi a^2}\int_0^{at}\iint_{\Sigma_r^M}\frac{f\left(\xi,\eta,t-\dfrac{r}{a}\right)}{\sqrt{r^2-(x-\xi)^2-(y-\eta)^2}}\mathrm{d}\xi\mathrm{d}\eta\mathrm{d}r$$

其中 $\bar{z}_r^M$ 为圆域 $(\xi-x)^2+(\eta-y)^2\leqslant\gamma^2$。

10．已知波动问题

$$\begin{cases}\dfrac{\partial^2 u}{\partial t^2}-a^2\dfrac{\partial^2 u}{\partial x^2}=0 & (-\infty<x<\infty,t>0)\\ u\big|_{t=0}=\dfrac{1}{1+x^2},\ \dfrac{\partial u}{\partial t}\bigg|_{t=0}=0\end{cases}$$

(1) 求解该定解问题；

(2) 取 $a=1$，画出解在 $-15\leqslant x\leqslant 15$ 内的动画图像，注意观察波的运动规律。

# 第 3 章　分离变量法

分离变量法是求解偏微分方程定解问题的最基本、最常用的方法。它的基本思想是：通过变量分离，将偏微分方程定解问题转化为一系列常微分方程定解问题求解。它的主要依据是线性叠加原理、傅里叶级数理论和施特姆-刘维尔本征值问题理论。该方法的思想简单，应用范围广泛，对于各类方程、各种求解区域，附以适当的边界条件，均可用分离变量法求解。在这一章中，我们将使用分离变量法求解三类典型方程的定解问题。

## 3.1　有界弦的自由振动

本节讨论最简单的定解问题——带有齐次边界条件的齐次波动方程的定解问题的分离变量法。首先，结合具体的例子介绍分离变量法的步骤。

### 3.1.1　分离变量法

研究两端固定均匀弦的自由振动。设弦长为 $l$，初位移和初速度分别为 $\varphi(x)$、$\psi(x)$，其定解问题为

$$\begin{cases} \dfrac{\partial^2 u}{\partial t^2} - a^2 \dfrac{\partial^2 u}{\partial x^2} = 0 \qquad (0 < x < l, t > 0) \\ u\big|_{x=0} = 0,\ u\big|_{x=l} = 0 \\ u\big|_{t=0} = \varphi(x),\ \dfrac{\partial u}{\partial t}\Big|_{t=0} = \psi(x) \end{cases} \tag{3.1.1}$$

这是一个有界区域上的波动问题，在第 2 章中看到，当波传播到端点时，会引起波的反射，由于弦有限长，因此波将在两端点之间往复反射。由物理知识可知，反射波和入射波都是行进波，且频率相同，两列反向行进的同频率的波形成**驻波**。从形式上看，驻波有以下特点：① 没有波形的传播，即弦上各点振动频率相同，且各点振动相位不滞后，按同一方式随时间振动，因此弦上各点振动频率可统一表示为 $T(t)$；② 各点振幅 $X$ 随点 $x$ 而异，用 $X(x)$ 表示，所以驻波可用 $X(x)T(t)$ 表示。

在问题式(3.1.1)中，设 $u(x,t) = X(x)T(t)$，且 $u(x,t)$ 不恒等于零，其中 $X(x)$、$T(t)$ 为待定函数。将 $u(x,t) = X(x)T(t)$ 代入方程中，得

$$XT'' - a^2 X''T = 0$$

因 $u(x,t)$ 不恒等于零，故在上式两端同除以 $a^2 XT$，并移项可得

$$\frac{T''}{a^2 T} = \frac{X''}{X}$$

上式左端是变量 $t$ 的函数，右端是变量 $x$ 的函数，$x$、$t$ 是独立变量，左右两端要相等，必须

同时等于一个常数，设该常数为 $-\lambda$，有

$$\frac{T''}{a^2T}=\frac{X''}{X}=-\lambda$$

由此可得到两个常微分方程

$$X''+\lambda X=0 \tag{3.1.2}$$

$$T''+\lambda a^2T=0 \tag{3.1.3}$$

再将 $u(x,t)=X(x)T(t)$ 代入式(3.1.1)的边界条件中，得

$$\begin{cases}X(0)T(t)=0\\X(l)T(t)=0\end{cases} \tag{3.1.4}$$

式(3.1.4)对任意 $t>0$ 都成立，故有

$$X(0)=0,\ X(l)=0 \tag{3.1.5}$$

将式(3.1.2)和式(3.1.5)结合，可得如下含有参数 $\lambda$ 的常微分方程边值问题

$$\begin{cases}X''+\lambda X=0\\X(0)=0, X(l)=0\end{cases} \tag{3.1.6}$$

下面考虑式(3.1.6)的求解，分 $\lambda<0$、$\lambda=0$ 和 $\lambda>0$ 三种可能来进行讨论。

(1) 当 $\lambda<0$ 时，式(3.1.6)中方程的通解为

$$X(x)=C_1\mathrm{e}^{\sqrt{-\lambda}x}+C_2\mathrm{e}^{-\sqrt{-\lambda}x}$$

其中，$C_1$、$C_2$ 是任意常数。由条件 $X(0)=0$、$X(l)=0$，得

$$\begin{cases}C_1+C_2=0\\C_1\mathrm{e}^{\sqrt{-\lambda}l}+C_2\mathrm{e}^{-\sqrt{-\lambda}l}=0\end{cases}$$

解之得 $C_1=C_2=0$，从而 $X(x)\equiv0$，所以 $u(x,t)=X(x)T(t)\equiv0$，此时得不到有意义的解。

(2) 当 $\lambda=0$ 时，方程的通解为

$$X(x)=C_1x+C_2$$

由边界条件，得

$$\begin{cases}C_2=0\\C_1l+C_2=0\end{cases}$$

由此解出 $C_1=C_2=0$，从而 $X(x)\equiv0$，也得不到有意义的解。

(3) 当 $\lambda>0$ 时，方程的通解为

$$X(x)=C_1\cos\sqrt{\lambda}x+C_2\sin\sqrt{\lambda}x$$

由边界条件，得

$$\begin{cases}C_1=0\\C_2\sin\sqrt{\lambda}l=0\end{cases}$$

又$u(x,t)$不恒等于零，故$C_2 \neq 0$, 因而$\sin\sqrt{\lambda}\, l = 0$，于是$\sqrt{\lambda}\, l = n\pi$（$n$为正整数），即

$$\lambda = \frac{n^2\pi^2}{l^2} \quad (n = 1, 2, \cdots) \tag{3.1.7}$$

当$\lambda$取这些值时，

$$X(x) = C_2 \sin\frac{n\pi}{l}x \qquad (n = 1, 2, \cdots) \tag{3.1.8}$$

其中，$C_2$是任意常数。

从以上的讨论可知，分离变量时引入的常数$\lambda$，不能取为负数或零，也不能是任意的正数，必须取式(3.1.7)所给出的特定数值，才可得到问题(3.1.6)的有意义的解。常数$\lambda$的特定数值称为**本征值**，相应的$X(x)$称为**本征函数**。常微分方程边值问题(3.1.6)称为**本征值问题**。

再考虑求解关于$T$的方程(3.1.3)，将本征值代入方程

$$T'' + a^2\frac{n^2\pi^2}{l^2}T = 0$$

其解为

$$T_n(t) = A\cos\frac{n\pi at}{l} + B\sin\frac{n\pi at}{l} \qquad (n = 1, 2, \cdots) \tag{3.1.9}$$

其中，$A$、$B$为任意常数。将式(3.1.8)和式(3.1.9)代入$u(x,t) = X(x)T(t)$，得到

$$u_n(x,t) = \left(A_n\cos\frac{n\pi at}{l} + B_n\sin\frac{n\pi at}{l}\right)\sin\frac{n\pi x}{l} \qquad (n = 1, 2, \cdots)$$

$n$为正整数，每一个$n$对应于一种驻波，这些驻波称为**两端固定弦的本征振动**。这些本征振动是满足齐次方程和两个齐次边界条件的线性无关的特解。由于方程和边界条件都是线性的，故本征振动的线性叠加

$$u(x,t) = \sum_{n=1}^{\infty}\left(A_n\cos\frac{n\pi at}{l} + B_n\sin\frac{n\pi at}{l}\right)\sin\frac{n\pi x}{l} \tag{3.1.10}$$

仍然是满足振动方程和其边界条件的解。由齐次方程解的结构理论可知，它就是满足方程和边界条件的一般解，其中$A_n$、$B_n$是任意的常数。

下面来确定定解问题(3.1.1)的解，即确定适当的叠加系数$A_n$、$B_n$，以使式(3.1.10)满足定解问题。将式(3.1.10)代入初始条件，得

$$\begin{cases} \displaystyle\sum_{n=1}^{\infty} A_n\sin\frac{n\pi x}{l} = \varphi(x) \\ \displaystyle\sum_{n=1}^{\infty} B_n\frac{n\pi a}{l}\sin\frac{n\pi x}{l} = \psi(x) \end{cases} \tag{3.1.11}$$

观察式(3.1.11)，发现两式的左端都是傅里叶正弦级数，而右端是已知的固定函数。将$\varphi(x)$、$\psi(x)$展开为三角函数系$\left\{\sin\frac{n\pi x}{l}\right\}_{n=1}^{\infty}$的傅里叶正弦级数

$$\begin{cases} \varphi(x) = \sum_{n=1}^{\infty} \varphi_n \sin \frac{n\pi x}{l} \\ \psi(x) = \sum_{n=1}^{\infty} \psi_n \sin \frac{n\pi x}{l} \end{cases}$$

其中，

$$\begin{cases} \varphi_n = \frac{2}{l} \int_0^l \varphi(\xi) \sin \frac{n\pi\xi}{l} d\xi \\ \psi_n = \frac{2}{l} \int_0^l \psi(\xi) \sin \frac{n\pi\xi}{l} d\xi \end{cases}$$

比较式(3.1.11)两边的系数，可得

$$\begin{cases} A_n = \varphi_n = \frac{2}{l} \int_0^l \varphi(\xi) \sin \frac{n\pi\xi}{l} d\xi \\ B_n = \frac{l}{na\pi} \psi_n = \frac{2}{na\pi} \int_0^l \psi(\xi) \sin \frac{n\pi\xi}{l} d\xi \end{cases} \tag{3.1.12}$$

这样，得到定解问题(3.1.1)的一个级数解(3.1.10)，其系数 $A_n$、$B_n$ 由式(3.1.12)给出。$A_n$、$B_n$ 取决于弦的初始状态，这种求解方法称为**分离变量法**。该定解问题的解是傅里叶正弦级数，这是由 $x=0$ 和 $x=l$ 处的第一类齐次边界条件决定的。

综上所述，分离变量法的步骤可归纳如图 3.1 所示：

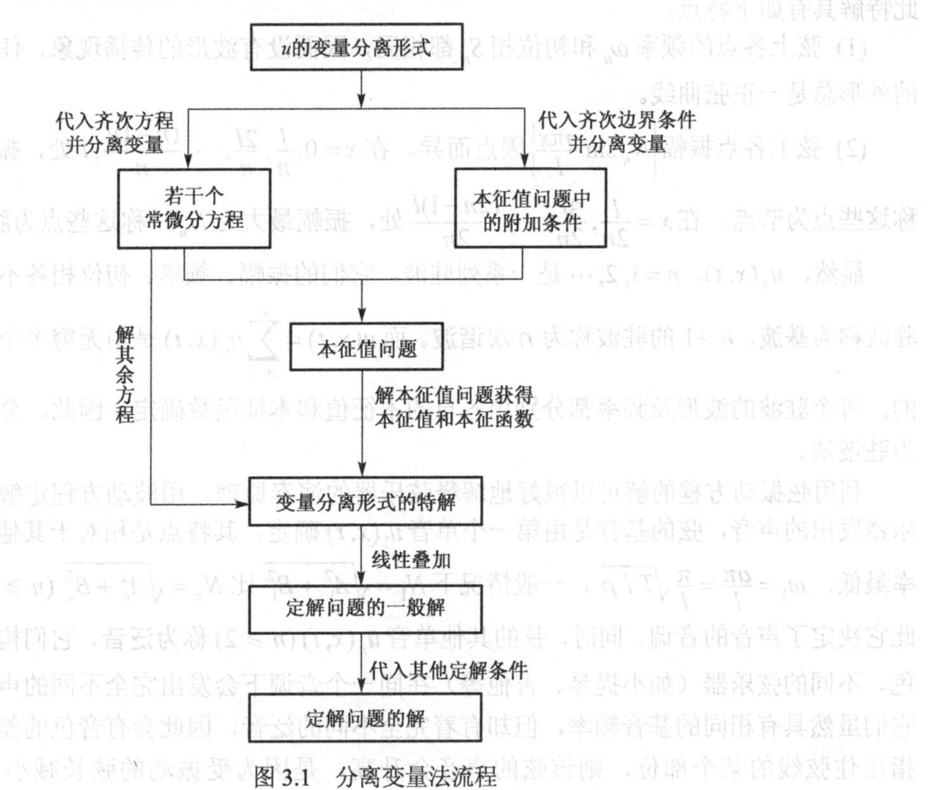


图 3.1 分离变量法流程

上面用分离变量法推导解的表达式的过程称为**分析过程**。要证明它满足定解问题，还必须进行验证，验证的过程称为**综合过程**。

对于定解问题(3.1.1)，当初值函数 $\varphi(x)$、$\psi(x)$ 满足什么条件时，才存在级数解呢？下面给出解的存在定理。

**定理 3.1** 若定解问题(3.1.1)的初值函数 $\varphi(x)$、$\psi(x)$ 满足

(1) $\varphi(x)$ 三次连续可微，$\psi(x)$ 二次连续可微；

(2) $\varphi(0)=\varphi(l)=\varphi''(0)=\varphi''(l)=\psi(0)=\psi(l)=0$，

则该定解问题的解存在，且可以由级数式(3.1.10)给出，其中系数由式(3.1.12)确定。

### 3.1.2 解的物理意义

先分析级数解的通项

$$u_n(x,t)=\left(A_n\cos\frac{na\pi t}{l}+B_n\sin\frac{na\pi t}{l}\right)\sin\frac{n\pi x}{l}$$

的物理意义。令

$$N_n=(A_n^2+B_n^2)^{\frac{1}{2}},\qquad S_n=\arctan\frac{A_n}{B_n},\qquad \omega_n=\frac{n\pi a}{l}$$

则

$$u_n(x,t)=N_n\sin(\omega_n t+S_n)\sin\frac{n\pi x}{l}$$

此特解具有如下特点：

(1) 弦上各点的频率 $\omega_n$ 和初位相 $S_n$ 都相同，因而没有波形的传播现象，任何时刻振动波的外形总是一正弦曲线。

(2) 弦上各点振幅 $\left|N_n\sin\frac{n\pi x}{l}\right|$ 因点而异。在 $x=0,\frac{l}{n},\frac{2l}{n},\cdots,\frac{(n-1)l}{n},l$ 处，振幅永远为 0，称这些点为**节点**；在 $x=\frac{l}{2n},\frac{3l}{2n},\cdots,\frac{(2n-1)l}{2n}$ 处，振幅最大为 $N_n$，称这些点为**腹点**。

显然，$u_n(x,t)$，$n=1,2,\cdots$ 是一系列驻波，它们的振幅、频率、初位相各不相同。$n=1$ 的驻波称为**基波**，$n>1$ 的驻波称为 **n 次谐波**。而 $u(x,t)=\sum\limits_{n=1}^{\infty}u_n(x,t)$ 是由无穷多个驻波叠加而成的，每个驻波的波形及频率都分别由各自的本征值和本征函数确定，因此，分离变量法又称为**驻波法**。

利用弦振动方程的解可以很好地解释弦乐器的演奏原理。用波动方程定解问题的解表示乐器发出的声音，弦的基音是由第一个单音 $u_1(x,t)$ 确定，其特点是相对于其他单音，它的频率最低，$\omega_1=\frac{a\pi}{l}=\frac{\pi}{l}\sqrt{T/\rho}$，一般情况下 $N_1=\sqrt{A_1^2+B_1^2}$ 比 $N_n=\sqrt{A_n^2+B_n^2}$ $(n\geqslant 2)$ 大得多，因此它决定了声音的音调。同时，弦的其他单音 $u_n(x,t)$ $(n\geqslant 2)$ 称为**泛音**，它们构成了声音的音色。不同的弦乐器（如小提琴、吉他等）在同一个音调下会发出完全不同的声音，就是因为它们虽然具有相同的基音频率，但却有着完全不同的泛音，因此会有音色的差异。如果用手指压住弦线的某个部位，则该弦的声音会升高，是因为受振动的弦长减小了，基音频率 $\omega_1=\frac{\pi}{l}\sqrt{T/\rho}$ 增大，音调随之升高，特别是当手指压在弦的中点时，基音及所有泛音的频率就比原来的频率增加一倍，这样弦发出的声音就比原来高了八度。我们还经常用拧紧弦线的

方法来调整音调，其实这是通过改变弦中张力$T$来促使基音频率变化，张力越大，基音频率越高，声调也就越高。弦线有粗有细，线密度反映着它们的不同，粗线密度大，细线密度小，因此两根不同粗细的弦在相同的条件下发出的声音是不一样的，细线会发出更高的音调。

还可以进一步讨论分离变量法的解式(3.1.10)和行波解式(2.1.6)的联系。为此，将初值函数进行奇延拓

$$\Phi(x)=\begin{cases}\varphi(x) & (0\leqslant x\leqslant l)\\ -\varphi(-x) & (-l\leqslant x\leqslant 0)\end{cases}$$

$$\Psi(x)=\begin{cases}\psi(x) & (0\leqslant x\leqslant l)\\ -\psi(-x) & (-l\leqslant x\leqslant 0)\end{cases}$$

然后，再延拓为周期为$2l$的周期函数，仍记为$\Phi(x)$和$\Psi(x)$，将$\Phi(x)$和$\Psi(x)$展开成傅里叶级数，

$$\Phi(x)=\sum_{n=1}^{\infty}\alpha_n\sin\frac{n\pi x}{l},\qquad \Psi(x)=\sum_{n=1}^{\infty}\beta_n\sin\frac{n\pi x}{l}$$

其中

$$\alpha_n=\frac{2}{l}\int_0^l\varphi(\xi)\sin\frac{n\pi\xi}{l}\mathrm{d}\xi,\qquad \beta_n=\frac{2}{l}\int_0^l\psi(\xi)\sin\frac{n\pi\xi}{l}\mathrm{d}\xi$$

与式(3.1.12)比较，可得

$$\alpha_n=A_n,\qquad \beta_n=\frac{na\pi}{l}B_n$$

所以

$$\begin{aligned}u(x,t)&=\sum_{n=1}^{\infty}\left(A_n\cos\frac{n\pi at}{l}+B_n\sin\frac{n\pi at}{l}\right)\sin\frac{n\pi x}{l}\\&=\frac{1}{2}\sum_{n=1}^{\infty}A_n\left[\sin\frac{n\pi}{l}(x+at)+\sin\frac{n\pi}{l}(x-at)\right]+\frac{1}{2}\sum_{n=1}^{\infty}B_n\left[\cos\frac{n\pi}{l}(x-at)-\cos\frac{n\pi}{l}(x+at)\right]\\&=\frac{1}{2}\sum_{n=1}^{\infty}\alpha_n\left[\sin\frac{n\pi}{l}(x+at)+\sin\frac{n\pi}{l}(x-at)\right]+\frac{1}{2}\sum_{n=1}^{\infty}\frac{l\beta_n}{na\pi}\left[\cos\frac{n\pi}{l}(x-at)-\cos\frac{n\pi}{l}(x+at)\right]\\&=\frac{1}{2}\left[\sum_{n=1}^{\infty}\alpha_n\sin\frac{n\pi}{l}(x+at)+\sum_{n=1}^{\infty}\alpha_n\sin\frac{n\pi}{l}(x-at)\right]+\\&\quad\frac{1}{2a}\left[\sum_{n=1}^{\infty}\beta_n\frac{l}{n\pi}\cos\frac{n\pi}{l}(x-at)-\sum_{n=1}^{\infty}\beta_n\frac{l}{n\pi}\cos\frac{n\pi}{l}(x+at)\right]\\&=\frac{1}{2}\left[\Phi(x+at)+\Phi(x-at)\right]+\frac{1}{2a}\int_{x-at}^{x+at}\Psi(\xi)\mathrm{d}\xi\end{aligned}$$

其形式与行波解完全一致，只不过这里的$\Phi(x)$和$\Psi(x)$是由初值函数$\varphi(x)$和$\psi(x)$经过周期延拓得到的，所以级数解与在定解区间$0<x<l$上的行波解是一致的。下面的例题也可以直观地反映这种规律。

【例 3-1】 研究两端固定弦的运动规律，已知初位移、初速度分别为

$$\varphi(x)=\begin{cases}\dfrac{10}{\pi}\left(x-\dfrac{2\pi}{5}\right) & \left(\dfrac{2\pi}{5}\leqslant x\leqslant\dfrac{\pi}{2}\right)\\ \dfrac{10}{\pi}\left(\dfrac{3\pi}{5}-x\right) & \left(\dfrac{\pi}{2}\leqslant x\leqslant\dfrac{3\pi}{5}\right)\\ 0 & \left(x<\dfrac{2\pi}{5}\text{或}x>\dfrac{3\pi}{5}\right)\end{cases}$$

$$\psi(x)=0$$

取 $l=\pi$，$a=1$。

**解**：由式(3.1.10)可得分离变量解为

$$u(x,t)=\sum_{n=1}^{\infty}\left(A_n\cos\frac{n\pi at}{l}+B_n\sin\frac{n\pi at}{l}\right)\sin\frac{n\pi x}{l}$$

式中

$$A_n=\frac{2}{l}\int_0^l\varphi(\xi)\sin\frac{n\pi\xi}{l}\mathrm{d}\xi,\qquad B_n=\frac{2}{n\pi a}\int_0^l\psi(\xi)\sin\frac{n\pi\xi}{l}\mathrm{d}\xi$$

代入初值函数 $\varphi(x)$ 和 $\psi(x)$，并考虑到 $l=\pi$、$a=1$，得到

$$A_n=\frac{20}{\pi^2n^2}\left(2\sin\frac{n\pi}{2}-\sin\frac{2n\pi}{5}-\sin\frac{3n\pi}{5}\right),\qquad B_n=0$$

于是

$$u(x,t)=\sum_{n=1}^{\infty}\frac{20}{\pi^2n^2}\left(2\sin\frac{n\pi}{2}-\sin\frac{2n\pi}{5}-\sin\frac{3n\pi}{5}\right)\cos nt\sin nx$$

用 MATLAB 画出该解的图像，图 3.2 是级数的前 3、10 和 50 项部分及在 $t=\dfrac{\pi}{4}$ 时的图像。分别取级数的前 10 项和前 50 项近似级数解，绘制动画图，其结果分别如图 3.3 和图 3.4 所示。

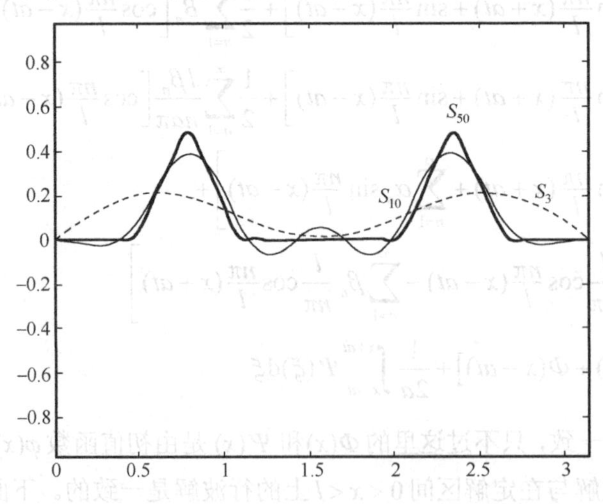


图 3.2 级数解的前 3、10 和 50 项部分和在 $t=\dfrac{\pi}{4}$ 时的图像

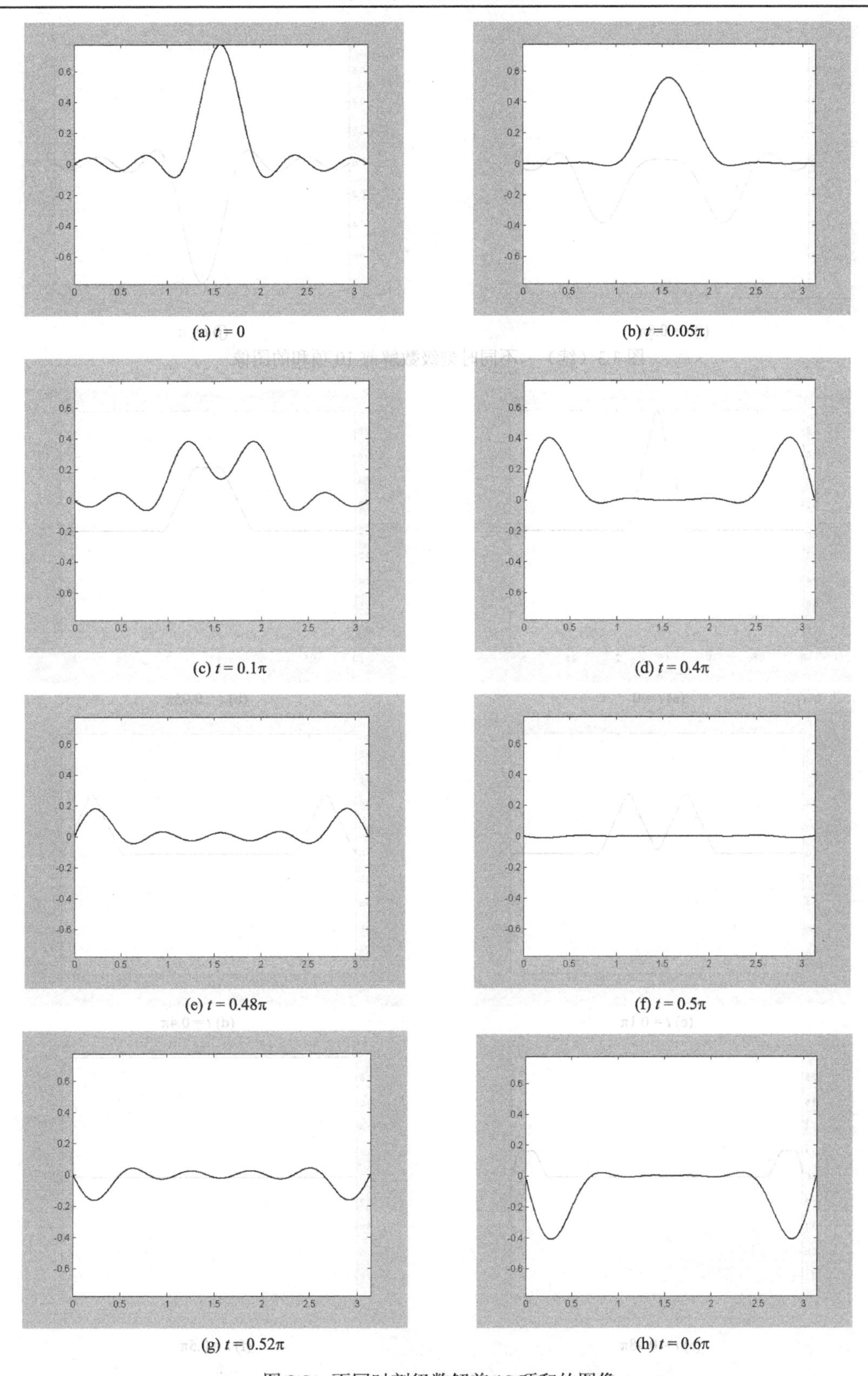

(a) $t=0$　(b) $t=0.05\pi$

(c) $t=0.1\pi$　(d) $t=0.4\pi$

(e) $t=0.48\pi$　(f) $t=0.5\pi$

(g) $t=0.52\pi$　(h) $t=0.6\pi$

图3.3　不同时刻级数解前10项和的图像

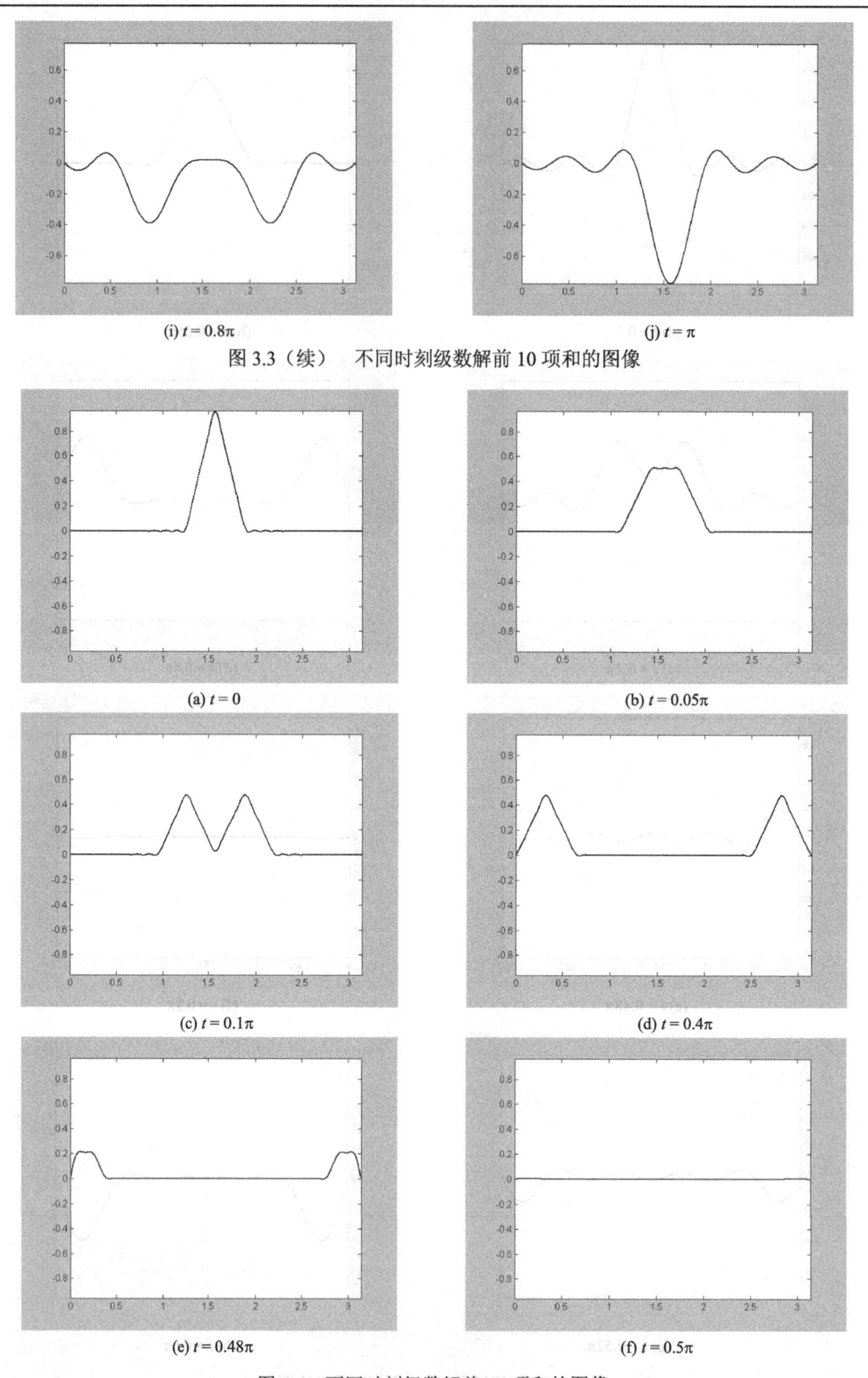

(i) $t=0.8\pi$　　(j) $t=\pi$

图 3.3（续）　不同时刻级数解前 10 项和的图像

(a) $t=0$　　(b) $t=0.05\pi$

(c) $t=0.1\pi$　　(d) $t=0.4\pi$

(e) $t=0.48\pi$　　(f) $t=0.5\pi$

图 3.4　不同时刻级数解前 50 项和的图像

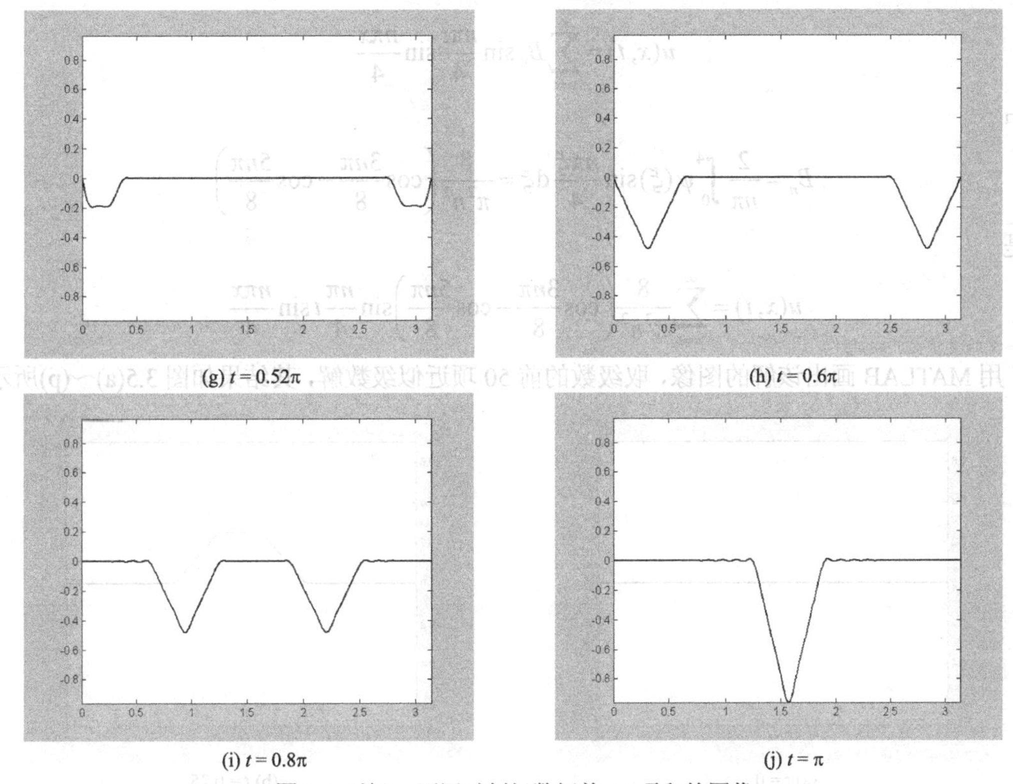

(g) $t=0.52\pi$　　(h) $t=0.6\pi$

(i) $t=0.8\pi$　　(j) $t=\pi$

图 3.4（续） 不同时刻级数解前 50 项和的图像

观察这三组图，可以看到：

(1) 在运动开始时，初始位移平均分为两半，分别向左右两个方向传播，在到达固定边界之前，即 $t\leqslant\dfrac{2\pi}{5}$ 时，相当于波在无限长弦上的传播，完全符合达朗贝尔公式的描述，图 3.4(a)～(d)分别与第 2 章中图 2.3(a)、(c)、(e)、(h)相同；

(2) 当波传播到固定边界时，发生反射，产生半波损失，图 3.4(e)～(g)给出了 $\dfrac{2\pi}{5}\leqslant t\leqslant\dfrac{3\pi}{5}$ 时的几个静态图像；

(3) 从边界反射回来的两个波，与入射波相位相差 $\pi$，相向运动，如图 3.4(h)所示；$t=\pi$ 时，两列反射波相遇，产生叠加，如图 3.4(j)所示，其后继续传播；

(4) 级数解的求和项数越高，所得的图形越接近于理论上的真实解，其表象为直线部分不再是弯曲的小振幅波，三角形部分不再是圆角，但是级数解的求和项数越高，所需的计算时间也明显增加。计算结果表明，当取级数的前 50 项时，精度和计算时间成本的控制均比较理想。

**【例 3-2】** 研究只由初始速度引起的弦的振动规律。设两端固定弦的初位移为零，初速度为

$$\psi(x)=\begin{cases}1 & \left(\dfrac{3}{2}\leqslant x\leqslant\dfrac{5}{2}\right)\\ 0 & \text{其他}\end{cases}$$

取 $l=4$，$a=1$。

**解**：由式(3.1.10)和初位移 $\varphi(x)=0$，可得分离变量解为

$$u(x,t)=\sum_{n=1}^{\infty}B_n\sin\frac{n\pi t}{4}\sin\frac{n\pi x}{4}$$

其中

$$B_n=\frac{2}{n\pi}\int_0^4\psi(\xi)\sin\frac{n\pi\xi}{4}\mathrm{d}\xi=\frac{8}{\pi^2n^2}\left(\cos\frac{3n\pi}{8}-\cos\frac{5n\pi}{8}\right)$$

于是

$$u(x,t)=\sum_{n=1}^{\infty}\frac{8}{\pi^2n^2}\left(\cos\frac{3n\pi}{8}-\cos\frac{5n\pi}{8}\right)\sin\frac{n\pi}{4}t\sin\frac{n\pi x}{4}$$

用 MATLAB 画出该解的图像，取级数的前 50 项近似级数解，其结果如图 3.5(a)～(p)所示。

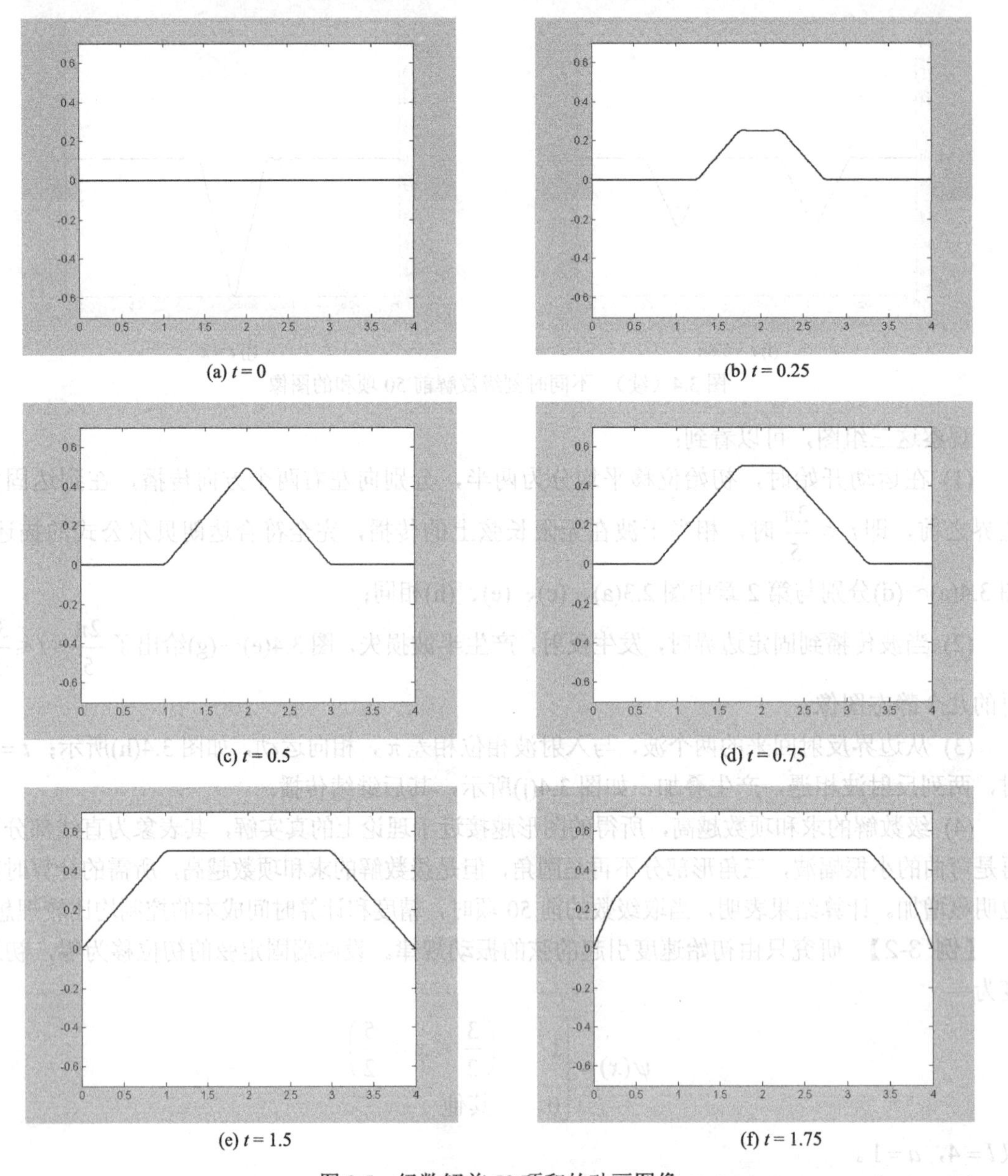


(a) $t=0$　　(b) $t=0.25$

(c) $t=0.5$　　(d) $t=0.75$

(e) $t=1.5$　　(f) $t=1.75$

图 3.5　级数解前 50 项和的动画图像

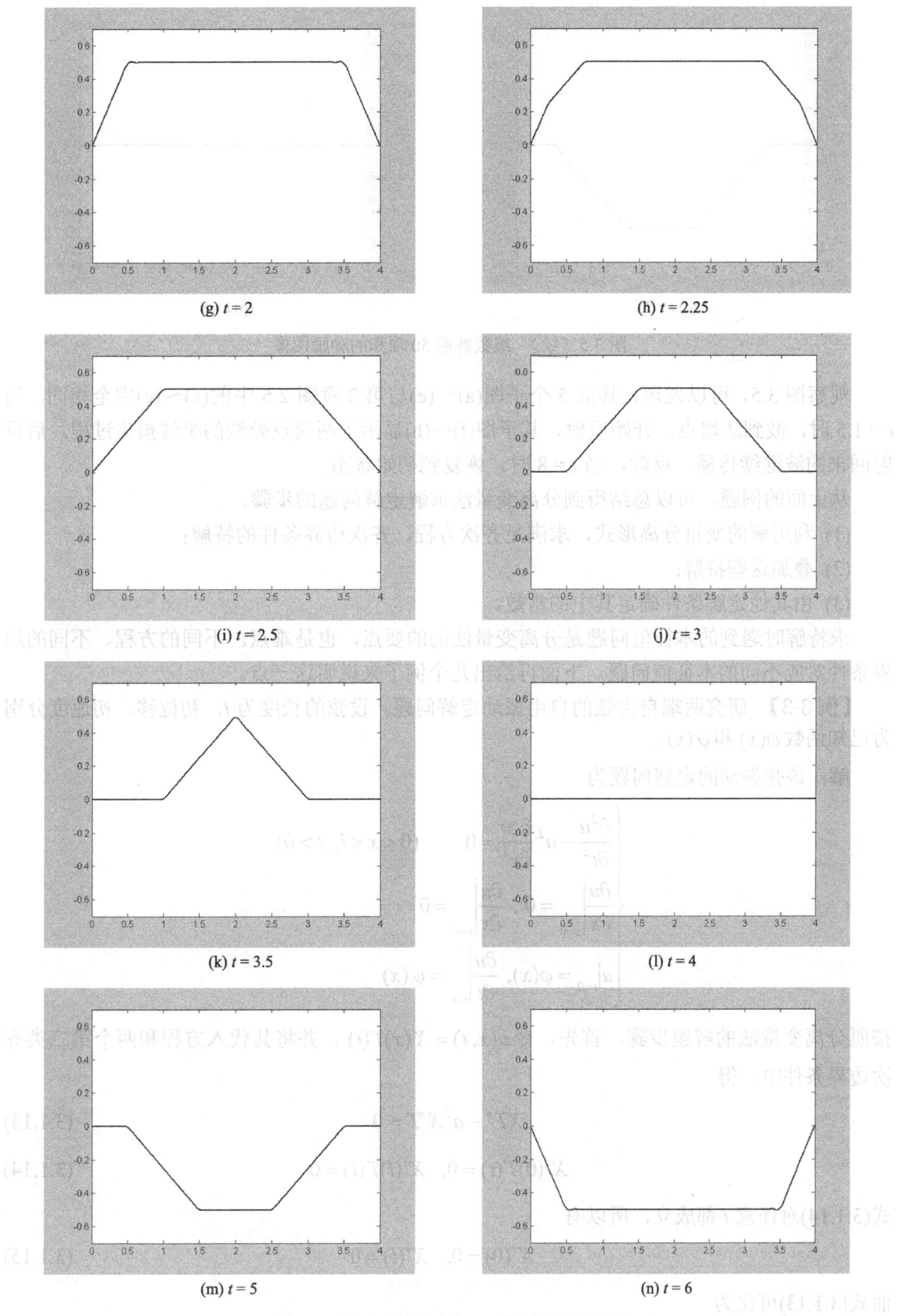


图 3.5（续）　级数解前 50 项和的动画图像

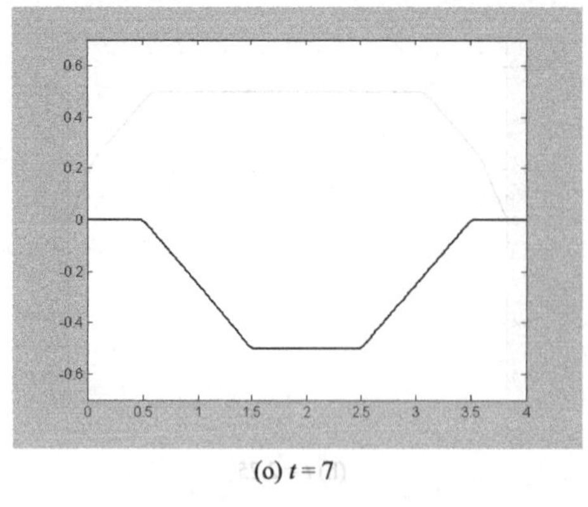

(o) $t=7$

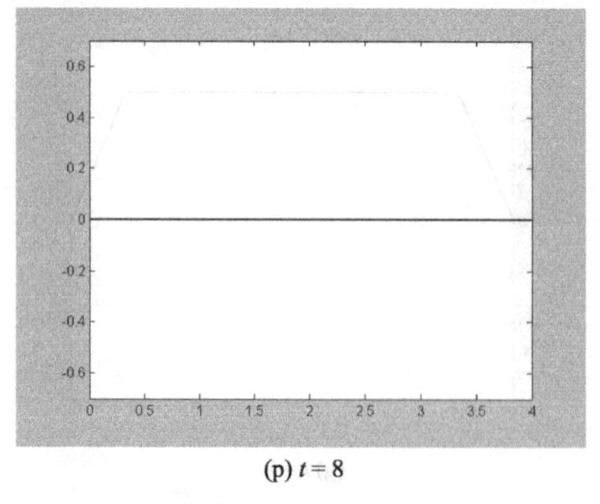

(p) $t=8$

图 3.5（续） 级数解前 50 项和的动画图像

观察图 3.5，可以发现，其前 5 个子图(a)～(e)与第 2 章图 2.5 中的(a)～(e)完全相同。当 $t=1.5$ 时，波到达端点，开始反射，其子图(f)～(h)显示了两端点处波的半波损失过程。后反射回来的波继续传播，反射，当 $t=8$ 时，恢复到初始状态。

从上面的例题，可以总结得到分离变量法求解定解问题的步骤：

(1) 利用解的变量分离形式，求满足齐次方程、齐次边界条件的特解；

(2) 叠加这些特解；

(3) 由其他定解条件确定其中的常数。

求特解时遇到的本征值问题是分离变量法的的要点，也是难点。不同的方程、不同的边界条件对应不同的本征值问题。下面再给出几个例子来说明这一点。

**【例 3-3】** 研究两端自由弦的自由振动定解问题。设弦的长度为 $l$，初位移、初速度分别为已知函数 $\varphi(x)$ 和 $\psi(x)$ 。

**解**：该弦振动的定解问题为

$$\begin{cases} \dfrac{\partial^2 u}{\partial t^2}-a^2\dfrac{\partial^2 u}{\partial x^2}=0 \qquad (0<x<l,\ t>0) \\ \left.\dfrac{\partial u}{\partial x}\right|_{x=0}=0,\ \left.\dfrac{\partial u}{\partial x}\right|_{x=l}=0 \\ u|_{t=0}=\varphi(x),\ \left.\dfrac{\partial u}{\partial t}\right|_{t=0}=\psi(x) \end{cases}$$

按照分离变量法的解题步骤，首先，令 $u(x,t)=X(x)T(t)$ ，并将其代入方程和两个第二类齐次边界条件中，得

$$XT''-a^2X''T=0 \tag{3.1.13}$$

$$X'(0)T(t)=0,\ \ X'(l)T(t)=0 \tag{3.1.14}$$

式(3.1.14)对任意 $t$ 都成立，所以有

$$X'(0)=0,\ \ X'(l)=0 \tag{3.1.15}$$

而式(3.1.13)可化为

$$\frac{T''}{a^2T}=\frac{X''}{X}$$

引入参数$\lambda$，则

$$\frac{T''}{a^2T}=\frac{X''}{X}=-\lambda$$

上式可分离为关于$X$和$T$的常微分方程，即

$$X''+\lambda X=0$$

和

$$T''+\lambda a^2T=0$$

关于$X$的常微分方程与条件式(3.1.15)构成本征值问题

$$\begin{cases}X''+\lambda X=0\\ X'(0)=X'(l)=0\end{cases}\tag{3.1.16}$$

下面求解本征值问题(3.1.16)，同样分三种情形讨论：

(1) 当$\lambda<0$时，方程通解为

$$X(x)=C_1\mathrm{e}^{\sqrt{-\lambda}x}+C_2\mathrm{e}^{-\sqrt{-\lambda}x}$$

其中，$C_1$、$C_2$是任意常数。由条件$X'(0)=0$、$X'(l)=0$，得

$$\begin{cases}C_1-C_2=0\\ C_1\mathrm{e}^{\sqrt{-\lambda}l}-C_2\mathrm{e}^{-\sqrt{-\lambda}l}=0\end{cases}$$

解之，得$C_1=C_2=0$，从而，$u(x,t)=X(x)T(t)\equiv0$，没有意义。

(2) 当$\lambda=0$时，由$X''=0$，得$X(x)=C_0+D_0x$，$C_0$、$D_0$为任意常数，再由边界条件$X'(0)=0$、$X'(l)=0$，得$D_0=0$，于是得$X(x)=C_0$。

(3) 当$\lambda>0$时，方程的解为

$$X(x)=C_1\cos\sqrt{\lambda}x+C_2\sin\sqrt{\lambda}x$$

式中，$C_1$、$C_2$为任意常数，由条件$X'(0)=0$、$X'(l)=0$，有

$$\begin{cases}\sqrt{\lambda}C_2=0\\ \sqrt{\lambda}(-C_1\sin\sqrt{\lambda}l+C_2\cos\sqrt{\lambda}l)=0\end{cases}$$

由于$\sqrt{\lambda}\neq0$，所以$C_2=0$，故$C_1\sin\sqrt{\lambda}l=0$，由$u(x,t)$不恒等于零，得$\sin\sqrt{\lambda}l=0$，从而$\sqrt{\lambda}l=n\pi, n=1,2,\cdots$，即

$$\lambda=\frac{n^2\pi^2}{l^2}\qquad(n=1,2,\cdots)$$

相应的本征函数为

$$X(x)=C_1\cos\frac{n\pi x}{l}$$

结合$\lambda=0$和$\lambda>0$的情形，有

$$\lambda = \frac{n^2\pi^2}{l^2} \quad (n = 0, 1, 2, \cdots) \tag{3.1.17}$$

和

$$X(x) = C_1 \cos\frac{n\pi x}{l} \quad (n = 0, 1, \cdots) \tag{3.1.18}$$

下面来求解 $T$ 的方程。当 $n = 0$ 时

$$T_0'' = 0$$

当 $n \neq 0$ 时

$$T_n'' + \frac{n^2\pi^2 a^2}{l^2} T_n = 0 \quad (n = 1, 2, \cdots)$$

其解分别为

$$T_0(t) = A_0 + B_0 t$$

和

$$T_n(t) = A_n \cos\frac{n\pi at}{l} + B_n \sin\frac{n\pi at}{l} \quad (n = 1, 2, \cdots)$$

其中，$A_0$、$B_0$、$A_n$、$B_n$ 为任意常数。将以上各式代入 $u(x, t) = X(x)T(t)$，得

$$u_0(x, t) = A_0 + B_0 t$$

$$u_n(x, t) = \left(A_n \cos\frac{n\pi at}{l} + B_n \sin\frac{n\pi at}{l}\right)\cos\frac{n\pi x}{l} \quad (n = 1, 2, \cdots)$$

所以

$$u(x, t) = A_0 + B_0 t + \sum_{n=1}^{\infty}\left(A_n \cos\frac{n\pi at}{l} + B_n \sin\frac{n\pi at}{l}\right)\cos\frac{n\pi x}{l} \tag{3.1.19}$$

代入初始条件

$$A_0 + \sum_{n=1}^{\infty} A_n \cos\frac{n\pi x}{l} = \varphi(x)$$

$$B_0 + \sum_{n=1}^{\infty} \frac{n\pi a}{l} B_n \sin\frac{n\pi x}{l} = \psi(x)$$

将 $\varphi(x)$、$\psi(x)$ 展开为傅里叶余弦级数，比较系数，得

$$A_0 = \frac{1}{l}\int_0^l \varphi(\xi)\mathrm{d}\xi, \qquad B_0 = \frac{1}{l}\int_0^l \psi(\xi)\mathrm{d}\xi$$

$$A_n = \frac{2}{l}\int_0^l \varphi(\xi)\cos\frac{n\pi\xi}{l}\mathrm{d}\xi, \qquad B_n = \frac{2}{n\pi a}\int_0^l \psi(\xi)\cos\frac{n\pi\xi}{l}\mathrm{d}\xi$$

解式(3.1.19)为傅里叶余弦级数，由端点处的第二类齐次边界条件决定。特别地，在本问题中，若仍取初速度、初位移为

$$\varphi(x)=\begin{cases}\dfrac{10}{\pi}\left(x-\dfrac{2\pi}{5}\right) & \left(\dfrac{2\pi}{5}\leqslant x\leqslant\dfrac{\pi}{2}\right)\\ \dfrac{10}{\pi}\left(\dfrac{3\pi}{5}-x\right) & \left(\dfrac{\pi}{2}\leqslant x\leqslant\dfrac{3\pi}{5}\right)\\ 0 & \left(x<\dfrac{2\pi}{5}\text{或}x>\dfrac{3\pi}{5}\right)\end{cases}$$

$$\psi(x)=0$$

取 $l=\pi$，$a=1$，则由式(3.1.19)

$$u(x,t)=\frac{1}{10}+\sum_{n=1}^{\infty}\frac{20}{\pi^2 n^2}\left(2\cos\frac{n\pi}{2}-\cos\frac{2n\pi}{5}-\cos\frac{3n\pi}{5}\right)\cos nt\cos nx$$

用 MATLAB 画出该解的图像，取级数的前 50 项近似级数解，其结果如图 3.6 所示。

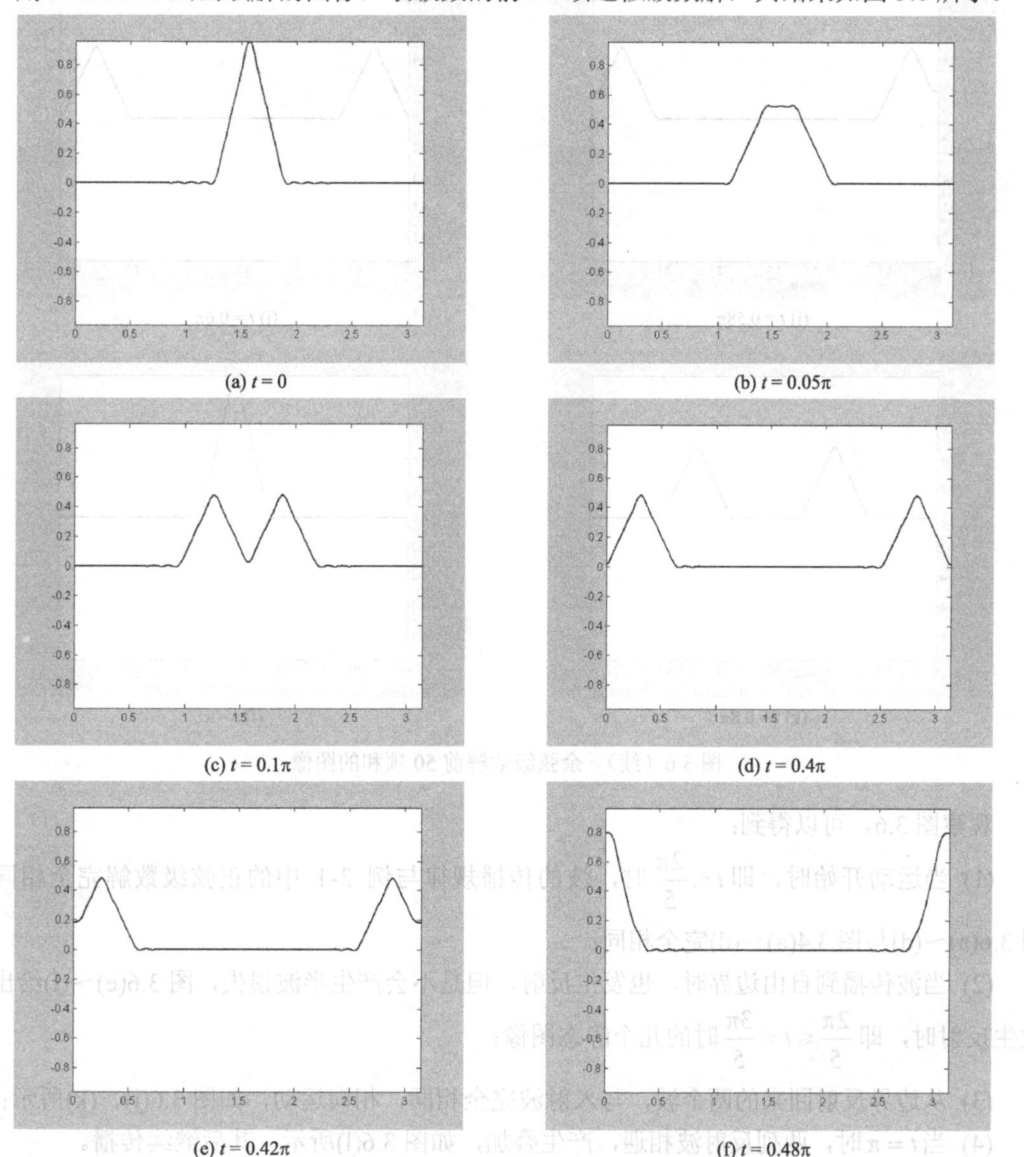

(a) $t=0$　(b) $t=0.05\pi$　(c) $t=0.1\pi$　(d) $t=0.4\pi$　(e) $t=0.42\pi$　(f) $t=0.48\pi$

图 3.6　余弦级数解前 50 项和的图像

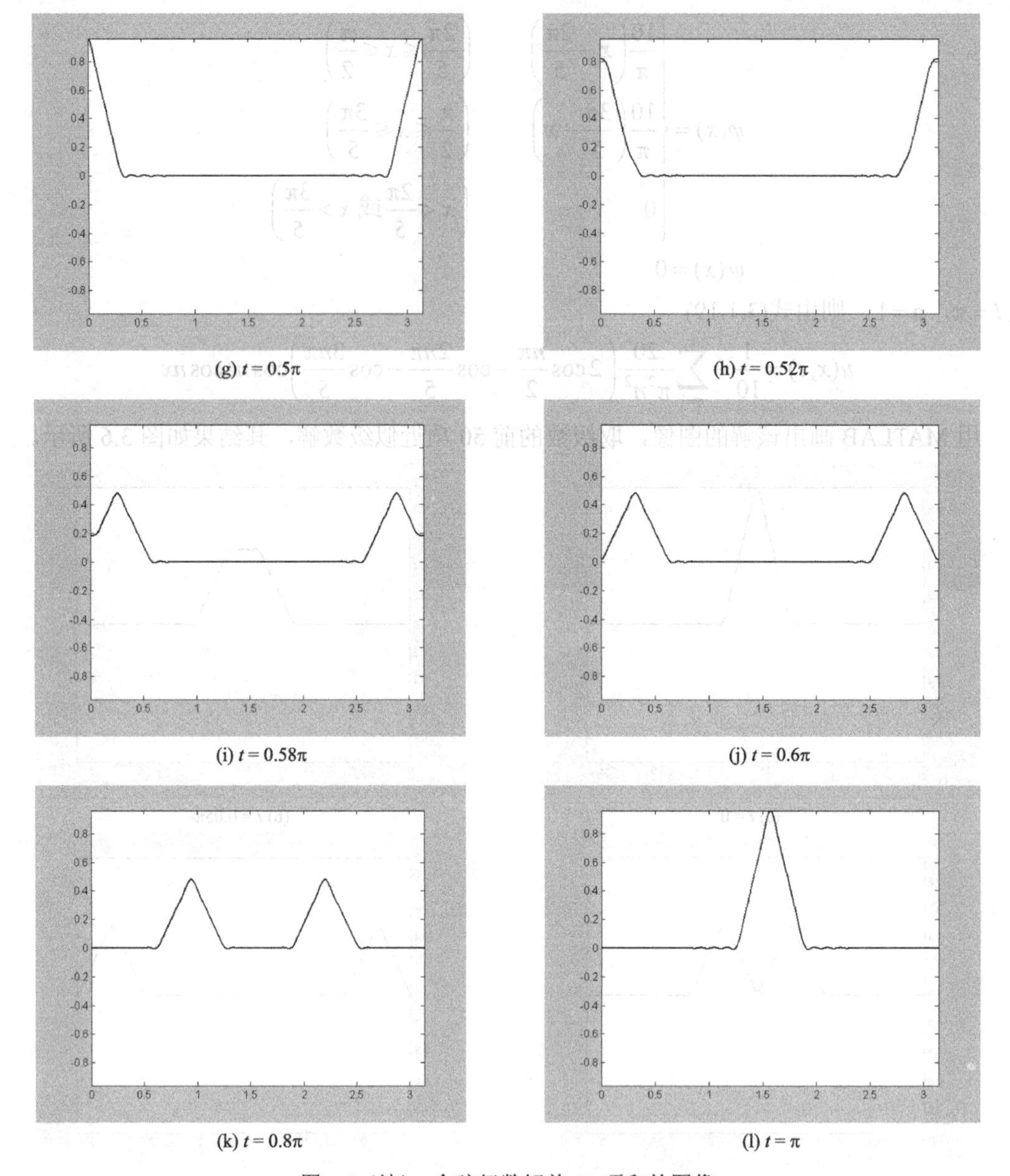


(g) $t = 0.5\pi$　　(h) $t = 0.52\pi$

(i) $t = 0.58\pi$　　(j) $t = 0.6\pi$

(k) $t = 0.8\pi$　　(l) $t = \pi$

图 3.6（续）　余弦级数解前 50 项和的图像

观察图 3.6，可以得到：

(1) 当运动开始时，即 $t \leqslant \dfrac{2\pi}{5}$ 时，波的传播规律与例 3-1 中的正弦级数解完全相同，图 3.6(a)～(d)与图 3.4(a)～(d)完全相同；

(2) 当波传播到自由边界时，也发生反射，但是不会产生半波损失，图 3.6(e)～(i)给出了发生反射时，即 $\dfrac{2\pi}{5} \leqslant t \leqslant \dfrac{3\pi}{5}$ 时的几个静态图像；

(3) 从边界反射回来的两个波，与入射波完全相同，相向运动，如图 3.6(j)、(k)所示；

(4) 当 $t = \pi$ 时，两列反射波相遇，产生叠加，如图 3.6(l)所示，其后继续传播。

以上例子表明，带有齐次边界条件的波动问题都可以经过变量分离法求得一个级数形式的解。实际上，许多线性问题都可以使用变量分离法求解。下面的定理说明了一类双曲型方程定解问题经变量分离的结果。

**定理 3.2（斯切克洛夫定理）** 设有混合问题

$$\begin{cases} A(t)\dfrac{\partial^2 U}{\partial t^2}+C(x)\dfrac{\partial^2 U}{\partial x^2}+D(t)\dfrac{\partial U}{\partial t}+E(x)\dfrac{\partial U}{\partial x}+\left[F_1(t)+F_2(x)\right]u=0 \qquad (0<x<l,\ t>0) \\ \left.\left(A_0U+B_0\dfrac{\partial U}{\partial x}\right)\right|_{x=0}=0, \left.\left(A_1U+B_1\dfrac{\partial U}{\partial x}\right)\right|_{x=l}=0 \\ U\big|_{t=0}=\varphi_0(x), \left.\dfrac{\partial U}{\partial t}\right|_{t=0}=\varphi_1(x) \end{cases}$$

其中，$A$、$C$、$D$、$E$、$F_1$、$F_2$ 是充分光滑函数，$A(t)>a_0>0$，$C(x)<c_0<0$，$a_0$、$c_0$ 及 $A_0$、$B_0$、$A_1$、$B_1$ 都是常数，$A_0^2+B_0^2\neq 0, A_1^2+B_1^2\neq 0$，则其可用分离变量法求解。令 $U(x,t)=T(t)X(x)$，有本征值问题：

$$\begin{cases} CX''+EX'+F_2X-\lambda X=0 \\ A_0X(0)+B_0X'(0)=0 \\ A_1X(l)+B_1X'(l)=0 \end{cases} \tag{3.1.20}$$

及

$$AT''+DT'+F_1T+\lambda T=0 \tag{3.1.21}$$

## 3.2 有限长杆的热传导问题

分离变量法虽然是从一维波动问题的物理意义出发导出的方法，但它不仅可以用来求解波动方程的初边值问题，而且也可以用来求解其他方程的定解问题，且基本步骤也相同。

**【例 3-4】** 研究细杆导热问题。初始时刻杆的一端温度为零摄氏度，另一端温度为 $U_0$，杆上温度梯度均匀，零摄氏度一端保持温度不变，另一端与外界绝热。试求细杆上温度的变化。

**解：** $u(x,t)$ 满足定解问题

$$\begin{cases} \dfrac{\partial u}{\partial t}-a^2\dfrac{\partial^2 u}{\partial x^2}=0 \qquad (0<x<l,\ t>0) \\ u\big|_{x=0}=0, \left.\dfrac{\partial u}{\partial x}\right|_{x=l}=0 \\ u\big|_{t=0}=\dfrac{u_0 x}{l} \end{cases} \tag{3.2.1}$$

令 $u(x,t)=X(x)T(t)$，将其代入齐次方程及 $x=0$ 和 $x=l$ 端的边界条件中，可得

$$\begin{cases} X''+\lambda X=0 \\ X(0)=0,\ X'(l)=0 \end{cases} \tag{3.2.2}$$

和

$$T'+\lambda a^2T=0 \tag{3.2.3}$$

求解本征值问题(3.2.2)。经过计算，可以得到当 $\lambda<0$ 或 $\lambda=0$ 时，$X(x)\equiv 0$。

当 $\lambda>0$ 时，本征值问题中方程的通解为

$$X(x)=C_1\cos\sqrt{\lambda}x+C_2\sin\sqrt{\lambda}x$$

由边界条件，得

$$\begin{cases}C_1=0\\C_2\cos\sqrt{\lambda}l=0\end{cases}$$

从而

$$\sqrt{\lambda}l=\left(n+\frac{1}{2}\right)\pi \qquad (n=0,1,\cdots)$$

亦即

$$\lambda=\frac{\left(n+\frac{1}{2}\right)^2\pi^2}{l^2} \qquad (n=0,1,\cdots)$$

本征函数为

$$X(x)=C_2\sin\frac{\left(n+\frac{1}{2}\right)\pi}{l}x \qquad (n=0,1,\cdots)$$

将本征值代入式(3.2.3)中，有

$$T'+a^2\frac{\left(n+\frac{1}{2}\right)^2\pi^2}{l^2}T=0$$

解之，得

$$T_n(t)=Ce^{\frac{\left(n+\frac{1}{2}\right)^2\pi^2a^2t}{l^2}} \qquad (n=0,1,\cdots)$$

所以

$$u(x,t)=\sum_{n=0}^{\infty}C_n e^{\frac{\left(n+\frac{1}{2}\right)^2\pi^2a^2t}{l^2}}\sin\frac{\left(n+\frac{1}{2}\right)\pi}{l}x \tag{3.2.4}$$

代入初始条件

$$\sum_{n=0}^{\infty}C_n\sin\frac{\left(n+\frac{1}{2}\right)\pi x}{l}=\frac{u_0}{l}x$$

计算可得

$$C_n=\frac{2}{l}\int_0^l\frac{u_0}{l}\xi\sin\frac{\left(n+\frac{1}{2}\right)\pi\xi}{l}\mathrm{d}\xi\overline{\overline{\text{分部积分}}}(-1)^n\frac{2u_0}{\left(n+\frac{1}{2}\right)^2\pi^2}$$

所以

$$u(x,t)=\frac{2u_0}{\pi^2}\sum_{n=0}^{\infty}(-1)^n\frac{1}{\left(n+\frac{1}{2}\right)^2}e^{\frac{\left(n+\frac{1}{2}\right)^2\pi^2a^2t}{l^2}}\sin\frac{\left(n+\frac{1}{2}\right)\pi x}{l} \tag{3.2.5}$$

本例得到的特征值、特征函数与前面的例子都不同，这也是由于端点的边界条件决定的。取 $l=4$、$a=1$ 和 $u_0=1$，用 MATLAB 画出了级数的第 1 项 $u_0(x,t)=\frac{8}{\pi^2}e^{-\frac{\pi^2}{64}t}\sin\frac{\pi}{8}x$ 和前 10 项部分和在时刻 $t=0,1,2,4,6,8$ 的图像，如图 3.7 和图 3.8 所示。从这两幅图可以看到，当时间 $t$ 增加时，温度趋于 0。并且由于级数解的高阶项是指数快速衰减的，第 1 项中 e 的指数为 $-\frac{\pi^2}{64}t$，第 2 项的指数为第 1 项的 9 倍，第 3 项的指数为第 1 项的 25 倍，这说明高阶项以极快的速度衰减到零，因而当 $t$ 较大时，级数解的图像由级数的第 1 项 $u_0(x,t)$ 主导，也就是说，当 $t$ 较大时，级数解可以由其第 1 项 $u_0(x,t)$ 近似。

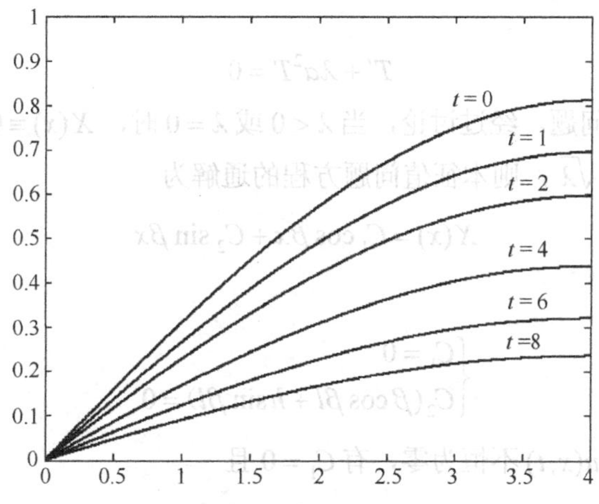

图 3.7　级数第 1 项 $u_0(x,t)$ 在不同时刻的图像

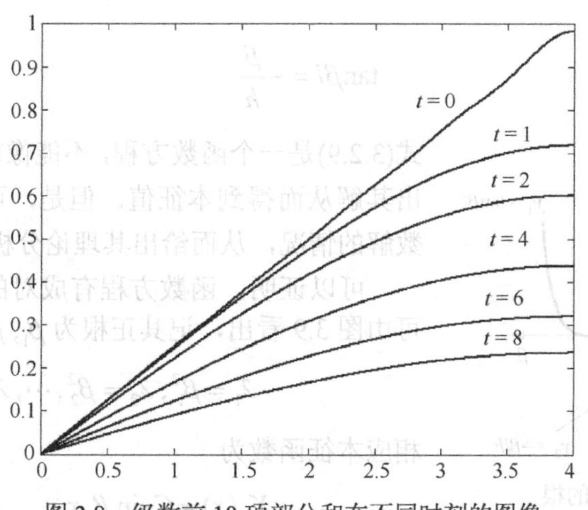

图 3.8　级数前 10 项部分和在不同时刻的图像

【例 3-5】 研究一端自由冷却细杆导热问题。长为 $l$ 的细杆，设与细杆线垂直截面上各点的温度相等，外侧面绝热，$x=0$ 端温度为 0℃，$x=l$ 端热量自由散发到周围介质中，介质温度恒为 0℃，初始温度为 $\varphi(x)$，求此杆的温度分布。

**解**：定解问题为

$$\begin{cases}\dfrac{\partial u}{\partial t}-a^2\dfrac{\partial^2 u}{\partial x^2}=0 & (0<x<l,t>0)\\ u|_{x=0}=0,\left.\left(\dfrac{\partial u}{\partial x}+hu\right)\right|_{x=l}=0 \\ u|_{t=0}=\varphi(x)\end{cases} \tag{3.2.6}$$

使用变量分离法求解。令 $u(x,t)=X(x)T(t)$，将其代入齐次方程和边界条件中，可得

$$\begin{cases}X''+\lambda X=0\\ X(0)=0,\ X'(l)+hX(l)=0\end{cases} \tag{3.2.7}$$

和

$$T'+\lambda a^2 T=0 \tag{3.2.8}$$

首先，求解本征值问题。经过讨论，当 $\lambda<0$ 或 $\lambda=0$ 时，$X(x)\equiv 0$。

当 $\lambda>0$ 时，记 $\beta=\sqrt{\lambda}$，则本征值问题方程的通解为

$$X(x)=C_1\cos\beta x+C_2\sin\beta x$$

由边界条件，有

$$\begin{cases}C_1=0\\ C_2(\beta\cos\beta l+h\sin\beta l)=0\end{cases}$$

解该方程组，并考虑到 $u(x,t)$ 不恒为零，有 $C_1=0$ 且

$$\beta\cos\beta l+h\sin\beta l=0$$

也即 $\beta$ 必须满足

$$\tan\beta l=-\frac{\beta}{h} \tag{3.2.9}$$

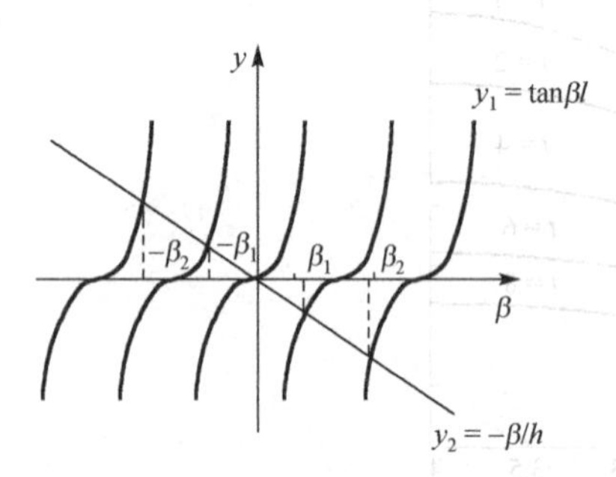

图 3.9　函数方程的根

式(3.2.9)是一个函数方程，不能像前几个例题那样直接解出其解从而得到本征值。但是，可以从图像上观察该函数解的情况，从而给出其理论分析结果。

可以证明，函数方程有成对的无穷多个实根，这也可由图 3.9 看出，记其正根为 $\beta_1,\beta_2,\beta_3,\cdots$，则本征值为

$$\lambda_1=\beta_1^2,\lambda_2=\beta_2^2,\cdots,\lambda_n=\beta_n^2,\cdots$$

相应本征函数为

$$X_n(x)=C\sin\beta_n x \qquad (n=1,2,\cdots)$$

再解得

$$T_n(t) = C'\mathrm{e}^{-a^2\beta_n^2 t} \qquad (n=1, 2, \cdots)$$

所以

$$u(x, t) = \sum_{n=1}^{\infty} C_n \mathrm{e}^{-a^2\beta_n^2 t} \sin \beta_n x \tag{3.2.10}$$

代入初始条件

$$\sum_{n=1}^{\infty} C_n \sin \beta_n x = \varphi(x)$$

由附录 B 中例 B-3 知，三角函数系 $\{\sin \beta_n x\}_{n=1}^{\infty}$ 在$[0, l]$上正交、完备，且

$$L_n^2 = \int_0^l \sin^2 \beta_n x \mathrm{d}x = \frac{1}{2}\left(l + \frac{h}{\beta_n^2 + h^2}\right)$$

故可将 $\varphi(x)$ 在$[0, l]$展开为 $\{\sin \beta_n x\}_{n=1}^{\infty}$ 傅里叶级数

$$\varphi(x) = \sum_{n=1}^{\infty} \varphi_n \sin \beta_n x$$

比较系数，得

$$C_n = \frac{1}{L_n^2}\int_0^l \varphi(\xi) \sin \beta_n \xi \mathrm{d}\xi$$

具体地，在本例中取 $l=1$、$a=1$ 和 $h=1$，初始温度 $\varphi(x) = x(1-x)$，此时，问题的级数解的系数

$$C_n = \frac{2(\beta_n^2 + 2)}{(\beta_n^2 + 1)}\int_0^1 \xi(1-\xi) \sin \beta_n \xi \mathrm{d}\xi$$

而 $\beta_n$ 满足的函数方程为 $\tan\beta = -\beta$，用数值方法求得其前 5 个解为

$$\beta_1 = 2.0288, \quad \beta_2 = 4.9132, \quad \beta_3 = 7.9787, \quad \beta_4 = 11.0855, \quad \beta_5 = 14.2074$$

相应的本征函数为

$$X_1 = \sin 2.0288x, \quad X_2 = \sin 4.9132x, \quad X_3 = \sin 7.9787x, \quad X_4 = \sin 11.0855, \quad X_5 = \sin 14.2074x$$

由数值积分，可计算得到级数解的前 5 个系数为

$$C_1 = 0.2133, \quad C_2 = 0.1040, \quad C_3 = -0.0220, \quad C_4 = 0.0187, \quad C_5 = -0.0083$$

故

$$u(x,t) = 0.2133\mathrm{e}^{-2.0288^2 t} \sin 2.0288x + 0.1040\mathrm{e}^{-4.9132^2 t} \sin 4.9132x - 0.0220\mathrm{e}^{-7.9787^2 t} \sin 7.9787x + \\ 0.0187\mathrm{e}^{-11.0855^2 t} \sin 11.0855x - 0.0083\mathrm{e}^{-14.2074^2 t} \sin 14.2074x + \cdots$$

图 3.10 中画出了 $t = 0, 0.1, 0.2, 0.4, 0.6, 0.8$ 时的级数前 5 项部分和的图像。与例 3-3 类似，该级数解关于时间 $t$ 也是指数衰减的，所以随着 $t$ 的增加，很快趋向于零。

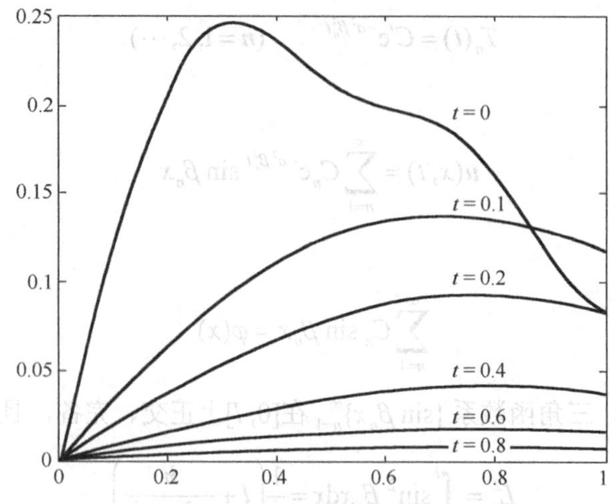


图 3.10　级数解的前 5 项部分和在不同时刻的图像

## 3.3　有限区域上的拉普拉斯方程边值问题

除了波动方程、热传导方程的定解问题外，满足一定条件的拉普拉斯方程边值问题也可以使用变量分离法求解。本节将介绍矩形域上和圆形域上拉普拉斯方程边值问题的分离变量过程。

### 3.3.1　矩形域上拉普拉斯方程边值问题

一个边长已知的矩形薄板，上下底面绝热，四周温度或热流分布已知，求达到稳恒状态时薄板内的温度分布。

由第 1 章的知识，知道热传导问题达到稳恒状态时温度分布与时间无关，应满足拉普拉斯方程

$$\frac{\partial^2 u}{\partial x^2}+\frac{\partial^2 u}{\partial y^2}=0$$

假设还已知薄板一组对边绝热，另一组对边的温度分别为零摄氏度和 $f(x)$，则温度分布满足的定解问题为

$$\begin{cases}\dfrac{\partial^2 u}{\partial x^2}+\dfrac{\partial^2 u}{\partial y^2}=0 \quad (0<x<a, 0<y<b)\\ u\big|_{y=0}=f(x),\ u\big|_{y=b}=0\\ \dfrac{\partial u}{\partial x}\bigg|_{x=0}=0,\ \dfrac{\partial u}{\partial x}\bigg|_{x=a}=0\end{cases} \tag{3.3.1}$$

现在来求满足方程的解，设 $u(x, y)=X(x)Y(y)$，且 $u(x, y)$ 不恒等于零，代入方程得

$$\frac{X''(x)}{X(x)}+\frac{Y''(y)}{Y(y)}=0$$

引入参数 $\lambda$，分解方程，得

$$X''(x)+\lambda X(x)=0 \tag{3.3.2}$$

$$Y''(y)-\lambda Y(y)=0 \tag{3.3.3}$$

利用 $x=0$ 和 $x=a$ 处的齐次边界条件，得

$$X'(0)=0, \qquad X'(a)=0 \tag{3.3.4}$$

结合式(3.3.3)和式(3.3.4)得到本征值问题

$$\begin{cases} X''+\lambda X=0 \\ X'(0)=0, X'(a)=0 \end{cases} \tag{3.3.5}$$

求解本征值问题，可以得到本征值和相应的本征函数

$$\lambda_n=\frac{n^2\pi^2}{a^2} \qquad (n=0,1,2,\cdots)$$

$$X_n(x)=C_n\cos\frac{n\pi}{a}x \qquad (n=0,1,2,\cdots)$$

其中，$C_n$ 为任意非零常数。将 $\lambda=\lambda_n$ 代入式(3.3.3)中，并解之，得

$$Y_0(y)=\tilde{A}_0+\tilde{B}_0 y$$

$$Y_n(y)=\tilde{A}_n e^{\frac{n\pi}{a}y}+\tilde{B}_n e^{-\frac{n\pi}{a}y} \qquad (n=1,2,\cdots)$$

故边值问题的形式解为

$$u(x,y)=\sum_{n=1}^{\infty}X_n(x)Y_n(y)=A_0+B_0y+\sum_{n=1}^{\infty}\left(A_n e^{\frac{n\pi}{a}y}+B_n e^{-\frac{n\pi}{a}y}\right)\cos\frac{n\pi}{a}x \tag{3.3.6}$$

考虑 $y=0$ 和 $y=b$ 的边界条件，有

$$A_0+\sum_{n=1}^{\infty}(A_n+B_n)\cos\frac{n\pi}{a}x=f(x)$$

$$A_0+B_0b+\sum_{n=1}^{\infty}\left(A_n e^{\frac{n\pi b}{a}}+B_n e^{-\frac{n\pi b}{a}}\right)\cos\frac{n\pi}{a}x=0$$

由此可得

$$A_0=\frac{1}{a}\int_0^a f(\xi)d\xi$$

$$A_0+B_0b=0$$

$$A_n+B_n=\frac{2}{a}\int_0^a f(\xi)\cos\frac{n\pi}{a}\xi d\xi$$

$$A_n e^{\frac{n\pi}{a}b}+B_n e^{-\frac{n\pi}{a}b}=0$$

解以上方程组，并记 $f_0=\frac{1}{a}\int_0^a f(\xi)d\xi$、$f_n=\frac{2}{a}\int_0^a f(\xi)\cos\frac{n\pi}{a}\xi d\xi$，得

$$B_0 = -\frac{f_0}{b}, \qquad A_n = \frac{-e^{\frac{n\pi b}{a}}}{2\sinh\frac{n\pi b}{a}} f_n, \qquad B_n = \frac{e^{\frac{n\pi b}{a}}}{2\sinh\frac{n\pi b}{a}} f_n$$

所以，问题的解为

$$u(x, y) = \frac{b-y}{b} f_0 + \sum_{n=1}^{\infty} \frac{\sinh\frac{n\pi(b-y)}{a}}{\sinh\frac{n\pi b}{a}} f_n \cos\frac{n\pi}{a} x \tag{3.3.7}$$

作为例子，取 $a = b = \pi$，$f(x) = x\ (0 < x < \pi)$，可求得

$$f_0 = \frac{\pi}{2}, \qquad f_n = \frac{2}{\pi n^2}\left[(-1)^n - 1\right] \qquad (n = 1, 2, \cdots)$$

于是

$$u(x, y) = \frac{1}{2}(\pi - y) + \frac{2}{\pi}\sum_{n=1}^{\infty} \frac{[(-1)^n - 1]}{n^2} \frac{\sinh n(\pi - y)}{\sinh n\pi} \cos nx$$

用 MATLAB 可以画出该解的三维图形，取级数的前 10 项部分和近似级数解，所得结果如图 3.11 所示。

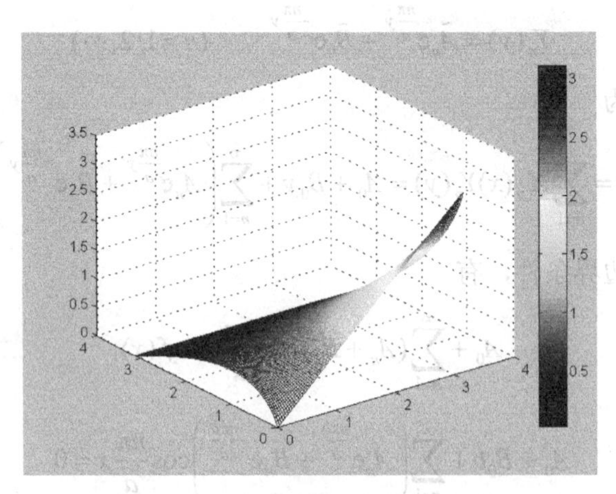


图 3.11　矩形薄板稳恒温度分布图形

## 3.3.2　圆域上拉普拉斯方程边值问题

本节研究圆域上拉普拉斯方程边值问题的分离变量法。

**【例 3-6】** 一个半径为 $a$ 的薄圆盘，上下底面绝热，圆周边缘温度分布已知，求稳恒状态时圆盘内的温度分布。

**解：** 圆域上温度 $u(x, y)$ 满足定解问题

$$\begin{cases} \dfrac{\partial^2 u}{\partial x^2} + \dfrac{\partial^2 u}{\partial y^2} = 0 \qquad (x^2 + y^2 < a^2) \\ u\big|_{x^2+y^2=a^2} = f(x, y) \end{cases} \tag{3.3.8}$$

这里，若仍然假设 $u(x, y)=X(x)Y(y)$，代入边界条件，会发现 $X(x)Y(\sqrt{a^2-x^2})=0$ 不能分解，从而分离变量法不能进行下去。考虑到定解区域为圆周，可采用平面极坐标求解这个问题。令

$$\begin{cases} x=r\cos\theta \\ y=r\sin\theta \end{cases}$$

则定解问题化为

$$\begin{cases} \dfrac{\partial^2 u}{\partial r^2}+\dfrac{1}{r}\dfrac{\partial u}{\partial r}+\dfrac{1}{r^2}\dfrac{\partial^2 u}{\partial \theta^2}=0 \qquad (r<a, 0\leqslant\theta\leqslant 2\pi) \\ u\big|_{r=a}=f(\theta) \end{cases} \tag{3.3.9}$$

由于圆盘内温度不可能为无限，特别圆盘中心的温度一定是有限的，所以有

$$|u(0, \theta)|<\infty \tag{3.3.10}$$

又由极坐标的自然周期条件，有

$$u(r, \theta)=u(r, \theta+2\pi) \qquad (0\leqslant r\leqslant a, 0\leqslant\theta\leqslant 2\pi) \tag{3.3.11}$$

现在求解边值问题(3.3.9)的满足条件式(3.3.10)和式(3.3.11)的解。令 $u(r, \theta)=R(r)\Theta(\theta)$，代入到方程中，整理化简，可得

$$\frac{1}{R}r\frac{\mathrm{d}}{\mathrm{d}r}\left(r\frac{\mathrm{d}R}{\mathrm{d}r}\right)=-\frac{1}{\Theta}\Theta''$$

取参数 $\lambda$，使得

$$-\frac{1}{\Theta}\Theta''=\lambda=\frac{1}{R}r\frac{\mathrm{d}}{\mathrm{d}r}\left(r\frac{\mathrm{d}R}{\mathrm{d}r}\right)$$

因此有

$$\Theta''+\lambda\Theta=0$$

和

$$r^2R''+rR'-\lambda R=0$$

由条件式(3.3.10)和式(3.3.11)，得

$$\Theta(\theta+2\pi)=\Theta(\theta)$$

和

$$|R(0)|<\infty$$

于是，得到两个常微分定解问题

$$\begin{cases} \Theta''+\lambda\Theta=0 \\ \Theta(\theta+2\pi)=\Theta(\theta) \end{cases} \tag{3.3.12}$$

和

$$\begin{cases} r^2R''+rR'-\lambda R=0 \\ |R(0)|<\infty \end{cases} \tag{3.3.13}$$

由于问题式(3.3.12)中的方程和周期条件都满足可加性，求解它可以确定本征值$\lambda$，所以首先解式(3.3.12)。由$\Theta''+\lambda\Theta=0$解得

$$\Theta(\theta)=\begin{cases} A\cos\sqrt{\lambda}\theta+B\sin\sqrt{\lambda}\theta & (\lambda>0) \\ A+B\theta & (\lambda=0) \\ Ae^{\sqrt{-\lambda}\theta}+Be^{-\sqrt{-\lambda}\theta} & (\lambda<0) \end{cases}$$

由自然周期条件，可求得本征值和本征函数

$$\lambda=n^2 \qquad (n=0,1,2,\cdots)$$

和

$$\Theta_n(\theta)=\begin{cases} \tilde{A}_n\cos n\theta+\tilde{B}_n\sin n\theta & (n\neq 0) \\ \tilde{A}_0 & (n=0) \end{cases}$$

再来求解式(3.3.13)。其方程为欧拉方程，由附录 A 知，它的通解为

$$R_n=\begin{cases} C_nr^n+D_n\dfrac{1}{r^n} & (n\neq 0) \\ C_0+D_0\ln r & (n=0) \end{cases}$$

为保证$|R(0)|<\infty$，必须有$D_n=0,\ n=0,1,2\cdots$，因此

$$R_n=C_nr^n \qquad (n=0,1,2,\cdots)$$

因此，得到分离变量形式解

$$u_n(r,\theta)=C_nr^n(\tilde{A}_n\cos n\theta+\tilde{B}_n\sin n\theta) \qquad (n=0,1,2,\cdots)$$

将其叠加可得满足方程和自然周期条件的一般解

$$u(r,\theta)=A_0+\sum_{n=1}^{\infty}r^n(A_n\cos n\theta+B_n\sin n\theta) \tag{3.3.14}$$

由边界条件$u|_{r=a}=f(\theta)$，有

$$A_0+\sum_{n=1}^{\infty}a^n(A_n\cos n\theta+B_n\sin n\theta)=f(\theta)$$

因此，得

$$\begin{cases} A_0=\dfrac{1}{2\pi}\displaystyle\int_0^{2\pi}f(\xi)\mathrm{d}\xi \\ A_n=\dfrac{1}{a^n\pi}\displaystyle\int_0^{2\pi}f(\xi)\cos n\xi\mathrm{d}\xi \\ B_n=\dfrac{1}{a^n\pi}\displaystyle\int_0^{2\pi}f(\xi)\sin n\xi\mathrm{d}\xi \end{cases}$$

所以，问题式(3.3.9)的解为

$$u(r,\theta)=\frac{1}{\pi}\int_0^{2\pi}f(t)\left[\frac{1}{2}+\sum_{n=1}^{\infty}\left(\frac{r}{a}\right)^n\cos n(\theta-t)\right]\mathrm{d}t$$

利用恒等式

$$\frac{1}{2}+\sum_{n=1}^{\infty}k^n\cos n(\theta-t)=\frac{1}{2}\cdot\frac{1-k^2}{1-2k\cos(\theta-t)+k^2}$$

可将解表示为

$$u(r,\theta)=\frac{1}{2\pi}\int_0^{2\pi}f(t)\frac{a^2-r^2}{a^2+r^2-2ar\cos(\theta-t)}\mathrm{d}t \tag{3.3.15}$$

式(3.3.15)称为**圆内的泊松公式**。

## 3.4　非齐次方程的问题

前面所讨论的数学物理方程都限于齐次的，当方程是非齐次的时，如 $u_{tt}-a^2u_{xx}=f(x,t)$，若直接使用分离变量法，令 $u(x,t)=X(x)T(t)$，代入到方程中，由于有非齐次项 $f(x,t)$，不能经变量分离得到独立的常微分方程。本节讨论非齐次方程定解问题的解法，这里主要介绍两种方法：一种是仿照常微分方程的常数变易法而产生的傅里叶级数法（又称为本征函数法），另一种是齐次化方法，具体地，对于非齐次热传导方程和波动方程，利用齐次化原理，把非齐次方程的定解问题化为齐次方程的定解问题求解，而对泊松方程边值问题可采用适当的特解法，利用叠加原理将其化为相应的拉普拉斯方程边值问题。

### 3.4.1　傅里叶级数法

在常微分方程中，欲求解非齐次方程 $y'+p(x)y=q(x)$，可通过常数变易法，把对应的齐次方程 $y'+p(x)y=0$ 的通解 $y=C\mathrm{e}^{-\int p(x)\mathrm{d}x}$ 中的常数 $C$ 换为待定函数 $C(x)$，将 $y=C(x)\mathrm{e}^{-\int p(x)\mathrm{d}x}$ 代入非齐次方程中，得到一个关于 $C(x)$ 的常微分方程，求出 $C(x)$ 回代即可得到非齐次方程的解。这种方法也可推广到非齐次偏微分方程定解问题。下面以两端固定弦的强迫振动为例，介绍求解非齐次方程定解问题的傅里叶级数法。

长为 $l$ 的两端固定弦的强迫振动的定解问题为

$$\begin{cases}\dfrac{\partial^2u}{\partial t^2}-a^2\dfrac{\partial^2u}{\partial x^2}=f(x,t) & (0<x<l,\ t>0)\\ u\big|_{x=0}=0,\ u\big|_{x=l}=0 \\ u\big|_{t=0}=\varphi(x),\ \dfrac{\partial u}{\partial t}\Big|_{t=0}=\psi(x)\end{cases} \tag{3.4.1}$$

其中，$f(x,t)$、$\varphi(x)$、$\psi(x)$ 都是已知函数。根据物理规律，垂直外力作用只影响振动的振幅，而不改变振动的频率。在 3.1 节中，求得了问题(3.4.1)对应的齐次方程定解问题的解为

$$\sum_{n=1}^{\infty}\left(A_n\cos\frac{n\pi at}{l}+B_n\sin\frac{n\pi at}{l}\right)\sin\frac{n\pi x}{l} \tag{3.4.2}$$

为了求解问题式(3.4.1)，类似于常微分方程的常数变易法，假设式(3.4.1)的解具有形式

$$u(x,t)=\sum_n v_n(t)\sin\frac{n\pi x}{l} \tag{3.4.3}$$

其中，$v_n(t)$为待定函数。为了确定$v_n(t)$，将$u(x,t)$代入非齐次方程中，有

$$\sum_{n=1}^{\infty}\left[v_n''+\frac{n^2\pi^2a^2}{l^2}v_n\right]\sin\frac{n\pi x}{l}=f(x,t) \tag{3.4.4}$$

设$f(x,t)$在$[0,l]$可按变量$x$展开为关于本征函数系$\left\{\sin\frac{n\pi x}{l}\right\}_{n=1}^{\infty}$的傅里叶级数，即

$$f(x,t)=\sum_{n=1}^{\infty}f_n(t)\sin\frac{n\pi x}{l} \tag{3.4.5}$$

其中，$f_n(t)=\frac{2}{l}\int_0^l f(\xi,t)\sin\frac{n\pi\xi}{l}\mathrm{d}\xi,\ n=1,2,\cdots$。将式(3.4.5)代入式(3.4.4)中，得

$$\sum_{n=1}^{\infty}\left[v_n''+\frac{n^2\pi^2a^2}{l^2}v_n\right]\sin\frac{n\pi x}{l}=\sum_{n=1}^{\infty}f_n(t)\sin\frac{n\pi x}{l}$$

比较系数，得到关于$v_n(t)$的常微分方程

$$v_n''(t)+\frac{n^2\pi^2a^2}{l^2}v_n(t)=f_n(t) \tag{3.4.6}$$

再由初始条件，有

$$\sum_{n=1}^{\infty}v_n(0)\sin\frac{n\pi x}{l}=\varphi(x)$$

$$\sum_{n=1}^{\infty}v_n'(0)\sin\frac{n\pi x}{l}=\psi(x)$$

将$\varphi(x)$、$\psi(x)$展开为本征函数系$\left\{\sin\frac{n\pi x}{l}\right\}_{n=1}^{\infty}$的傅里叶级数，比较系数得

$$v_n(0)=\varphi_n,\quad v_n'(0)=\psi_n\qquad(n=1,2,\cdots) \tag{3.4.7}$$

其中，$\varphi_n=\frac{2}{l}\int_0^l\varphi(\xi)\sin\frac{n\pi\xi}{l}\mathrm{d}\xi$、$\psi_n=\frac{2}{l}\int_0^l\psi(\xi)\sin\frac{n\pi\xi}{l}\mathrm{d}\xi$。结合式(3.4.6)和式(3.4.7)，得到关于$v_n(t)$的二阶非齐次常微分方程初值问题

$$\begin{cases}v_n''(t)+\dfrac{n^2\pi^2a^2}{l^2}v_n(t)=f_n(t)\\ v_n(0)=\varphi_n,\ v_n'(0)=\psi_n\end{cases}$$

用常数变易法或拉普拉斯变换，可求得其解为

$$v_n(t)=\varphi_n\cos\frac{n\pi at}{l}+\frac{l}{n\pi a}\psi_n\sin\frac{n\pi at}{l}+\frac{l}{n\pi a}\int_0^t\sin\frac{n\pi a(t-\tau)}{l}f_n(\tau)\mathrm{d}\tau\qquad(n=1,2,\cdots)\tag{3.4.8}$$

代回式(3.4.3)，即得到原定解问题的解

$$u(x,t)=\sum_{n=1}^{\infty}\left(\varphi_n\cos\frac{n\pi at}{l}+\frac{l}{n\pi a}\psi_n\sin\frac{n\pi at}{l}\right)\sin\frac{n\pi x}{l}+\sum_{n=1}^{\infty}\left[\frac{l}{n\pi a}\int_0^t\sin\frac{n\pi a(t-\tau)}{l}f_n(\tau)\mathrm{d}\tau\right]\sin\frac{n\pi x}{l}\tag{3.4.9}$$

上述求解过程的实质是将未知函数$u(x,t)$、非齐次项$f(x,t)$和初值函数都按本征函数系$\left\{\sin\frac{n\pi x}{l}\right\}_{n=1}^{\infty}$展开，从而将问题转换为求解待定函数$v_n(t)$的常微分方程初值问题，因此该方法也称为**本征函数法**。

**【例 3-7】** 研究弦的共振问题。已知两端固定弦在外力作用下做强迫振动，则其满足如下定解问题：

$$\begin{cases}\dfrac{\partial^2u}{\partial t^2}-a^2\dfrac{\partial^2u}{\partial x^2}=A(x)\sin\omega t\qquad(0<x<l,\ t>0)\\ u|_{x=0}=0,u|_{x=l}=0\\ u|_{t=0}=0,\ \left.\dfrac{\partial u}{\partial t}\right|_{t=0}=0\end{cases}$$

其中，$A(x)$为已知函数，外力频率$\omega$为大于零的常数。求解该问题并讨论$\omega$的数值对弦的振动的影响。

**解**：由式(3.4.9)，问题的解为

$$u(x,t)=\sum_{n=1}^{\infty}\frac{l\alpha_n}{an\pi}\sin\frac{n\pi x}{l}\int_0^t\sin\omega\tau\sin\frac{an\pi(t-\tau)}{l}\mathrm{d}\tau$$

其中，$\alpha_n=\frac{2}{l}\int_0^l A(\xi)\sin\frac{n\pi\xi}{l}\mathrm{d}\xi$。记$\omega_n=\frac{an\pi}{l}$，$\omega_n$称为弦的固有频率。当$\omega\neq\omega_n$时，进一步计算可得

$$u(x,t)=\sum_{n=1}^{\infty}\frac{\alpha_n}{\omega_n(\omega^2-\omega_n^2)}(\omega\sin\omega_n t-\omega_n\sin\omega t)\sin\frac{n\pi x}{l}$$

当$\omega$趋于某个固有频率$\omega_k$时，由洛必达法则有

$$\lim_{\omega\to\omega_k}\frac{\alpha_k}{\omega_k(\omega^2-\omega_k^2)}(\omega\sin\omega_k t-\omega_k\sin\omega t)=\frac{\alpha_k}{2\omega_k^2}\sin\omega_k t-\frac{\alpha_k}{2\omega_k}t\cos\omega_k t$$

因此

$$u(x,t)=\left(\frac{\alpha_k}{2\omega_k^2}\sin\omega_k t-\frac{\alpha_k}{2\omega_k}t\cos\omega_k t\right)\sin\frac{k\pi x}{l}+\sum_{n\neq k}\frac{\alpha_n}{\omega_n(\omega^2-\omega_n^2)}(\omega\sin\omega_n t-\omega_n\sin\omega t)\sin\frac{n\pi x}{l}$$

上式第1项振幅为$\left|\frac{\alpha_k}{2\omega_k^2}\sin\omega_k t-\frac{\alpha_k}{2\omega_k}t\cos\omega_k t\right|$，是时间$t$的线性函数，$t$越大，其值越大，

这种现象称为**共振**。在许多工程中，如建筑、机件结构中，共振会带来极大的破坏作用，因此要避免共振的出现；而电磁振荡理论中，人们又经常利用共振现象来调频，所以固有值问题在很多方面有着重要的应用价值。

这里取 $a=1$、$A(x)=2$、$l=1$、$\omega=3\times3.1415$，用 MATLAB 画出级数解的前 20 项部分和在 $t=0, 15, 45, 75, 105, 135$ 时的图像，结果如图 3.12 所示。从中可以清晰地看到，振动波的振幅随时间的增加而增大。

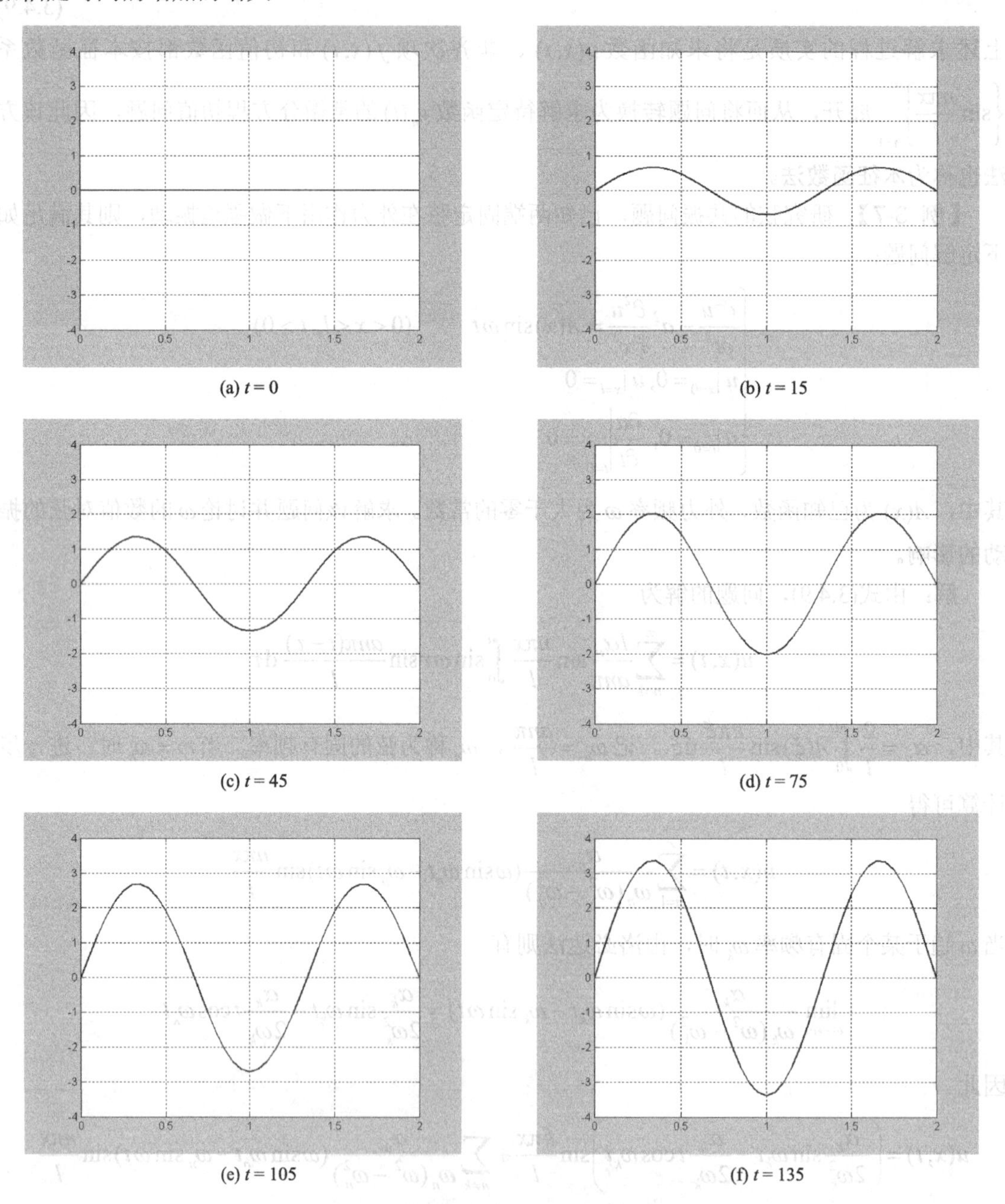

(a) $t=0$　(b) $t=15$　(c) $t=45$　(d) $t=75$　(e) $t=105$　(f) $t=135$

图 3.12　不同时刻级数解的前 20 项部分和的图像

本征函数法也可用以求解非齐次热传导方程定解问题和泊松方程边值问题。

【例 3-8】 求解具有热源 $A\sin\omega t$，两端绝热，初始温度为零的杆的热传导问题

$$\begin{cases}\dfrac{\partial u}{\partial t}-a^2\dfrac{\partial^2 u}{\partial x^2}=A\sin\omega t \qquad (0<x<l,\ t>0)\\ \left.\dfrac{\partial u}{\partial x}\right|_{x=0}=0,\ \left.\dfrac{\partial u}{\partial x}\right|_{x=l}=0\\ u|_{t=0}=0\end{cases}$$

**解**：由 3.1 节可知，当两个端点都满足第二类边界条件时，问题的本征函数为 $\cos\dfrac{n\pi x}{l}$，$n=0,1,2,\cdots$，因此，不妨假设非齐次方程问题的形式解

$$u(x,t)=\sum_{n=0}^{\infty}v_n(t)\cos\frac{n\pi x}{l}$$

其中，$v_n(t)$ 为待定函数，将上式代入方程，化简可得

$$\sum_{n=0}^{\infty}\left(v_n'(t)+\frac{n^2\pi^2a^2}{l^2}v_n(t)\right)\cos\frac{n\pi x}{l}=A\sin\omega t$$

比较系数，得

$$v_0'=A\sin\omega t$$

$$v_n'(t)+\frac{n^2\pi^2a^2}{l^2}v_n(t)=0 \qquad (n=1,2,\cdots)$$

将形式解代入到初始条件中，得

$$v_n(0)=0 \qquad (n=0,1,2,\cdots)$$

从而，得到 $v_n(t)$ 的常微分方程初值问题

$$\begin{cases}v_0'(t)=A\sin\omega t\\ v_0(0)=0\end{cases}$$

和

$$\begin{cases}v_n'(t)+\dfrac{n^2\pi^2a^2}{l^2}v_n(t)=0\\ v_n(0)=0\end{cases}$$

解之，得

$$v_0(t)=\frac{A}{\omega}(1-\cos\omega t)$$

$$v_n(t)=0 \qquad (n=1,2,\cdots)$$

所以，热传导问题的解为

$$u(x,t)=\frac{A}{\omega}(1-\cos\omega t)$$

### 3.4.2 冲量定理法

求解非齐次振动方程和热传导方程定解问题时，也可以利用齐次化原理，将非齐次方程定解问题化为相应的齐次方程定解问题求解，这种方法称为**冲量定理法**。

【例 3-9】 用冲量定理法解例 3-7 的问题。

**解**：由齐次化原理，先求解含有参数$\tau$的齐次方程定解问题

$$\begin{cases}\dfrac{\partial v}{\partial t}-a^2\dfrac{\partial^2 v}{\partial x^2}=0 & (0<x<l,t>\tau)\\ \left.\dfrac{\partial v}{\partial x}\right|_{x=0}=0,\ \left.\dfrac{\partial v}{\partial x}\right|_{x=l}=0 \\ v|_{t=\tau}=A\sin\omega\tau\end{cases}$$

由分离变量法，得

$$v(x,t;\tau)=A_0(\tau)+\sum_{n=1}^{\infty}A_n(\tau)\mathrm{e}^{-\frac{n^2\pi^2a^2}{l^2}(t-\tau)}\cos\frac{n\pi x}{l}$$

其中，$A_0(\tau)$、$A_n(\tau)$可由初始条件确定，考虑到$v(x,t;\tau)$满足的初始条件，得

$$A_0(\tau)+\sum_{n=1}^{\infty}A_n(\tau)\cos\frac{n\pi x}{l}=A\sin\omega\tau$$

比较上式两端系数，得

$$A_0(\tau)=A\sin\omega\tau$$
$$A_n(\tau)=0 \qquad (n=1,2,\cdots)$$

故

$$v(x,t;\tau)=A\sin\omega\tau$$

所以

$$u(x,t)=\int_0^t v(x,t;\tau)\mathrm{d}\tau=\int_0^t A\sin\omega\tau\mathrm{d}\tau=\frac{A}{\omega}(1-\cos\omega t)$$

### 3.4.3 泊松方程的特解法

泊松方程$\Delta u=f(x,y)$可以看成非齐次的拉普拉斯方程，由于它与时间无关，所以不适用冲量定理法。我们可以采用特解法，利用叠加原理，将泊松方程定解问题的求解化为相应的拉普拉斯方程定解问题来解决。

【例 3-10】 在圆域$x^2+y^2<r_0^2$上求解泊松方程的边值问题

$$\begin{cases}\Delta u=3x^2-3y^2+1\\ u|_{x^2+y^2=r_0^2}=2\end{cases}$$

**解**：先找泊松方程的一个特解。由于

$$\Delta(x^2/2)=1,\qquad \Delta(y^2/2)=1,\qquad \Delta(x^4/4)=3x^2,\qquad \Delta(y^4/4)=3y^2$$

对称地取

$$w=\frac{1}{4}(x^2+y^2)+\frac{1}{4}(x^4-y^4)$$

在极坐标系下，有

$$w=\frac{1}{4}r^2+\frac{1}{4}(x^2+y^2)(x^2-y^2)=\frac{1}{4}r^2+\frac{1}{4}r^4\cos 2\varphi$$

令

$$u=v+w=v+\frac{1}{4}r^2+\frac{1}{4}r^4\cos 2\varphi$$

就把问题转化为 $v$ 的定解问题

$$\begin{cases}\Delta v=0\\ v\big|_{r=r_0}=2-\dfrac{1}{4}r_0^{\ 2}-\dfrac{1}{4}r_0^{\ 4}\cos 2\varphi\end{cases}$$

在极坐标系中用分离变量法解之，得

$$v(r,\varphi)=C_0+D_0\ln r+\sum_{m=1}^{\infty}r^m(A_m\cos m\varphi+B_m\sin m\varphi)+\sum_{m=1}^{\infty}r^{-m}(C_m\cos m\varphi+D_m\sin m\varphi)$$

$v$ 在圆内应当处处有限，但 $\ln r$ 和 $r^{-m}$ 在圆心为无限大，所以应取 $D_0=0$、$C_m=0$ 、$D_m=0$ ，$m=1,2,\cdots$ 。于是

$$v(r,\varphi)=\sum_{m=0}^{\infty}r^m(A_m\cos m\varphi+B_m\sin m\varphi)$$

由边界条件，有

$$\sum_{m=0}^{\infty}r_0^m(A_m\cos m\varphi+B_m\sin m\varphi)=2-\frac{1}{4}r_0^2-\frac{1}{4}r_0^4\cos 2\varphi$$

比较系数

$$A_0=2-\frac{1}{4}r_0^{\ 2},\qquad A_2=-\frac{1}{4}r_0^{\ 2},\qquad A_m=0\quad(m\neq 0,2),\qquad B_m=0$$

故

$$v=2-\frac{1}{4}r_0^{\ 2}-\frac{1}{4}r_0^{\ 2}r^2\cos 2\varphi$$

因此，所求解为

$$u=2+\frac{1}{4}(r^2-r_0^{\ 2})+\frac{1}{4}(r^2-r_0^{\ 2})r^2\cos 2\varphi=2+\frac{1}{4}(x^2+y^2-r_0^{\ 2})(1+x^2-y^2)$$

**【例 3-11】** 在矩形域 $0\leqslant x\leqslant a$、$0\leqslant y\leqslant b$ 上求解泊松方程的边值问题

$$\begin{cases}\Delta u=-A & (0<x<a,0<y<b)\\ u\,|_{x=0}=0,\ u\,|_{x=a}=0\\ u\,|_{y=0}=0,\ u\,|_{y=b}=0\end{cases}$$

**解**：先找泊松方程的一个特解 $w(x,y)$ ，显然

$$w=-\frac{A}{2}x^2+c_1x+c_2$$

对任意的$c_1$、$c_2$满足$\Delta w=-A$，适当选择$c_1$、$c_2$，使得$w(x,y)$满足$w|_{x=0}=0$，$w|_{x=a}=0$。实际上，只要取$c_1=\dfrac{aA}{2}$，$c_2=0$，即可满足要求，这样取

$$w(x, y)=-\frac{A}{2}x^2+\frac{Aa}{2}x$$

令

$$u(x, y)=w(x, y)+v(x, y)$$

代入$u$的定解问题，即得$v(x,y)$满足的定解问题

$$\begin{cases}\Delta v=0 \qquad (0<x<a, 0<y<b)\\ v|_{x=0}=0,\ v|_{x=a}=0\\ v|_{y=0}=\dfrac{A}{2}x(a-x),\ v|_{y=b}=\dfrac{A}{2}x(a-x)\end{cases}$$

由分离变量法，求得

$$v(x, y)=\sum_{n=1}^{\infty}\left(A_n\mathrm{e}^{\frac{n\pi y}{a}}+B_n\mathrm{e}^{-\frac{n\pi y}{a}}\right)\sin\frac{n\pi x}{a}$$

利用条件$v|_{y=0}=\dfrac{A}{2}x(a-x)$、$v|_{y=b}=\dfrac{A}{2}x(a-x)$，有

$$A_n=\frac{\mathrm{e}^{-\frac{n\pi b}{2a}}}{\cosh\left(\frac{n\pi b}{2a}\right)}\cdot\frac{2Aa^2}{n^3\pi^3}\left[(-1)^n-1\right],\quad B_n=\frac{\mathrm{e}^{\frac{n\pi b}{2a}}}{\cosh\left(\frac{n\pi b}{2a}\right)}\cdot\frac{2Aa^2}{n^3\pi^3}\left[(-1)^n-1\right]$$

故

$$v(x, y)=-\frac{4Aa^2}{\pi^3}\sum_{k=1}^{\infty}\frac{\cosh\dfrac{(2k-1)\pi\left(y-\dfrac{b}{2}\right)}{a}}{(2k-1)^3\cosh\dfrac{(2k-1)\pi b}{2a}}\sin\frac{(2k-1)\pi x}{a}$$

所以

$$u(x, y)=-\frac{4Aa^2}{\pi^3}\sum_{k=1}^{\infty}\frac{\cosh\dfrac{(2k-1)\pi\left(y-\dfrac{b}{2}\right)}{a}}{(2k-1)^3\cosh\dfrac{(2k-1)\pi b}{2a}}\sin\frac{(2k-1)\pi x}{a}+\frac{A}{2}x(a-x)$$

## 3.5　非齐次边界条件问题

到现在为止，所处理的问题，不管是齐次方程还是非齐次方程的定解问题，利用分离变量法求解它们都有一个前提：边界条件是齐次的。但是，在实际问题中，常有非齐次边界条

件出现，对于这样的定解问题，利用问题的线性性质和叠加原理，可将其转化为另一未知函数的齐次边界条件问题来求解。以下结合几个具体的例子来介绍。

考虑如下振动问题

$$\begin{cases}\dfrac{\partial^2 u}{\partial t^2}-a^2\dfrac{\partial^2 u}{\partial x^2}=0 & (0<x<l,\ t>0)\\ u\big|_{x=0}=\mu_1(t),\ u\big|_{x=l}=\mu_2(t)\\ u\big|_{t=0}=\varphi(x),\ \dfrac{\partial u}{\partial t}\Big|_{t=0}=\psi(x)\end{cases} \tag{3.5.1}$$

该问题的边界条件是非齐次的，故不能直接使用变量分离法。我们的想法是进行函数代换，将边界条件齐次化，即选取一个辅助函数 $w(x,t)$，使得

$$w\big|_{x=0}=\mu_1(t),\qquad w\big|_{x=l}=\mu_2(t)$$

然后，令 $u(x,t)=v(x,t)+w(x,t)$，由叠加原理，问题(3.5.1)可化为关于新未知函数 $v(x,t)$ 的齐次边界条件的定解问题。实际上，满足要求 $w\big|_{x=0}=\mu_1(t),\ w\big|_{x=l}=\mu_2(t)$ 的函数 $w(x,t)$ 是容易找到的，为简单起见，取 $w(x,t)$ 为 $x$ 的线性函数，即取

$$w(x,t)=A(t)x+B(t)$$

要求其满足与 $u$ 一样的非齐次边界条件，即

$$\begin{cases}A(t)0+B(t)=\mu_1(t)\\ A(t)l+B(t)=\mu_2(t)\end{cases}$$

解之，得

$$A(t)=\frac{\mu_2(t)-\mu_1(t)}{l},\ B(t)=\mu_1(t)$$

即

$$w(x,t)=\frac{[\mu_2(t)-\mu_1(t)]}{l}x+\mu_1(t) \tag{3.5.2}$$

令 $u(x,t)=v(x,t)+w(x,t)$，代入式(3.5.1)中，得到关于 $v(x,t)$ 的定解问题

$$\begin{cases}\dfrac{\partial^2 v}{\partial t^2}-a^2\dfrac{\partial^2 v}{\partial x^2}=\bar{f}(x) & (0<x<l,\ t>0)\\ v\big|_{x=0}=0,\ v\big|_{x=l}=0\\ v\big|_{t=0}=\bar{\varphi}(x),\ \dfrac{\partial v}{\partial t}\Big|_{t=0}=\bar{\psi}(x)\end{cases} \tag{3.5.3}$$

其中，$\bar{f}(x,t)=\dfrac{x}{l}[\mu_1''(t)-\mu_2''(t)]-\mu_1''(t),\ \bar{\varphi}(x)=\varphi(x)+\dfrac{1}{l}[\mu_1(0)-\mu_2(0)]x-\mu_1(0)$，$\bar{\psi}(x)=\psi(x)+\dfrac{1}{l}$ $[\mu_1'(0)-\mu_2'(0)]x-\mu_1'(0)$，式(3.5.3)是关于 $v(x,t)$ 的齐次边界条件的混合问题，可利用分离变量法求解之。

注意：

(1) 能够使问题式(3.5.1)边界条件齐次化的辅助函数不唯一，如令 $w(x,t)=\dfrac{[\mu_2(t)-\mu_1(t)]}{l^2}x^2+$

$\mu_1(t)$，同样可以使边界齐次化，但是，显然这种选择不如式(3.5.2)简单。因而，恰当地选择辅助函数可以减小计算量。

(2) 当 $x=0$ 和 $x=l$ 两端都是第二类非齐次边界条件时，如 $u_x\big|_{x=0}=\mu_1(t),\ u_x\big|_{x=l}=\mu_2(t)$，这时如果仍取 $w(x,t)$ 为 $x$ 的线性函数 $w(x,t)=A(t)x+B(t)$，则有 $w_x\big|_{x=0}=A(t)=\mu_1(t)$，$w_x\big|_{x=l}=A(t)=\mu_2(t)$，此时除非 $\mu_1(t)=\mu_2(t)$，否则这两式互相矛盾。这时，可试取 $v(x,t)=A(t)x^2+B(t)x$ 或其他形式的函数。

利用上述一般方法可以将非齐次边界条件问题化为齐次边界条件问题，但一般来说，关于新函数的方程是非齐次的，如对问题

$$\begin{cases}\dfrac{\partial^2 u}{\partial t^2}-a^2\dfrac{\partial^2 u}{\partial x^2}=0 & (0<x<l,t>0)\\ u\big|_{x=0}=\cos\omega t,\ u\big|_{x=l}=0 \\ u\big|_{t=0}=0,\ \dfrac{\partial u}{\partial t}\bigg|_{t=0}=0\end{cases}$$

利用前面介绍的方法，应取 $w(x,t)=\left(1-\dfrac{x}{l}\right)\cos\omega t$，相应的 $v(x,t)$ 满足 $v\big|_{x=0}=0,\ v\big|_{x=l}=0$，但是，此时方程为

$$\frac{\partial^2 v}{\partial t^2}-a^2\frac{\partial^2 v}{\partial x^2}=\left(1-\frac{x}{l}\right)\omega^2\cos\omega t$$

这是一个非齐次方程，求解这样的定解问题相对比较麻烦。实际上，对于一些特殊的问题可采用一些特殊的方法，使得关于新函数 $v(x,t)$ 的边界条件和方程都是齐次的。

**【例 3-12】** 考虑如下定解问题：

$$\begin{cases}\dfrac{\partial^2 u}{\partial t^2}-a^2\dfrac{\partial^2 u}{\partial x^2}=f(x) & (0<x<l,t>0)\\ u\big|_{x=0}=A,\ u\big|_{x=l}=B \\ u\big|_{t=0}=\varphi(x),\ \dfrac{\partial u}{\partial t}\bigg|_{t=0}=\psi(x)\end{cases}\tag{3.5.4}$$

**分析**：该问题中自由项 $f(x)$ 和边界条件中的 $A$、$B$ 都与 $t$ 无关，故可找到一个与 $t$ 无关的辅助函数 $w(x)$，使得新函数 $v(x,t)$ 满足齐次边界条件，并且进一步适当选择，可以得到一个能够同时保证 $v(x,t)$ 满足的方程也是齐次的 $w(x)$。

**解**：令 $u(x,t)=v(x,t)+w(x)$，代入到定解问题式(3.5.4)中，得

$$\frac{\partial^2 v}{\partial t^2}-a^2\left[\frac{\partial^2 v}{\partial x^2}+w''(x)\right]=f(x)$$

及

$$v\big|_{x=0}+w(0)=A,\qquad v\big|_{x=l}+w(l)=B,\qquad v\big|_{t=0}+w(x)=\varphi(x),\qquad v_t\big|_{t=0}+0=\psi(x)$$

考虑如下常微分方程边值问题：

$$\begin{cases} a^2 w''(x) + f(x) = 0 & (0 < x < l) \\ w(0) = A,\ w(l) = B \end{cases} \tag{3.5.5}$$

由常微分方程解的存在性理论，当 $f(x)$ 连续时，问题(3.5.5)的解存在唯一。因此，若取 $w(x)$ 是问题(3.5.5)的解，则 $v(x,t)$ 满足

$$\begin{cases} \dfrac{\partial^2 v}{\partial t^2} - a^2 \dfrac{\partial^2 v}{\partial x^2} = 0 & (0 < x < l, t > 0) \\ v\big|_{x=0} = 0,\ v\big|_{x=l} = 0 \\ v\big|_{t=0} = \varphi(x) - w(x),\ \dfrac{\partial v}{\partial t}\bigg|_{t=0} = \psi(x) \end{cases} \tag{3.5.6}$$

式(3.5.6)是一个齐次方程齐次边界条件的定解问题，可直接进行变量分离，求解方便。

下面对分离变量法进行一下小结。

分离变量法是求解线性定解问题的最基本、最常用的方法。下面分两种情形总结其解题的基本步骤。

**1．一般的有界波动和输运问题**

以有界弦的一般振动问题为例，其定解问题是

$$\begin{cases} \dfrac{\partial^2 u}{\partial t^2} - a^2 \dfrac{\partial^2 u}{\partial x^2} = f(x,t) & (0 < x < l, t > 0) \\ u\big|_{x=0} = \mu_1(t),\ u\big|_{x=l} = \mu_2(t) \\ u\big|_{t=0} = \varphi(x),\ \dfrac{\partial u}{\partial t}\bigg|_{t=0} = \psi(x) \end{cases}$$

其中，$f(x,t)$、$\mu_1(t)$、$\mu_2(t)$、$\varphi(x)$、$\psi(x)$ 为已知函数。

其求解步骤可归纳如下。

**步骤 1**　将边界条件化为齐次条件。取 $w(x,t)$ 满足非齐次边界条件，例如：

$$w(x,t) = \frac{1}{l}[\mu_2(t) - \mu_1(t)]x + \mu_1(t)$$

令

$$u(x,t) = v(x,t) + w(x,t)$$

则 $v(x,t)$ 满足如下齐次边界条件的问题：

$$\begin{cases} \dfrac{\partial^2 v}{\partial t^2} - a^2 \dfrac{\partial^2 v}{\partial x^2} = F(x,t) & (0 < x < l, t > 0) \\ v\big|_{x=0} = 0,\ v\big|_{x=l} = 0 \\ v\big|_{t=0} = \Phi(x),\ \dfrac{\partial v}{\partial t}\bigg|_{t=0} = \Psi(x) \end{cases}$$

**步骤 2**　利用傅里叶级数法求解以上定解问题。

对于一般的一维有界输运问题，如定解问题

$$\begin{cases}\dfrac{\partial u}{\partial t}-a^2\dfrac{\partial^2 u}{\partial x^2}=f(x,t) \qquad (0<x<l,t>0)\\ u\big|_{x=0}=\mu_1(t),\ u\big|_{x=l}=\mu_2(t)\\ u\big|_{t=0}=\varphi(x)\end{cases}$$

求解步骤跟振动问题完全相同，首先将边界条件化成齐次，其次，利用傅里叶级数法求解相应的齐次边界条件的定解问题。

对于二维、三维的有界波动和输运问题的求解也可仿此进行。

**2. 一般的有界稳定场问题**

以二维矩形域稳定温度分布问题为例，则

$$\begin{cases}\dfrac{\partial^2 u}{\partial x^2}+\dfrac{\partial^2 u}{\partial y^2}=f(x,y) \qquad (0<x<a,0<y<b)\\ u\big|_{x=0}=\mu_1(y),\ u\big|_{x=a}=\mu_2(y)\\ u\big|_{y=0}=\varphi(x),\ u\big|_{y=b}=\psi(x)\end{cases}$$

其中，$f(x,y)$、$\mu_1(y)$、$\mu_2(y)$、$\varphi(x)$、$\psi(x)$为已知函数。

**步骤 1**　用特解法，将非齐次方程问题化为齐次方程问题。取非齐次方程的一个特解$w(x,y)$，使得

$$\frac{\partial^2 w}{\partial x^2}+\frac{\partial^2 w}{\partial y^2}=f(x,y)$$

令

$$u(x,y)=v(x,y)+w(x,y)$$

于是，$v(x,y)$满足定解问题

$$\begin{cases}\dfrac{\partial^2 v}{\partial x^2}+\dfrac{\partial^2 v}{\partial y^2}=0 \qquad (0<x<a,0<y<b)\\ v\big|_{x=0}=\mu_1(y)-w(0,y),\ v\big|_{x=a}=\mu_2(y)-w(a,y)\\ v\big|_{y=0}=\varphi(x)-w(x,0),\ v\big|_{y=b}=\psi(x)-w(x,b)\end{cases}$$

**步骤 2**　用叠加原理，将以上定解问题化成两个可直接求解的定解问题，即令$v(x,t)=v^{\mathrm{I}}(x,t)+v^{\mathrm{II}}(x,t)$，其中$v^{\mathrm{I}}$、$v^{\mathrm{II}}$的定解问题分别是以下定解问题的解：

$$\begin{cases}\dfrac{\partial^2 v^{\mathrm{I}}}{\partial x^2}+\dfrac{\partial^2 v^{\mathrm{I}}}{\partial y^2}=0 \qquad (0<x<a,0<y<b)\\ v^{\mathrm{I}}\big|_{x=0}=0,\ v^{\mathrm{I}}\big|_{x=a}=0\\ v^{\mathrm{I}}\big|_{y=0}=\varphi(x)-w(x,0),\ v^{\mathrm{I}}\big|_{y=b}=\psi(x)-w(x,b)\end{cases}$$

和

$$\begin{cases}\dfrac{\partial^2 v^{\mathrm{II}}}{\partial x^2}+\dfrac{\partial^2 v^{\mathrm{II}}}{\partial y^2}=0 & (0<x<a, 0<y<b)\\ v^{\mathrm{II}}\big|_{x=0}=\mu_1(y)-w(0,y),\ v^{\mathrm{II}}\big|_{x=a}=\mu_2(y)-w(a,y)\\ v^{\mathrm{II}}\big|_{y=0}=0,\ v^{\mathrm{II}}\big|_{y=b}=0\end{cases}$$

以上两个定解问题可直接利用变量分离法求解。

**注意**：并非所有的有界线性的定解问题都能用分离变量法求解，如方程

$$\frac{\partial^2 u}{\partial t^2}-a^2 x\frac{\partial^2 u}{\partial x^2}=0$$

和

$$\frac{\partial^2 u}{\partial t^2}-a^2 t\frac{\partial^2 u}{\partial x^2}=0$$

可进行分离变量，而

$$\frac{\partial^2 u}{\partial t^2}-a^2(x+t)\frac{\partial^2 u}{\partial x^2}=0$$

不能进行分离变量。

分离变量法的核心是求解本征值问题，并常会遇到各种特殊的函数和傅里叶级数，在理论上需要解决一些重要问题，如本征值是否存在？本征函数系是否完备、正交？这些问题将在 3.6 节中给予回答。

## 3.6　施特姆-刘维尔问题

从本章前几节可以看出，采用分离变量法求解定解问题时，最终都归结为求解一个含有参数的常微分方程在某种齐次边界条件（或自然周期条件）下的特征值问题。能够保证常微分方程边值问题非零解存在的参数的特定的值称为**本征值**，相应的非零解称为**本征函数**。用分离变量法所得的定解问题的解，其实就是将所求的解按照特征函数进行傅里叶展开。于是就会产生一系列问题，如本征值是否一定存在？相应的本征函数是否存在？本征函数系是否正交？满足一定条件的函数能否按本征函数系展开？本节就来讨论这些问题。

常见的本征值问题都可以归结为施特姆-刘维尔本征值问题。下面，首先给出施特姆-刘维尔方程的定义。

**定义 3.1**　称形如

$$\frac{\mathrm{d}}{\mathrm{d}x}\left[k(x)\frac{\mathrm{d}y}{\mathrm{d}x}\right]-q(x)y+\lambda\omega(x)y=0\quad(a<x<b)\tag{3.6.1}$$

的二阶常微分方程为**施特姆-刘维尔型方程**，其中 $k(x)$、$q(x)$、$\omega(x)$ 为已知函数，$\lambda$ 为待定系数。

对一般的含有参数 $\lambda$ 的二阶线性常微分方程

$$y''+a(x)y'+b(x)y+\lambda c(x)y=0$$

在其两端乘以函数 $\mathrm{e}^{\int a(x)\mathrm{d}x}$，就可以化为施特姆-刘维尔型方程

$$\frac{\mathrm{d}}{\mathrm{d}x}\left[\mathrm{e}^{\int a(x)\mathrm{d}x}\frac{\mathrm{d}y}{\mathrm{d}x}\right]+\left[b(x)\mathrm{e}^{\int a(x)\mathrm{d}x}\right]y+\lambda\left[c(x)\mathrm{e}^{\int a(x)\mathrm{d}x}\right]y=0$$

施特姆-刘维尔型方程附以齐次边界条件或自然周期条件就构成施特姆-刘维尔本征值问题，例如：

(1) 若令 $a=0$、$b=l$、$k(x)=1$、$q(x)=0$、$\omega(x)=1$，本征值问题为

$$\begin{cases}y''+\lambda y=0\\y(0)=0,\ y(l)=0\end{cases}\tag{3.6.2}$$

(2) 若令 $a=-1$、$b=1$、$k(x)=1-x^2$、$q(x)=\dfrac{m^2}{1-x^2}$、$\omega(x)=1$，得到一类特殊方程——连带勒让德方程的本征值问题

$$\begin{cases}\dfrac{\mathrm{d}}{\mathrm{d}x}\left[(1-x^2)\dfrac{\mathrm{d}y}{\mathrm{d}x}\right]-\dfrac{m^2}{1-x^2}y+\lambda y=0\\y(-1),\ y(1)\text{有限}\end{cases}\tag{3.6.3}$$

(3) 若令 $a=0$、$b=r_0$（常数）、$k(x)=x$、$q(x)=\dfrac{m^2}{x}$、$\omega(x)=x$，得到贝塞尔方程的本征值问题

$$\begin{cases}\dfrac{\mathrm{d}}{\mathrm{d}x}\left(x\dfrac{\mathrm{d}y}{\mathrm{d}x}\right)-\dfrac{m^2}{x}y+\lambda xy=0\\y(0)\text{有限，}\ y(r_0)=0\end{cases}\tag{3.6.4}$$

施特姆-刘维尔本征值问题有许多共同的性质，下面不加证明地给出结论。

**定理 3.3** 若施特姆-刘维尔方程满足以下条件：

(1) 在闭区间 $[a,b]$ 上，函数 $k(x)$、$k'(x)$、$\omega(x)$ 连续；

(2) 在闭区间 $[a,b]$ 上，有 $k>0$、$q\geqslant 0$、$\omega>0$；

(3) 带有齐次边界条件

$$\begin{cases}-\alpha_1 y'(a)+\beta_1 y(a)=0 & (3.6.5)\\\alpha_2 y'(b)+\beta_2 y(b)=0 & (3.6.6)\end{cases}$$

其中，$\alpha_i$、$\beta_i$ 为常数，且 $\alpha_i\geqslant 0$，$\beta_i\geqslant 0$，$\alpha_i+\beta_i\neq 0$，$i=1,2$，则相应的本征值、本征函数具有如下性质：

(1) 本征值存在，且都是非负实数；

(2) 有无穷多个本征值，并构成一个递增数列

$$\lambda_1\leqslant\lambda_2\leqslant\lambda_3\leqslant\cdots\leqslant\lambda_n\leqslant\cdots$$

与之对应有无穷多个本征函数

$$y_1(x),y_2(x),\cdots,y_n(x),\cdots$$

(3) 相应于不同的本征值 $\lambda_m$ 和 $\lambda_n$ 的本征函数 $y_m(x)$ 和 $y_n(x)$ 在区间 $[a,b]$ 上带权重 $\omega(x)$ 正交，即

$$\int_a^b\omega(x)y_n(x)y_m(x)\mathrm{d}x=0\qquad(m\neq n)\tag{3.6.7}$$

(4) 本征函数系 $\{y_n(x)\}$ 完备，即对区间 $[a, b]$ 上任意二阶连续可微函数 $f(x)$，若其满足本征值问题的边界条件，则必可展开为绝对且一致收敛的级数，即

$$f(x) = f_1 y_1 + f_2 y_2 + \cdots + f_n y_n + \cdots \tag{3.6.8}$$

式(3.6.8)称为**广义傅氏级数**，$f_n$ 称为**广义傅氏级数的系数**，$f_n = \dfrac{\int_a^b f(x) y_n(x) \omega(x) \mathrm{d}x}{\int_a^b y_n^2(x) \omega(x) \mathrm{d}x}$。

注意：

(1) 周期性边界条件也是一种线性齐次条件，上述定理仍然成立。

(2) 当且仅当 $\beta_1 = \beta_2 = 0$ 时，$\lambda = 0$ 才是施特姆-刘维尔问题的本征值，此时相应的本征函数为常数。

表 3.1 中列出了一些常用的本征值问题的本征值和本征函数。

**表 3.1 常用的本征值问题的本征值和本征函数**

| 本征值问题 | 本征值 | 本征函数 |
|---|---|---|
| $\begin{cases} X''(x) + \lambda X(x) = 0 \\ X(0) = 0, X(l) = 0 \end{cases}$ | $\lambda_k = \left(\dfrac{k\pi}{l}\right)^2, k = 1, 2, \cdots$ | $X_k = \sin\dfrac{k\pi}{l}x$ |
| $\begin{cases} X''(x) + \lambda X(x) = 0 \\ X'(0) = 0, X'(l) = 0 \end{cases}$ | $\lambda_k = \left(\dfrac{k\pi}{l}\right)^2, k = 0, 1, 2, \cdots$ | $X_k = \cos\dfrac{k\pi}{l}x$ |
| $\begin{cases} X''(x) + \lambda X(x) = 0 \\ X'(0) = 0, X(l) = 0 \end{cases}$ | $\lambda_k = \left(\dfrac{(2k+1)\pi}{2l}\right)^2, k = 0, 1, 2, \cdots$ | $X_k = \cos\dfrac{2k+1}{2l}\pi x$ |
| $\begin{cases} X''(x) + \lambda X(x) = 0 \\ X(0) = 0, X'(l) = 0 \end{cases}$ | $\lambda_k = \left(\dfrac{(2k+1)\pi}{2l}\right)^2, k = 0, 1, 2, \cdots$ | $X_k = \sin\dfrac{2k+1}{2l}\pi x$ |
| $\begin{cases} X''(x) + \lambda X(x) = 0 \\ X(0) = 0, X'(l) + hX(l) = 0 \end{cases}$ | $\lambda_k = \left(\dfrac{\gamma_k}{l}\right)^2$, $\gamma_k$ 为 $\tan\gamma = -\dfrac{\gamma}{hl}$ 的正根，$k = 1, 2, \cdots$ | $X_k = \sin\dfrac{\gamma_k}{l}x$ |
| $\begin{cases} X''(x) + \lambda X(x) = 0 \\ X'(0) = 0, X'(l) + hX(l) = 0 \end{cases}$ | $\lambda_k = \left(\dfrac{\gamma_k}{l}\right)^2$, $\gamma_k$ 为 $\tan\gamma = \dfrac{-\gamma}{hl}$ 的正根，$k = 1, 2, \cdots$ | $X_k = \cos\dfrac{\gamma_k}{l}x$ |
| $\begin{cases} X''(x) + \lambda X(x) = 0 \\ X(0) - h_1 X'(0) = 0 \\ X(l) - h_2 X'(l) = 0 \end{cases}$ | $\lambda_k$ 是方程 $\tan\sqrt{\lambda}l = \dfrac{h_2 - h_1}{1 + h_1 h_2 \sqrt{\lambda}}$ 的正根，$k = 1, 2, \cdots$ | $X_k = \sin\sqrt{\lambda_k}x + h_1\sqrt{\lambda_k}\cos\sqrt{\lambda_k}x$ |
| $\begin{cases} \Phi'' + \lambda\Phi(\theta) = 0 \\ \Phi(\theta + 2\pi) = \Phi(\theta) \end{cases}$ | $\lambda_k = k^2$，$k = 0, 1, 2, \cdots$ | $\Phi_k = A\cos k\theta + B\sin k\theta$ |

# 习 题

1．用分离变量法求解定解问题

$$\begin{cases} \dfrac{\partial^2 u}{\partial t^2} - a^2\dfrac{\partial^2 u}{\partial x^2} = 0 \qquad (0 < x < l, t > 0) \\ u|_{x=0} = 0,\ u|_{x=l} = 0 \\ u|_{t=0} = \sin\dfrac{\pi x}{l},\ \left.\dfrac{\partial u}{\partial t}\right|_{t=0} = \sin\dfrac{\pi x}{l} \end{cases}$$

2．长 $l$ 的均匀弦，两端固定，弦中张力为 $T$，在 $x=x_0$ 处以横向力 $F$ 拉弦，达到平衡后放手任其自由振动，求解该振动问题。

3．求解弦振动定解问题

$$\begin{cases}\dfrac{\partial^2 u}{\partial t^2}-a^2\dfrac{\partial^2 u}{\partial x^2}=0 & (0<x<l,t>0)\\ u|_{x=0}=0,\ \left.\dfrac{\partial u}{\partial x}\right|_{x=l}=0 \\ u|_{t=0}=x(x-2l),\ \left.\dfrac{\partial u}{\partial t}\right|_{t=0}=0\end{cases}$$

4．求满足下列初始条件和边界条件的一维齐次热传导方程的解

$$\left.\frac{\partial u}{\partial x}\right|_{x=0}=0,\qquad \left.\frac{\partial u}{\partial x}\right|_{x=l}=0,\qquad u|_{t=0}=x$$

5．求解拉普拉斯方程边值问题

$$\begin{cases}\dfrac{\partial^2 u}{\partial x^2}+\dfrac{\partial^2 u}{\partial y^2}=0 & (0<x<a,0<y<b)\\ u|_{x=0}=0,\ u|_{x=a}=0 \\ u|_{y=0}=B\sin\dfrac{\pi x}{a},\ u|_{y=b}=0\end{cases}$$

6．在圆形域 $0<\rho<\rho_0$ 上求解二维拉普拉斯方程，使其满足以下边界条件：

$$u|_{\rho=\rho_0}=A+B\sin\varphi$$

其中，$A$、$B$ 为已知常数。

7．一半径为 $a$ 的圆形平板，其圆周边界上的温度保持 $u|_{r=a}=T\theta(\pi-\theta)$，直径边上温度保持为零摄氏度，板的上、下侧面绝热，求稳恒状态下的温度分布规律 $u(r,\theta)$。

8．求解扇形域中的狄利克雷问题

$$\begin{cases}\Delta u=0 & (0<\theta<\alpha,r<R)\\ u|_{\theta=0}=0,\quad u|_{\theta=\alpha}=0 \\ u|_{r=R}=f(\theta)\end{cases}$$

9．求解定解问题

$$\begin{cases}\dfrac{\partial^2 u}{\partial t^2}-a^2\dfrac{\partial^2 u}{\partial x^2}=A\cos\pi x\sin\omega t & (0<x<1,t>0)\\ \left.\dfrac{\partial u}{\partial x}\right|_{x=0}=0,\ \left.\dfrac{\partial u}{\partial x}\right|_{x=1}=0 \\ u|_{t=0}=0,\ \left.\dfrac{\partial u}{\partial t}\right|_{t=0}=0\end{cases}$$

其中，$A$ 为已知常数。

10．求解具有放射性衰变的热传导问题

$$\begin{cases} \dfrac{\partial u}{\partial t}-a^2\dfrac{\partial^2 u}{\partial x^2}=A\mathrm{e}^{-\alpha x} & (0<x<l,t>0) \\ u\big|_{x=0}=0,\ u\big|_{x=l}=0 \\ u\big|_{t=0}=T_0 \end{cases}$$

其中，$A$、$\alpha$、$T_0$ 为已知常数。

11．求解定解问题

$$\begin{cases} \dfrac{\partial u}{\partial t}-a^2\dfrac{\partial^2 u}{\partial x^2}=\cos\pi x & (0<x<4,t>0) \\ \left.\dfrac{\partial u}{\partial x}\right|_{x=0}=0,\ \left.\dfrac{\partial u}{\partial x}\right|_{x=4}=0 \\ u\big|_{t=0}=\cos 2\pi x \end{cases}$$

12．求解圆域 $r<a$ 上的泊松方程边值问题

$$\begin{cases} \dfrac{\partial^2 u}{\partial x^2}+\dfrac{\partial^2 u}{\partial y^2}=-xy & (r<a) \\ u\big|_{r=a}=0 \end{cases}$$

13．已知杆的长度为 $l$，$x=0$ 的一端绝热，另一端温度保持为 $u_0$（$u_0$ 为已知数），初始温度为 $\dfrac{u_0}{l}x$，求解细杆导热问题。

14．在矩形域内求解问题

$$\begin{cases} \dfrac{\partial^2 u}{\partial x^2}+\dfrac{\partial^2 u}{\partial y^2}=f(x,y) & (0<x<a,0<y<b) \\ u\big|_{x=0}=\varphi_1(y),\ u\big|_{x=a}=\varphi_2(y) \\ u\big|_{y=0}=\psi_1(x),\ u\big|_{y=b}=\psi_2(x) \end{cases}$$

15．求解梁振动问题

$$\begin{cases} \dfrac{\partial^2 u}{\partial t^2}+a^2\dfrac{\partial^4 u}{\partial x^4}=0 & (0<x<l,t>0) \\ u\big|_{x=0}=0,\ u\big|_{x=l}=0 \\ \left.\dfrac{\partial^2 u}{\partial x^2}\right|_{x=0}=0,\ \left.\dfrac{\partial^2 u}{\partial x^2}\right|_{x=l}=0 \\ u\big|_{t=0}=Ax(l-x),\ \left.\dfrac{\partial u}{\partial t}\right|_{t=0}=0 \end{cases}$$

其中，$A$ 为已知常数。

16．试把以下方程化为施特姆-刘维尔型方程：

(1) $x(x-1)y''+[(1+\alpha+\beta)x-\gamma]y'+\alpha\beta y=0$；

(2) $xy''+(\gamma-x)y'-\alpha y=0$。

17．就本征值问题

$$\begin{cases} X''(x)+\lambda X(x)=0 & (0<x<l) \\ X'(0)=0,\, X(l)=0 \end{cases}$$

证明：

(1) 它的本征函数系是$\left\{\cos\frac{(2k+1)\pi}{2l}x\right\}_0^\infty$；

(2) 本征函数系$\left\{\sqrt{\frac{2}{l}}\cos\frac{(2k+1)\pi}{2l}x\right\}_0^\infty$是正交完备的，即若记

$$X_k(x)=\sqrt{\frac{2}{l}}\cos\frac{(2k+1)\pi}{2l}x \qquad (k=0,1,2,\cdots)$$

则

$$\int_0^l X_k(x)X_m(x)\,\mathrm{d}x=\begin{cases} 1 & (k=m) \\ 0 & (k\neq m) \end{cases}$$

并对[0，$l$]上的连续分段光滑的函数$h(x)$，有本征展式

$$h(x)=\sum_{k=0}^{\infty}h_k X_k(x)=\sum_{k=0}^{\infty}h_k\sqrt{\frac{2}{l}}\cos\frac{(2k+1)\pi}{2l}x$$

其中，$h_k=\int_0^l h(\xi)X_k(\xi)\mathrm{d}\xi,\quad k=0,1,2,\cdots$。

18．求以下特征值问题的特征函数：

(1) $\begin{cases} X''(x)+\lambda X(x)=0 \\ X(0)=0,\, X'(l)=0 \end{cases}$

(2) $\begin{cases} X''(x)+\lambda X(x)=0 \\ X(0)=0,\, X'(l)+hX(x)=0 \end{cases}$

(3) $\begin{cases} X''(x)+\lambda X(x)=0 \\ X(x)=X(x+2\pi) \end{cases}$

19．考虑波动问题

$$\begin{cases} \dfrac{\partial^2 u}{\partial t^2}-a^2\dfrac{\partial^2 u}{\partial x^2}=0 & (0<x<l,\, t>0) \\ u\big|_{x=0}=0,\ u\big|_{x=l}=0 \\ u\big|_{t=0}=\dfrac{1}{2}\sin 2\pi x+\dfrac{1}{4}\sin 4\pi x \\ \dfrac{\partial u}{\partial t}\bigg|_{t=0}=0 \end{cases}$$

(1) 求该定解问题；

(2) 取$a=1, l=1$，画出几幅弦振动的图像，观察在$0<x<1$中有几个不动点。

20．长度为 1 的弦，两端固定，弦的初始状态是由

$$\varphi(x)=\begin{cases}\dfrac{3}{10}x & \left(0\leqslant x\leqslant \dfrac{1}{3}\right)\\ \dfrac{3}{20}(1-x) & \left(\dfrac{1}{3}\leqslant x\leqslant 1\right)\end{cases}$$

确定的三角形，弦自静止释放，取 $a=\dfrac{1}{\pi}$，画出由分离变量法得到的级数解的部分和 $S_{10}$ 在时刻 $t=t_k=0.5k, k=0,1,\cdots,8$ 时的瞬时图像。

21．已知 $u$ 在矩形域求解矩形域 $0<x<a$ 、$-\dfrac{b}{2}<y<\dfrac{b}{2}$ 内满足泊松方程 $\Delta u=-x^2 y$ ，在边界上的值为零。

(1) 求解该问题；

(2) 取 $a=5$ 、 $b=5$ ，画出级数解前 10 项部分和 $S_{10}$ 的图像。

# 第 4 章　积分变换法

本章介绍用积分变换法求解无界区域上定解问题的方法，其基本思想是通过函数的积分变换，把微分运算转化为代数运算，从而减少偏微分方程中自变量的个数，将线性偏微分方程变为含有较少变量的线性偏微分方程、常微分方程或代数方程，最终使问题得到解决。

积分变换的一般定义如下：假设 $I$ 是数集（实数或者复数），$K(s,x)$ 为 $I\times[a,b]$ 上的函数，这里 $[a,b]$ 为任意区间。如果函数 $f(x)$ 在区间 $[a,b]$ 有定义并且对任意 $s\in I$，$K(s,x)$ 和 $f(x)$ 为 $[a,b]$ 上可积函数，则含参变量积分

$$\int_a^b K(s,x)f(x)\mathrm{d}x = F(s)$$

定义了一个从 $f(x)$ 到 $F(s)$ 的变换，称为**积分变换**，$K(s,x)$ 为变换的**核**。

在具体的变换中，$K(s,x)$ 具有不同的表现形式，$f(x)$ 有具体的要求。常用的积分变换有傅里叶变换和拉普拉斯变换。

## 4.1　傅里叶变换的概念和性质

傅里叶变换方法是法国数学家傅里叶于 1801 年在解释圆环面周围热流动时首先提出的。本节叙述傅里叶变换的定义与性质。首先给出微积分中的一个基本结论，我们只进行叙述，不再证明。

**定理 4.1　傅里叶积分定理**　若函数 $f(x)$ 在 $(-\infty,+\infty)$ 上的任意有限区间上满足狄利克雷条件，即满足：

(1) 在区间上连续或只有有限个第一类间断点，

(2) 在区间上至多有有限个极值点，

且在 $(-\infty,+\infty)$ 上绝对可积，那么对任意 $x\in(-\infty,+\infty)$ 有

$$\frac{f(x-)+f(x+)}{2} = \frac{1}{2\pi}\int_{-\infty}^{+\infty}\left(\int_{-\infty}^{+\infty} f(t)\mathrm{e}^{-\mathrm{i}\omega t}\mathrm{d}t\right)\mathrm{e}^{\mathrm{i}\omega x}\mathrm{d}\omega$$

若 $f$ 在点 $x$ 连续，则

$$f(x) = \frac{1}{2\pi}\int_{-\infty}^{+\infty}\left(\int_{-\infty}^{+\infty} f(t)\mathrm{e}^{-\mathrm{i}\omega t}\mathrm{d}t\right)\mathrm{e}^{\mathrm{i}\omega x}\mathrm{d}\omega$$

傅里叶变换的定义如下。

**定义 4.1**　设函数 $f(x)$ 在 $(-\infty,+\infty)$ 上的任意有限区间上满足狄利克雷条件，在 $(-\infty,+\infty)$ 上绝对可积，则称广义积分

$$F(\omega) = \int_{-\infty}^{+\infty} f(x)\mathrm{e}^{-\mathrm{i}\omega x}\mathrm{d}x \tag{4.1.1}$$

为 $f(x)$ 的**傅里叶变换**，或者称为 $f(x)$ 的**象函数**。通常，记为 $\mathcal{F}[f(x)]=F(\omega)$，或 $\hat{f}(\omega)=F(\omega)$。由定理4.1可知。

$$f(x)=\frac{1}{2\pi}\int_{-\infty}^{+\infty}F(\omega)\,\mathrm{e}^{\mathrm{i}\omega x}\mathrm{d}\omega \tag{4.1.2}$$

称 $f(x)$ 为 $F(\omega)$ 的**傅里叶逆变换**，或者称为 $F(\omega)$ 的**象原函数**。记为 $\mathcal{F}^{-1}[F(\omega)]=f(x)$。

**【例4-1】** 求函数 $\mathrm{e}^{-|x|}$ 的傅里叶变换。

**解：** 由定义，得

$$\begin{aligned}\mathcal{F}[\mathrm{e}^{-|x|}]&=\int_{-\infty}^{+\infty}\mathrm{e}^{-|x|}\mathrm{e}^{-\mathrm{i}\omega x}\mathrm{d}x\\&=\int_{-\infty}^{0}\mathrm{e}^{x}\mathrm{e}^{-\mathrm{i}\omega x}\mathrm{d}x+\int_{0}^{+\infty}\mathrm{e}^{-x}\mathrm{e}^{-\mathrm{i}\omega x}\mathrm{d}x\\&=\int_{0}^{+\infty}\mathrm{e}^{-x}\mathrm{e}^{\mathrm{i}\omega x}\mathrm{d}x+\int_{0}^{+\infty}\mathrm{e}^{-x}\mathrm{e}^{-\mathrm{i}\omega x}\mathrm{d}x\\&=2\int_{0}^{+\infty}\mathrm{e}^{-x}\cos\omega x\,\mathrm{d}x\\&=\frac{2}{1+\omega^2}\end{aligned}$$

下面给出傅里叶变换及其逆变换的基本性质。我们总是假设所讨论函数的傅里叶变换（逆变换）存在。

**性质1（线性性质）** 傅里叶变换及其逆变换都是线性变换，即

$$\mathcal{F}[c_1f+c_2g]=c_1\mathcal{F}[f]+c_2\mathcal{F}[g]=c_1\hat{f}+c_2\hat{g} \tag{4.1.3}$$

$$\mathcal{F}^{-1}[c_1\hat{f}+c_2\hat{g}]=c_1\mathcal{F}^{-1}[\hat{f}]+c_2\mathcal{F}^{-1}[\hat{g}]=c_1f+c_2g \tag{4.1.4}$$

其中，$c_1$、$c_2$ 是任意常数。

**性质2（相似性质）** 对于任意实常数 $a\neq 0$，有

$$\mathcal{F}[f(ax)]=\frac{1}{|a|}\hat{f}\left(\frac{\omega}{a}\right) \tag{4.1.5}$$

**证明：** 由傅里叶变换的定义，得

$$\mathcal{F}[f(ax)]=\int_{-\infty}^{+\infty}f(ax)\mathrm{e}^{-\mathrm{i}\omega x}\mathrm{d}x$$

当 $a>0$ 时，

$$\mathcal{F}[f(ax)]=\int_{-\infty}^{+\infty}f(y)\mathrm{e}^{-\mathrm{i}\omega y/a}\frac{\mathrm{d}y}{a}=\frac{1}{a}\hat{f}\left(\frac{\omega}{a}\right)$$

当 $a<0$ 时，

$$\mathcal{F}[f(ax)]=-\int_{-\infty}^{+\infty}f(y)\mathrm{e}^{-\mathrm{i}\omega y/a}\frac{\mathrm{d}y}{a}=\frac{1}{|a|}\hat{f}\left(\frac{\omega}{a}\right)$$

证毕。

**性质 3（位移性质）** 对于任意实常数 $a$，有

$$\mathcal{F}[f(x-a)]=\mathrm{e}^{-\mathrm{i}\omega a}\hat{f},\qquad \mathcal{F}[f(x)\mathrm{e}^{\mathrm{i}ax}]=\hat{f}(\omega-a) \tag{4.1.6}$$

**性质 4（微分性质）** 设 $f$、$f'$ 的傅里叶变换存在，则

$$\mathcal{F}[f'(x)]=i\omega\hat{f}(\omega) \tag{4.1.7}$$

**证明：** 直接计算，得

$$\mathcal{F}[f'(x)]=\int_{-\infty}^{+\infty}f'(x)\mathrm{e}^{-\mathrm{i}\omega x}\mathrm{d}x=f(x)\mathrm{e}^{-\mathrm{i}\omega x}\Big|_{-\infty}^{+\infty}+\mathrm{i}\omega\int_{-\infty}^{+\infty}f(x)\mathrm{e}^{-\mathrm{i}\omega x}\mathrm{d}x=\mathrm{i}\omega\hat{f}(\omega)$$

证毕。

一般地，若 $f,f',\cdots,f^{(n)}$ 的傅里叶变换存在，则

$$\mathcal{F}[f^{(n)}(x)]=(\mathrm{i}\omega)^n\hat{f}(\omega) \tag{4.1.8}$$

利用傅里叶变换的微分性质，可以把微分运算转化为代数运算，从而可以把常微分方程转化为代数方程，把偏微分方程转化为常微分方程。这正是傅里叶变换在微分方程求解中的优点所在。

**性质 5（乘多项式性质）** 设 $xf$ 的傅里叶变换存在，则

$$\mathcal{F}[xf(x)]=\mathrm{i}\frac{\mathrm{d}}{\mathrm{d}\omega}\hat{f}(\omega) \tag{4.1.9}$$

**证明：** 直接计算，得

$$\mathcal{F}[xf(x)]=\int_{-\infty}^{+\infty}xf(x)\mathrm{e}^{-\mathrm{i}\omega x}\mathrm{d}x=\mathrm{i}\frac{\mathrm{d}}{\mathrm{d}\omega}\int_{-\infty}^{+\infty}f(x)\mathrm{e}^{-\mathrm{i}\omega x}\mathrm{d}x=\mathrm{i}\frac{\mathrm{d}}{\mathrm{d}\omega}\hat{f}(\omega)$$

证毕。

**性质 6（积分性质）**

$$\mathcal{F}\left[\int_{-\infty}^{x}f(y)\mathrm{d}y\right]=-\frac{\mathrm{i}}{\omega}\hat{f}(\omega) \tag{4.1.10}$$

**性质 7（对称性质）**

$$\mathcal{F}^{-1}[f(x)]=\frac{1}{2\pi}\hat{f}(-\omega) \tag{4.1.11}$$

**定义 4.2** 设函数 $f(x)$ 和 $g(x)$ 是 $(-\infty,+\infty)$ 上定义的函数。如果广义积分 $\int_{-\infty}^{+\infty}f(x-y)g(y)\,\mathrm{d}y$ 对于所有的 $x\in(-\infty,+\infty)$ 都收敛，则称该积分为 $f$ 与 $g$ 的**卷积**。记为

$$(f*g)(x)=\int_{-\infty}^{+\infty}f(x-y)g(y)\,\mathrm{d}y=\int_{-\infty}^{+\infty}f(y)g(x-y)\,\mathrm{d}y \tag{4.1.12}$$

卷积有如下性质：

(1) 交换律：$f*g=g*f$。

(2) 结合率：$f*(g*h)=(f*g)*h$。

(3) 分配率：$f*(g+h)=f*g+f*h$。

**性质 8（卷积性质）**

$$\mathcal{F}[f*g]=\hat{f}\hat{g}\quad 或\quad \mathcal{F}^{-1}[\hat{f}\hat{g}]=f*g \tag{4.1.13}$$

**证明**：由定义，有

$$\begin{aligned}\mathcal{F}[f*g]&=\int_{-\infty}^{+\infty}\left(\int_{-\infty}^{+\infty}f(y)g(x-y)\mathrm{d}y\right)\mathrm{e}^{-\mathrm{i}\omega x}\mathrm{d}x\\&=\int_{-\infty}^{+\infty}f(y)\mathrm{e}^{-\mathrm{i}\omega y}\left(\int_{-\infty}^{+\infty}g(x-y)\mathrm{e}^{-\mathrm{i}\omega(x-y)}\mathrm{d}x\right)\mathrm{d}y\\&=\int_{-\infty}^{+\infty}f(y)\mathrm{e}^{-\mathrm{i}\omega y}\hat{g}(\omega)\mathrm{d}y\\&=\hat{f}(\omega)\hat{g}(\omega)\end{aligned}$$

证毕。

**性质 9（象函数的卷积性质）**

$$\mathcal{F}[fg]=\frac{1}{2\pi}\hat{f}*\hat{g}\quad 或\quad \mathcal{F}^{-1}[\hat{f}*\hat{g}]=2\pi fg \tag{4.1.14}$$

**证明**：由定义，有

$$\begin{aligned}\mathcal{F}[fg]&=\int_{-\infty}^{+\infty}f(x)g(x)\mathrm{e}^{-\mathrm{i}\omega x}\mathrm{d}x\\&=\frac{1}{2\pi}\int_{-\infty}^{+\infty}f(x)\int_{-\infty}^{+\infty}\hat{g}(\xi)\mathrm{e}^{\mathrm{i}\xi x}\mathrm{e}^{-\mathrm{i}\omega x}\mathrm{d}\xi\mathrm{d}x\\&=\frac{1}{2\pi}\int_{-\infty}^{+\infty}\hat{g}(\xi)\int_{-\infty}^{+\infty}f(x)\mathrm{e}^{-\mathrm{i}(\omega-\xi)x}\mathrm{d}x\mathrm{d}\xi\\&=\frac{1}{2\pi}\int_{-\infty}^{+\infty}\hat{g}(\xi)\hat{f}(\omega-\xi)\mathrm{d}\xi\\&=\frac{1}{2\pi}(\hat{g}*\hat{f})(\omega)\end{aligned}$$

证毕。

**性质 10（Parseval 等式）**

$$\int_{-\infty}^{+\infty}|f(x)|^2\mathrm{d}x=\frac{1}{2\pi}\int_{-\infty}^{+\infty}|\hat{f}(\omega)|^2\mathrm{d}\omega$$

**证明**：由卷积性质，有 $f*g=\mathcal{F}^{-1}[\hat{f}\hat{g}]$，即

$$\int_{-\infty}^{+\infty}f(y)g(x-y)\mathrm{d}y=\frac{1}{2\pi}\int_{-\infty}^{+\infty}\hat{f}(\omega)\hat{g}(\omega)\mathrm{e}^{\mathrm{i}\omega x}\mathrm{d}\omega$$

令 $x=0$，得

$$\int_{-\infty}^{+\infty}f(y)g(-y)\mathrm{d}y=\frac{1}{2\pi}\int_{-\infty}^{+\infty}\hat{f}(\omega)\hat{g}(\omega)\mathrm{d}\omega \tag{4.1.15}$$

设 $g(-x)=\overline{f(x)}$，则

$$\hat{g}(\omega)=\int_{-\infty}^{+\infty}\overline{f(-x)}\mathrm{e}^{-\mathrm{i}\omega x}\mathrm{d}\omega=\int_{-\infty}^{+\infty}\overline{f(y)}\mathrm{e}^{\mathrm{i}\omega y}\mathrm{d}\omega=\overline{\hat{f}(\omega)}$$

因此，由式(4.1.15)得

$$\int_{-\infty}^{+\infty}|f(x)|^2\,\mathrm{d}x=\frac{1}{2\pi}\int_{-\infty}^{+\infty}\overline{\hat{f}(\omega)}\hat{f}(\omega)\mathrm{d}\omega=\frac{1}{2\pi}\int_{-\infty}^{+\infty}|\hat{f}(\omega)|^2\mathrm{d}\omega$$

证毕。

利用傅里叶变换的定义和性质可以计算给定函数的傅里叶变换(逆变换)。为了方便使用，一些常用函数的傅里叶变换和逆变换的结果已被计算出来，制成傅里叶变换表，见附录 C.1。

## 4.2　傅里叶变换的应用

本节介绍用傅里叶变换求解初边值问题的方法，即傅里叶变换法。在以下的例子中，由于不知道未知函数 $u$ 是否满足傅里叶变换及其运算所需的条件，因此所得到的只是形式解。要证明形式解是初边值问题的古典解，还需要初始条件和边界条件满足一定的假设。与前几章的分析类似，总假设形式解即是古典解，而略去其中的证明。

### 4.2.1　一维热传导方程的初值问题

【例 4-2】 求解下列一维热传导方程的初值问题：

$$\begin{cases}\dfrac{\partial u}{\partial t}-a^2\dfrac{\partial^2 u}{\partial x^2}=0 & (-\infty<x<+\infty, t>0)\\ u|_{t=0}=\varphi(x)\end{cases} \tag{4.2.1}$$

**解**：对问题式(4.2.1)中的方程和初始条件关于 $x$ 作傅里叶变换，记 $\hat{u}(\omega,t)=\mathcal{F}[u]$、$\hat{\varphi}(\omega)=\mathcal{F}[\varphi]$。利用傅里叶变换的微分性质，有

$$\begin{cases}\dfrac{\mathrm{d}\hat{u}}{\mathrm{d}t}+a^2\omega^2\hat{u}=0, & (t>0)\\ \hat{u}|_{t=0}=\hat{\varphi}\end{cases} \tag{4.2.2}$$

求解以上带参数 $\omega$ 的常微分方程，得

$$\hat{u}(\omega,t)=\hat{\varphi}(\omega)\mathrm{e}^{-a^2\omega^2 t} \tag{4.2.3}$$

对式(4.2.3)作傅里叶逆变换，并运用卷积性质，得

$$\begin{aligned}u(x,t)&=\mathcal{F}^{-1}[\hat{\varphi}(\omega)\mathrm{e}^{-a^2\omega^2 t}]\\&=\varphi*\mathcal{F}^{-1}[\mathrm{e}^{-a^2\omega^2 t}]\\&=\frac{1}{2a\sqrt{\pi t}}\int_{-\infty}^{+\infty}\varphi(y)\exp\left(-\frac{(x-y)^2}{4a^2 t}\right)\mathrm{d}y\end{aligned} \tag{4.2.4}$$

若记

$$G(x,t)=\frac{1}{2a\sqrt{\pi t}}\exp\left(-\frac{x^2}{4a^2 t}\right)$$

则初值问题式(4.2.1)的解可以写为

$$u(x,t)=\int_{-\infty}^{+\infty}\varphi(y)G(x-y,t)\mathrm{d}y$$

函数 $G(x,t)$称为**热核**，也称为一维热传导方程初值问题的**基本解**。

作为例子，在式(4.2.1)中取 $a=2$，初始温度 $\varphi(x)=\begin{cases}1 & (0\leqslant x\leqslant 1)\\ 0 & (x<0, x>1)\end{cases}$，此时解为

$$u(x,t)=\int_0^1 \frac{1}{4\sqrt{\pi t}}\mathrm{e}^{\frac{-(x-y)^2}{16t}}\mathrm{d}y$$

用 MATLAB 画出 $-10\leqslant x\leqslant 10$、$0\leqslant t\leqslant 1$、$0\leqslant u\leqslant 100$ 范围内温度随时间与空间变化的二维图像，如图 4.1 所示，瀑布图表示了温度随时间与空间的变化规律。从图中可以看到，在开始时，温度分布是原点附近的一个脉冲状的分布，随着时间的增加，热量向两边传播，形成一个平缓的波包，如果时间足够长，最终杆上的温度会全部为零。

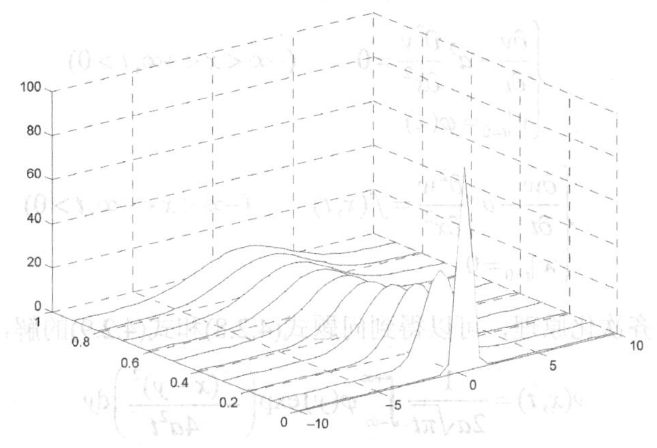


图 4.1　温度随时间与空间变化的瀑布图

**定理 4.2**　如果函数 $\varphi(x)$ 在 $(-\infty,+\infty)$ 上连续且有界，则由式(4.2.4)给出的函数 $u(x,t)$ 是初值问题(4.2.1)的古典解，且当 $t>0$ 时，$u(x,t)$ 关于 $x$、$t$ 无穷次连续可微。

由此可见，用傅里叶变换求解无界区域上的线性定解问题时，先作傅里叶变换，得到象函数满足的常微分方程，解出象函数，再作傅里叶逆变换，得到定解问题的解。

**【例 4-3】**　求解下列无限长杆上的热传导问题：

$$\begin{cases}\dfrac{\partial u}{\partial t}-a^2\dfrac{\partial^2 u}{\partial x^2}=f(x,t) & (-\infty<x<+\infty, t>0)\\ u|_{t=0}=\varphi(x)\end{cases}\tag{4.2.5}$$

**解：** 方法一：用傅里叶变换。记 $\hat{u}(\omega,t)=\mathcal{F}[u]$、$\hat{f}(\omega,t)=\mathcal{F}[f]$、$\hat{\varphi}(\omega)=\mathcal{F}[\omega]$。对问题式(4.2.5)中的方程和初始条件关于 $x$ 作傅里叶变换，得到一个以 $\omega$ 为参数的常微分方程的初值问题

$$\begin{cases}\dfrac{\mathrm{d}\hat{u}}{\mathrm{d}t}+a^2\omega^2\hat{u}=\hat{f} & (t>0)\\ \hat{u}|_{t=0}=\hat{\varphi}\end{cases}\tag{4.2.6}$$

其解为

$$\hat{u}(\omega,t)=\hat{\varphi}(\omega)\mathrm{e}^{-a^2\omega^2 t}+\int_0^t \hat{f}(\omega,\tau)\mathrm{e}^{-a^2\omega^2(t-\tau)}\mathrm{d}\tau$$

作傅里叶逆变换，得到

$$
\begin{aligned}
u(x,t) &= \mathcal{F}^{-1}[\hat{\varphi}(\omega)\mathrm{e}^{-a^2\omega^2 t}] + \mathcal{F}^{-1}\left[\int_0^t \hat{f}(\omega,\tau)\mathrm{e}^{-a^2\omega^2(t-\tau)}\mathrm{d}\tau\right] \\
&= \mathcal{F}^{-1}[\hat{\varphi}(\omega)] * \mathcal{F}^{-1}[\mathrm{e}^{-a^2\omega^2 t}] + \int_0^t \mathcal{F}^{-1}[\hat{f}(\omega,\tau)] * \mathcal{F}^{-1}[\mathrm{e}^{-a^2\omega^2(t-\tau)}]\mathrm{d}\tau \\
&= \frac{1}{2a\sqrt{\pi t}}\int_{-\infty}^{+\infty}\varphi(y)\exp\left(-\frac{(x-y)^2}{4a^2 t}\right)\mathrm{d}y + \\
&\int_0^t\int_{-\infty}^{+\infty}\frac{f(y,\tau)}{2a\sqrt{\pi(t-\tau)}}\exp\left(-\frac{(x-y)^2}{4a^2(t-\tau)}\right)\mathrm{d}y\mathrm{d}\tau
\end{aligned}
\tag{4.2.7}
$$

方法二：用叠加原理。将初值问题式(4.2.5)分解为以下两个问题：

$$
\begin{cases}
\dfrac{\partial v}{\partial t} - a^2\dfrac{\partial^2 v}{\partial x^2} = 0 & (-\infty < x < +\infty, t > 0) \\
v|_{t=0} = \varphi(x)
\end{cases}
\tag{4.2.8}
$$

$$
\begin{cases}
\dfrac{\partial w}{\partial t} - a^2\dfrac{\partial^2 w}{\partial x^2} = f(x,t) & (-\infty < x < +\infty, t > 0) \\
w|_{t=0} = 0
\end{cases}
\tag{4.2.9}
$$

利用例 4-2 的结论和齐次化原理，可以得到问题式(4.2.8)和式(4.2.9)的解，分别为

$$
v(x,t) = \frac{1}{2a\sqrt{\pi t}}\int_{-\infty}^{+\infty}\varphi(y)\exp\left(-\frac{(x-y)^2}{4a^2 t}\right)\mathrm{d}y
$$

$$
w(x,t) = \int_0^t\int_{-\infty}^{+\infty}\frac{f(y,\tau)}{2a\sqrt{\pi(t-\tau)}}\exp\left(-\frac{(x-y)^2}{4a^2(t-\tau)}\right)\mathrm{d}y\mathrm{d}\tau
$$

再由叠加原理可得初值问题式(4.2.5)的解

$$
u(x,t) = v(x,t) + w(x,t)
$$

**定理 4.3**　如果函数 $\varphi(x)$ 在 $(-\infty,+\infty)$ 上连续且有界，$f(x,t)$ 在 $(-\infty,+\infty)\times(0,+\infty)$ 上连续且有界。则由式(4.2.7)给出的函数 $u(x,t)$ 是初值问题式(4.2.5)的古典解。

由上例可见，当方程中出现非齐次项时，仍然可以用傅里叶变换求解。与求解齐次问题的不同之处在于象函数所满足的是带参数的非齐次常微分方程。同样地，求解过程中并不需要求出 $\varphi(x)$、$f(x,t)$ 的象函数。

## 4.2.2　一维波动方程的初值问题

**【例 4-4】**　考虑无限长弦的自由振动，并求解初值问题。

$$
\begin{cases}
\dfrac{\partial^2 u}{\partial t^2} - a^2\dfrac{\partial^2 u}{\partial x^2} = 0 & (-\infty < x < +\infty, t > 0) \\
u|_{t=0} = \varphi(x), \left.\dfrac{\partial u}{\partial t}\right|_{t=0} = \psi(x)
\end{cases}
\tag{4.2.10}
$$

**解：** 记 $\hat{u}(\omega,t) = \mathcal{F}[u]$、$\hat{\varphi}(\omega) = \mathcal{F}[\varphi]$、$\hat{\psi}(\omega) = \mathcal{F}[\psi]$。对问题(4.2.10)中的方程和初始条件关于 $x$ 作傅里叶变换，得到一个以 $\omega$ 为参数的常微分方程的初值问题

$$\begin{cases} \dfrac{\mathrm{d}^2\hat{u}}{\mathrm{d}t^2}+a^2\omega^2\hat{u}=0, & (t>0) \\ \hat{u}|_{t=0}=\hat{\varphi}, \left.\dfrac{\mathrm{d}\hat{u}}{\mathrm{d}t}\right|_{t=0}=\hat{\psi} \end{cases}$$

该方程的通解为

$$\hat{u}(\omega,t)=A(\omega)\mathrm{e}^{\mathrm{i}a\omega t}+B(\omega)\mathrm{e}^{-\mathrm{i}a\omega t}$$

代入初始条件，得

$$A(\omega)=\frac{1}{2}\left[\hat{\varphi}(\omega)+\frac{1}{\mathrm{i}a\omega}\hat{\psi}(\omega)\right]$$

$$B(\omega)=\frac{1}{2}\left[\hat{\varphi}(\omega)-\frac{1}{\mathrm{i}a\omega}\hat{\psi}(\omega)\right]$$

将 $A(\omega)$ 和 $B(\omega)$ 代入通解，得

$$\hat{u}(\omega,t)=\frac{1}{2}[\hat{\varphi}(\omega)\mathrm{e}^{\mathrm{i}a\omega t}+\hat{\varphi}(\omega)\mathrm{e}^{-\mathrm{i}a\omega t}]+\frac{1}{2\mathrm{i}a\omega}[\hat{\psi}(\omega)\mathrm{e}^{\mathrm{i}a\omega t}-\hat{\psi}(\omega)\mathrm{e}^{-\mathrm{i}a\omega t}]$$

再作傅里叶逆变换，利用傅里叶变换的位移性质和积分性质，得

$$u(x,t)=\frac{1}{2}[\varphi(x+at)+\varphi(x-at)]+\frac{1}{2a}\int_{x-at}^{x+at}\psi(\xi)\mathrm{d}\xi$$

这正是达朗贝尔公式。

### 4.2.3 二维拉普拉斯方程的边值问题

**【例 4-5】** 求上半平面拉普拉斯方程的解

$$\begin{cases} \dfrac{\partial^2 u}{\partial x^2}+\dfrac{\partial^2 u}{\partial y^2}=0 & (-\infty<x<+\infty, y>0) \\ u|_{y=0}=f(x) \\ \lim\limits_{|x|\to+\infty} u=0 \end{cases} \tag{4.2.11}$$

上述收敛关于 $y$ 在 $(0,+\infty)$ 上是一致的，且当 $y\to+\infty$ 时，$u(x,y)$ 关于 $x$ 在 $R$ 上一致有界。

**解**：记 $\hat{u}(\omega,t)=\mathcal{F}[u], \hat{f}(\omega)=\mathcal{F}[f]$。对问题式(4.2.11)中的方程和边界条件关于 $x$ 作傅里叶变换，得

$$\begin{cases} \dfrac{\mathrm{d}^2\hat{u}}{\mathrm{d}y^2}-\omega^2\hat{u}=0 & (y>0) \\ \hat{u}|_{y=0}=\hat{f}(\omega) \end{cases}$$

其通解是

$$\hat{u}(\omega,y)=A(\omega)\mathrm{e}^{\omega y}+B(\omega)\mathrm{e}^{-\omega y}$$

因为 $u$ 在 $y\to+\infty$ 时有界，故 $\hat{u}(\omega,y)$ 在 $y\to+\infty$ 时也有界。所以，当 $\omega>0$ 时，$A(\omega)=0$；当

$\omega < 0$ 时，$B(\omega) = 0$。即有

$$\hat{u}(\omega, y) = \begin{cases} \hat{f}(\omega)\mathrm{e}^{-\omega y} & (\omega > 0) \\ \hat{f}(\omega)\mathrm{e}^{\omega y} & (\omega < 0) \end{cases}$$

作傅里叶逆变换，得

$$\begin{aligned} u(x, y) &= \frac{1}{2\pi}\int_{-\infty}^{+\infty} \hat{f}(\omega)\mathrm{e}^{-|\omega|y}\mathrm{e}^{\mathrm{i}\omega x}\mathrm{d}\omega \\ &= \frac{1}{2\pi}\int_{-\infty}^{+\infty}\left[\int_{-\infty}^{+\infty} f(\xi)\mathrm{e}^{-\mathrm{i}\omega\xi}\mathrm{d}\xi\right]\mathrm{e}^{-|\omega|y}\mathrm{e}^{\mathrm{i}\omega x}\mathrm{d}\omega \\ &= \frac{1}{2\pi}\int_{-\infty}^{+\infty} f(\xi)\mathrm{d}\xi\int_{-\infty}^{+\infty}\mathrm{e}^{-\mathrm{i}\omega(x-\xi)-|\omega|y}\mathrm{d}\omega \end{aligned}$$

计算积分，得

$$\int_{-\infty}^{+\infty}\mathrm{e}^{-\mathrm{i}\omega(x-\xi)-|\omega|y}\mathrm{d}\omega = 2\int_{0}^{+\infty}\mathrm{e}^{-\omega y}\cos\omega(\xi - x)\mathrm{d}\omega = \frac{2y}{(\xi - x)^2 + y^2}$$

因此，式(4.2.11)的解为

$$u(x, y) = \frac{1}{\pi}\int_{-\infty}^{+\infty}\frac{y f(\xi)\mathrm{d}\xi}{(\xi - x)^2 + y^2}$$

傅里叶变换方法不但可以用于求解以上三类典型方程，还可以求解其他类型的方程。下面是一个用傅里叶变换方法求解梁方程的例子。

**【例 4-6】** 考虑无界梁的振动问题

$$\begin{cases} \dfrac{\partial^2 u}{\partial t^2} + a^2\dfrac{\partial^4 u}{\partial x^4} = 0 & (-\infty < x < +\infty, t > 0) \\ u|_{t=0} = \varphi(x), \left.\dfrac{\partial u}{\partial t}\right|_{t=0} = 0 \end{cases} \tag{4.2.12}$$

**解**：记 $\hat{u}(\omega, t) = \mathcal{F}[u]$、$\hat{\varphi}(\omega) = \mathcal{F}[\varphi]$，对问题式(4.2.12)中的方程和初始条件关于 $x$ 作傅里叶变换，得到一个以 $\omega$ 为参数的常微分方程的初值问题

$$\begin{cases} \dfrac{\mathrm{d}^2\hat{u}}{\mathrm{d}t^2} + a^2\omega^4\hat{u} = 0 & (t > 0) \\ \hat{u}|_{t=0} = \hat{\varphi}, \left.\dfrac{\mathrm{d}\hat{u}}{\mathrm{d}t}\right|_{t=0} = 0 \end{cases}$$

常微分方程的通解为

$$\hat{u}(\omega, t) = C_1(\omega)\cos\omega^2 at + C_2(\omega)\sin\omega^2 at$$

由初始条件，得 $C_1(\omega) = \hat{\varphi}(\omega)$、$C_2(\omega) = 0$。因此

$$\hat{u}(\omega, t) = \hat{\varphi}(\omega)\cos\omega^2 at$$

由傅里叶变换的对称性质和卷积性质，得

$$u(x,t)=\varphi(x)*\mathcal{F}^{-1}[\cos\omega^2 at]=\frac{1}{2\sqrt{\pi at}}\int_{-\infty}^{+\infty}\varphi(y)\cos\left(\frac{(y-x)^2}{4at}-\frac{\pi}{4}\right)\mathrm{d}y$$

## 4.3　拉普拉斯变换的概念和性质

对函数施行傅里叶变换时，要求函数定义在 $(-\infty,+\infty)$ 上，且绝对可积。这是一个很强的条件，使得傅里叶变换的应用范围受到限制，例如，一般的常数函数、多项式函数等都不满足这个条件。在这一节，将介绍求解偏微分方程常用的另一种积分变换方法——拉普拉斯变换，其定义如下。

**定义 4.3**　设函数 $f(t)$ 定义在 $[0,+\infty)$ 上，对于复数 $\lambda$，如果含参变量 $\lambda$ 的广义积分

$$F(\lambda)=\int_0^{+\infty}f(t)\mathrm{e}^{-\lambda t}\mathrm{d}t$$

收敛，则称该积分为函数 $f(t)$ 的**拉普拉斯变换**，记为 $\mathcal{L}[f(t)]=F(\lambda)$ 或 $\hat{f}(\lambda)=F(\lambda)$。有时，也称 $\hat{f}$ 是 $f$ 的**象函数**。

关于拉普拉斯变换的存在性，有如下定理。

**定理 4.4**　若函数 $f(t)$ 在 $[0,+\infty)$ 上分段连续且不超过指数型增长，即存在常数 $M>0$ 和 $\alpha>0$，使得 $|f(t)|\leqslant M\mathrm{e}^{\alpha t}$，则 $f(t)$ 的拉普拉斯变换对于满足 $\mathrm{Re}\lambda>\alpha$ 的所有 $\lambda$ 都存在。称常数 $\alpha$ 为函数 $f(t)$ 的**增长阶**。

如果 $\mathcal{L}[f(t)]=F(\lambda)$，则称 $f(t)$ 是 $F(\lambda)$ 的**拉普拉斯逆变换**，有时也称 $f(t)$ 是 $F(\lambda)$ 的**象原函数或原函数**。它的形式是

$$f(t)=\frac{1}{2\pi\mathrm{i}}\int_{\sigma-\mathrm{i}\infty}^{\sigma+\mathrm{i}\infty}f(\lambda)\,\mathrm{e}^{\lambda t}\mathrm{d}\lambda$$

这是一个复积分，可以通过复变函数中的留数定理等理论计算。

**【例 4-7】**　求函数 $f(t)=t^n\ (n\geqslant 0)$ 的拉普拉斯变换。

**解**：由拉普拉斯变换的定义，对任意 $\mathrm{Re}\lambda>0$，有

$$\int_0^{+\infty}t^n\mathrm{e}^{-\lambda t}\mathrm{d}t=-\frac{1}{\lambda}\int_0^{+\infty}t^n\mathrm{d}\mathrm{e}^{-\lambda t}=-\frac{1}{\lambda}t^n\mathrm{e}^{-\lambda t}\bigg|_0^{+\infty}+\frac{1}{\lambda}\int_0^{+\infty}\mathrm{e}^{-\lambda t}\mathrm{d}t^n=\frac{n}{\lambda}\int_0^{+\infty}t^{n-1}\mathrm{e}^{-\lambda t}\mathrm{d}t$$

$$=\frac{n(n-1)}{\lambda^2}\int_0^{+\infty}t^{n-2}\mathrm{e}^{-\lambda t}\mathrm{d}t=\cdots=\frac{n!}{\lambda^n}\int_0^{+\infty}\mathrm{e}^{-\lambda t}\mathrm{d}t=\frac{n!}{\lambda^{n+1}}$$

所以，函数 $f(t)=t^n\ (n\geqslant 0)$ 的拉普拉斯变换为 $\dfrac{n!}{\lambda^{n+1}}$。

类似地，还可以计算得到

$$\mathcal{L}[\mathrm{e}^{at}]=\frac{1}{\lambda-a}\qquad(\mathrm{Re}\lambda>\mathrm{Re}a)$$

利用定义，可以计算简单函数的拉普拉斯变换（逆变换），一些函数的拉普拉斯变换可以利用拉普拉斯变换的性质计算。

下面给出拉普拉斯变换及其逆变换的一些基本性质。这些性质的证明思路与 4.1 节中傅里叶变换性质的证明思路类似，请读者自己给出证明。在这一节，我们总假设所讨论函数的拉普拉斯变换（逆变换）存在。

**性质 1（线性性质）** $\mathcal{L}[c_1 f + c_2 g] = c_1\mathcal{L}[f] + c_2\mathcal{L}[g]$，$\mathcal{L}^{-1}[c_1\hat{f} + c_2\hat{g}] = c_1\mathcal{L}^{-1}[\hat{f}] + c_2\mathcal{L}^{-1}[\hat{g}]$，其中 $c_1$、$c_2$ 是任意常数。

**【例 4-8】** 由 $\mathcal{L}[e^{at}] = \dfrac{1}{\lambda - a}(\mathrm{Re}\lambda > \mathrm{Re}a)$ 及 $\sin at = \dfrac{e^{iat} - e^{-iat}}{2i}$、$\cos at = \dfrac{e^{iat} + e^{-iat}}{2}$，利用线性性质，有

$$\mathcal{L}[\cos at] = \frac{\lambda}{\lambda^2 + a^2} \qquad (\mathrm{Re}\lambda > 0)$$

$$\mathcal{L}[\sin at] = \frac{a}{\lambda^2 + a^2} \qquad (\mathrm{Re}\lambda > 0)$$

**性质 2（位移性质）** $\mathcal{L}[e^{at} f(t)] = \hat{f}(\lambda - a) \qquad (\mathrm{Re}\lambda > a)$。

**性质 3（相似性质）** $\mathcal{L}[f(ct)] = \dfrac{1}{c}\hat{f}\left(\dfrac{\lambda}{c}\right) \qquad (c > 0)$。

**性质 4（微分性质）** 若 $f$ 在 $[0, +\infty)$ 上连续且不超过指数增长，$f'$ 在 $[0, +\infty)$ 上分段连续，则 $f'$ 的拉普拉斯变换存在，且对 $\mathrm{Re}\lambda > \alpha$，有 $\mathcal{L}[f'(t)] = \lambda\hat{f}(\lambda) - f(0)$，其中 $\alpha$ 是函数 $f$ 的增长阶。一般地，如果 $f, f', \cdots, f^{(n-1)}$ 在 $[0, +\infty)$ 上连续且不超过指数增长，$f^{(n)}$ 在 $[0, +\infty)$ 上分段连续，则 $f^{(n)}$ 的拉普拉斯变换变换存在，且有

$$\mathcal{L}[f^{(n)}(x)] = \lambda^n\hat{f}(\lambda) - \lambda^{n-1}f(0) - \lambda^{n-2}f'(0) - \cdots - \lambda f^{(n-2)}(0) - f^{(n-1)}(0) \qquad (\mathrm{Re}\lambda > \alpha)$$

**性质 5（积分性质）** $\mathcal{L}\left[\int_0^t f(\tau)\mathrm{d}\tau\right] = \dfrac{\hat{f}(\lambda)}{\lambda} \qquad (\mathrm{Re}\lambda > \alpha)$。

**性质 6（乘多项式性质）** $\mathcal{L}[t^n f(t)] = (-1)^n \hat{f}^n(\lambda)$。

**性质 7（延迟性质）** $\mathcal{L}[f(t-a)H(t-a)] = e^{-a\lambda}\hat{f}(\lambda)$，其中 $H(t-a)$ 是以下所定义的阶梯函数

$$H(t-a) = \begin{cases} 0 & (t < a) \\ 1 & (t \geqslant a) \end{cases}$$

**性质 8（初值定理）** 若 $f(t)$ 在 $t \geqslant 0$ 时可微，且 $\mathcal{L}(f')$ 存在，$f(0+) = \lim\limits_{\lambda\to+\infty} \lambda\hat{f}(\lambda)$。

**性质 9（终值定理）** 若 $f(t)$ 在 $t \geqslant 0$ 时可微，且 $\mathcal{L}(f')$ 存在，$f(+\infty) = \lim\limits_{\lambda\to 0} \lambda\hat{f}(\lambda)$

**性质 10（卷积性质）**

$$\mathcal{L}[f * g] = \hat{f}\hat{g} \qquad \text{或} \qquad f * g = \mathcal{L}^{-1}[\hat{f}\hat{g}]$$

**【例 4-9】** 求拉普拉斯逆变换 $\mathcal{L}^{-1}\left[\dfrac{1}{\lambda^2(1+\lambda)^2}\right]$。

**解**：令 $f(t)=t$、$g(t)=t\mathrm{e}^{-t}$。由拉普拉斯变换表，可知

$$\mathcal{L}[f]=\frac{1}{\lambda^2},\qquad \mathcal{L}[g]=\frac{1}{(1+\lambda)^2}$$

则由拉普拉斯变换的卷积性质，得

$$\begin{aligned}\mathcal{L}^{-1}\left[\frac{1}{\lambda^2(1+\lambda)^2}\right]&=\mathcal{L}^{-1}[\hat{f}\hat{g}]\\&=(f*g)(t)\\&=\int_0^t(t-s)s\mathrm{e}^{-s}\mathrm{d}s\\&=(t+2)\mathrm{e}^{-t}+t-2\end{aligned}$$

与傅里叶变换类似，常用函数的拉普拉斯变换和逆变换的结果已被计算出来，制成拉普拉斯变换简表，见附录 C.2。

## 4.4 拉普拉斯变换的应用

本节将借助几个例子来介绍拉普拉斯变换的应用。

**【例 4-10】** 求解常微分方程的初值问题

$$\begin{cases}u''(t)+2u'(t)-3u(t)=\mathrm{e}^{-t} & (t>0)\\u(0)=0,u'(0)=1\end{cases}$$

**解**：对方程作关于 $t$ 的拉普拉斯变换。取 $\lambda>0$，记 $\hat{u}(\lambda)=\mathcal{L}[u(t)]$，得

$$\lambda^2\hat{u}(\lambda)-1+2\lambda\hat{u}(\lambda)-3\hat{u}(\lambda)=\frac{1}{\lambda+1}$$

因此

$$\hat{u}(\lambda)=\frac{3}{8}\frac{1}{\lambda-1}-\frac{1}{4}\frac{1}{\lambda+1}-\frac{1}{8}\frac{1}{\lambda+3}$$

对 $\lambda$ 作逆拉普拉斯变换，得

$$u(t)=\frac{3}{8}\mathrm{e}^{t}-\frac{1}{4}\mathrm{e}^{-t}-\frac{1}{8}\mathrm{e}^{-3t}$$

拉普拉斯变换既适应于解常微分方程，也适应于解偏微分方程。以下是几个运用拉普拉斯变换解偏微分方程的例子。

**【例 4-11】** 求解半直线上热传导方程的定解问题

$$\begin{cases}\dfrac{\partial u}{\partial t}-a^2\dfrac{\partial^2 u}{\partial x^2}=0 & (x>0,t>0)\\u\big|_{t=0}=0\\u\big|_{x=0}=f(t)\end{cases}\tag{4.4.1}$$

**解**：因为 $x$、$t$ 都在 $[0,+\infty)$ 内变化，所以用拉普拉斯变换来求解。注意到方程中的未知函数 $u$ 关于 $t$ 是一阶导数，关于 $x$ 是二阶导数，初边值条件中没有给出 $u_x\big|_{x=0}$ 的值，所以只能关于 $t$

作拉普拉斯变换。取$\lambda > 0$，记$\hat{u}(x,\lambda)=\mathcal{L}[u]$、$\hat{f}(\lambda)=\mathcal{L}[f]$。对于方程和边值条件关于$t$作拉普拉斯变换，得

$$\begin{cases} \lambda\hat{u} - a^2\dfrac{\mathrm{d}^2\hat{u}}{\mathrm{d}x^2} = 0 & (x>0) \\ \hat{u}|_{t=0} = \hat{f} \end{cases}$$

把$\lambda$看成参数，方程的通解是

$$\hat{u}(x,\lambda) = C_1(\lambda)\mathrm{e}^{\frac{\sqrt{\lambda}}{a}x} + C_2(\lambda)\mathrm{e}^{-\frac{\sqrt{\lambda}}{a}x}$$

由问题的实际意义，对于每个$t>0$，增加自然边界条件$\lim\limits_{x\to+\infty}|u(x,t)|<+\infty$，从而$\hat{u}$也有界，故$C_1(\lambda)=0$。再由$\hat{u}(x,0)=\hat{f}(\lambda)$，得到$C_2(\lambda)=\hat{f}(\lambda)$。因此

$$\hat{u}(x,\lambda) = \hat{f}(\lambda)\mathrm{e}^{-\frac{\sqrt{\lambda}}{a}x}$$

对$\lambda$作逆拉普拉斯变换，得

$$u(x,t) = \mathcal{L}^{-1}\left[\hat{f}(\lambda)\mathrm{e}^{-\frac{\sqrt{\lambda}}{a}x}\right] = f * \mathcal{L}^{-1}\left[\mathrm{e}^{-\frac{\sqrt{\lambda}}{a}x}\right]$$

由拉普拉斯变换表，得

$$\mathcal{L}^{-1}\left[\frac{1}{\lambda}\mathrm{e}^{-\frac{\sqrt{\lambda}}{a}x}\right] = \frac{2}{\sqrt{\pi}}\int_{\frac{x}{2a\sqrt{t}}}^{+\infty}\mathrm{e}^{\tau^2}\mathrm{d}\tau$$

利用拉普拉斯变换的微分性质，得

$$\mathcal{L}^{-1}\left[\mathrm{e}^{-\frac{\sqrt{\lambda}}{a}x}\right] = \frac{\mathrm{d}}{\mathrm{d}t}\left(\frac{2}{\sqrt{\pi}}\int_{\frac{x}{2a\sqrt{t}}}^{+\infty}\mathrm{e}^{\tau^2}\mathrm{d}\tau\right) = \frac{x}{2a\sqrt{\pi t^3}}\exp\left(-\frac{x^2}{4a^2t}\right)$$

最后，得

$$u(x,t) = \frac{x}{2a\sqrt{\pi}}\int_0^t \frac{f(\tau)}{(t-\tau)^{\frac{3}{2}}}\exp\left(-\frac{x^2}{4a^2(t-\tau)}\right)\mathrm{d}\tau \tag{4.4.2}$$

**定理 4.5**　若$f$在$[0,+\infty)$上连续且有界，则由式(4.4.2)给出的函数$u(x,t)$是初值问题式(4.4.1)的古典解。

**【例 4-12】**　求解定解问题

$$\begin{cases} \dfrac{\partial^2 u}{\partial x\partial y} = x^2 y & (x>0, y>0) \\ u|_{y=0} = x^2 \\ u|_{x=1} = \cos y \end{cases} \tag{4.4.3}$$

**解**：注意到方程中$u$的自变量$x$、$y$都在$[0,+\infty)$内变化，关于$x$、$y$都是一阶导数，但是定解条件中没有给出$u(0,y)$，所以只能关于$y$作拉普拉斯变换。取$\lambda>0$，记$\hat{u}(x,\lambda)=\mathcal{L}[u]$。对于方程和定解条件作拉普拉斯变换，得

$$\begin{cases}\dfrac{\mathrm{d}}{\mathrm{d}x}\left[\lambda\hat{u}-x^2\right]=\dfrac{x^2}{\lambda^2} & (x>0)\\ \hat{u}\,|_{x=1}=\dfrac{\lambda}{1+\lambda^2}\end{cases}$$

解为

$$\hat{u}(x,\lambda)=\frac{x^3}{3\lambda^3}+\frac{x^2}{\lambda}+\frac{\lambda}{1+\lambda^2}-\frac{1}{3\lambda^3}-\frac{1}{\lambda}$$

对 $\lambda$ 作逆拉普拉斯变换，得

$$u(x,y)=\frac{1}{6}x^3y^2+x^2+\cos y-\frac{1}{6}y^2-1$$

**【例 4-13】** 求解定解问题

$$\begin{cases}\dfrac{\partial^2 u}{\partial t^2}-\dfrac{\partial^2 u}{\partial x^2}=0 & (0<x<1,t>0)\\ u\,|_{x=0}=0,u\,|_{x=1}=0\\ u\big|_{t=0}=\sin\pi x,\ \dfrac{\partial u}{\partial t}\Big|_{t=0}=-\sin\pi x\end{cases}\tag{4.4.4}$$

**解**：对方程及边界条件关于 $t$ 作拉普拉斯变换，记 $\hat{u}(x,\lambda)=\mathcal{L}[u]$

$$\begin{cases}\dfrac{\mathrm{d}^2\hat{u}}{\mathrm{d}x^2}-\lambda^2\hat{u}-(1-\lambda)\sin\pi x=0 & (0<x<1)\\ \hat{u}\,|_{x=0}=0\\ \hat{u}\,|_{x=1}=0\end{cases}$$

以上常微分方程的通解为

$$\hat{u}(x,\lambda)=C_1(\lambda)\mathrm{e}^{\lambda x}+C_2(\lambda)\mathrm{e}^{-\lambda x}+\frac{(\lambda-1)\sin\pi x}{\lambda^2+\pi^2}$$

由边界条件，得 $C_1(\lambda)=C_2(\lambda)=0$。从而

$$\hat{u}(x,\lambda)=\frac{(\lambda-1)\sin\pi x}{\lambda^2+\pi^2}$$

作逆拉普拉斯变换，得式(4.4.4)的解

$$u(x,t)=\mathcal{L}^{-1}\left[\frac{(\lambda-1)\sin\pi x}{\lambda^2+\pi^2}\right]=\sin\pi x(\cos\pi t-\pi^{-1}\sin\pi t)$$

**【例 4-14】** 求解定解问题

$$\begin{cases}\dfrac{\partial u}{\partial t}+x\dfrac{\partial u}{\partial x}=x & (x>0,t>0)\\ u\,|_{x=0}=0\\ u\big|_{t=0}=0\end{cases}\tag{4.4.5}$$

**解**：记 $\hat{u}(x,\lambda)=\mathcal{L}[u]$。对 $t$ 作拉普拉斯变换，得

$$\begin{cases}\dfrac{\mathrm{d}\hat{u}}{\mathrm{d}x}+\dfrac{\lambda}{x}\hat{u}=\dfrac{1}{\lambda}\\ \hat{u}\,|_{x=0}=0\end{cases}$$

常微分方程的通解为

$$\hat{u}(x,\lambda)=\frac{C(\lambda)}{x^{\lambda}}+\frac{x}{\lambda(\lambda+1)}$$

其中，$C(\lambda)$ 是积分常数。由 $\hat{u}\,|_{x=0}=0$，得 $C(\lambda)=0$。因此，作逆拉普拉斯变换得到问题式(4.4.5)的解

$$u(x,\lambda)=\mathcal{L}^{-1}\left[\frac{x}{\lambda(\lambda+1)}\right]=x\mathcal{L}^{-1}\left[\frac{1}{\lambda}\right]-x\mathcal{L}^{-1}\left[\frac{1}{\lambda+1}\right]=x(1-\mathrm{e}^{-t})$$

对于问题式(4.4.5)，还可以关于变量 $x$ 作拉普拉斯变换，但是所得的一阶常微分方程不易求解。读者不妨一试。

**【例 4-15】** 求解定解问题

$$\begin{cases}\dfrac{\partial^2 u}{\partial t^2}-\dfrac{\partial^2 u}{\partial x^2}=0 & (0<x<l,t>0)\\ u\,|_{x=0}=0,u\,|_{x=l}=\sin at \\ u\Big|_{t=0}=0,\ \dfrac{\partial u}{\partial t}\Big|_{t=0}=0\end{cases}\tag{4.4.6}$$

**解**：记 $\hat{u}(x,\lambda)=\mathcal{L}[u]$。对式(4.4.6)中的方程和边界条件两边关于 $t$ 作拉普拉斯变换，并利用初值条件，得

$$\begin{cases}\dfrac{\mathrm{d}^2\hat{u}}{\mathrm{d}x^2}-\lambda^2\hat{u}=0 & (0<x<l)\\ \hat{u}\,|_{x=0}=0,\ \dfrac{\mathrm{d}\hat{u}}{\mathrm{d}x}\Big|_{x=l}=\dfrac{a}{\lambda^2+a^2}\end{cases}$$

方程的通解为

$$\hat{u}(x,\lambda)=A\sinh\lambda x+B\cosh\lambda x$$

其中，$A$、$B$ 是任意的常数。由边界条件，得

$$A=\frac{a}{\lambda(\lambda^2+a^2)\cosh\lambda l},\qquad B=0$$

因此

$$\hat{u}(x,\lambda)=\frac{a\sinh\lambda x}{\lambda(\lambda^2+a^2)\cosh\lambda l}\tag{4.4.7}$$

对式(4.4.7)作逆拉普拉斯变换，即得到原问题的解。

$$u(x,t)=\mathcal{L}^{-1}[\hat{u}(x,\lambda)]=\frac{1}{2\pi \mathrm{i}}\int_{\beta-\mathrm{i}\infty}^{\beta+\mathrm{i}\infty}\mathrm{e}^{\lambda t}\frac{a\sinh\lambda x}{\lambda(\lambda^2+a^2)\cosh\lambda l}\mathrm{d}\lambda$$

由留数定理，得

$$u(x,t)=\sum\mathrm{Res}\left[\mathrm{e}^{\lambda t}\frac{a\sinh\lambda x}{\lambda(\lambda^2+a^2)\cosh\lambda l}\right]$$

其中，$\sum\mathrm{Res}[\cdot]$ 表示对方括号内函数的所有孤立奇点的留数求和。此处奇点是使

$$\lambda(\lambda^2+a^2)\cosh\lambda l=0$$

的点，这些点是

$$\lambda=0,\pm\mathrm{i}a,\pm\mathrm{i}\lambda_n$$

其中

$$\lambda_n=\frac{(2n-1)\pi}{2l}\qquad(n=1,2,3,\cdots)$$

注意到 $\lambda=0$ 是可去极点，其余极点都是一阶的，所以

$$u(x,t)=u_0(x,t)+u_1(x,t)$$

其中

$$u_0(x,t)=\left(\mathrm{Res}_{\lambda=\mathrm{i}a}+\mathrm{Res}_{\lambda=-\mathrm{i}a}\right)\left[\mathrm{e}^{\lambda t}\frac{a\sinh\lambda x}{\lambda(\lambda^2+a^2)\cosh\lambda l}\right]$$
$$=\frac{\sin ax\sin at}{a\cos al}$$
$$u_1(x,t)=\sum_{n=1}^{\infty}\left(\mathrm{Res}_{\lambda=\mathrm{i}\lambda_n}+\mathrm{Res}_{\lambda=-\mathrm{i}\lambda_n}\right)\left[\mathrm{e}^{\lambda t}\frac{a\sinh\lambda x}{\lambda(\lambda^2+a^2)\cosh\lambda l}\right]$$
$$=16al^2\sum_{n=1}^{\infty}\frac{(-1)^{n-1}\sin\lambda_n x\sin\lambda_n t}{(2n-1)\pi[4l^2a^2-(2n-1)^2\pi^2]}$$

从而，得到问题(4.4.6)的解。

由前面的例子可知，利用傅里叶变换或拉普拉斯变换求解定解问题的主要步骤是：

(1) 根据自变量的取值范围及定解条件的具体情况，选择合适的积分变换；

(2) 对方程进行傅里叶变换或拉普拉斯变换，并考虑初值条件或边值条件；

(3) 从变换后的方程中求出象函数；

(4) 对象函数进行逆变换，所得到的原象函数即是原定解问题的解。

# 习　题

1．求函数 $\dfrac{\sin ax}{x}$ 的傅里叶变换，其中 $a$ 是正常数。

2．求解初值问题

$$\begin{cases} \dfrac{\partial u}{\partial t}-\dfrac{\partial^2 u}{\partial x^2}=0 \qquad (-\infty<x<+\infty,t>0) \\ u|_{t=0}=\begin{cases} 0 & (x<0) \\ c & (x\geqslant 0) \end{cases} \end{cases}$$

其中，$c$ 是常数。

3．求定解问题

$$\begin{cases} \dfrac{\partial u}{\partial t}-\dfrac{\partial^2 u}{\partial x^2}-tu=0 \qquad (-\infty<x<+\infty,t>0) \\ u|_{t=0}=\varphi(x) \end{cases}$$

的有界解。

4．用积分变换法求解下列初值问题：

$$\begin{cases} \dfrac{\partial^2 u}{\partial t^2}-a^2\dfrac{\partial^2 u}{\partial x^2}=f(x,t) \qquad (-\infty<x<+\infty,t>0) \\ u|_{t=0}=\varphi(x),\ \left.\dfrac{\partial u}{\partial t}\right|_{t=0}=\psi(x) \end{cases}$$

5．求函数 $\mathrm{e}^{-t}\sin at$ 和 $t^2\mathrm{e}^{-t}$ 的拉普拉斯变换。

6．解常微分方程的初值问题

$$\begin{cases} T''(t)+a^2T(t)=f(t) \\ T(0)=b,\ T'(0)=c \end{cases}$$

7．求解定解问题

$$\begin{cases} \dfrac{\partial^2 u}{\partial t^2}-\dfrac{\partial^2 u}{\partial x^2}=k\sin \pi x \qquad (0<x<1,t>0) \\ u|_{x=0}=0,u|_{x=1}=0 \\ u|_{t=0}=0,\ \left.\dfrac{\partial u}{\partial t}\right|_{t=0}=0 \end{cases}$$

8．用积分变换法求解问题

$$\begin{cases} \dfrac{\partial^2 u}{\partial x\partial y}=y^2 \qquad (x>1,y>0) \\ u(1,y)=1 \\ u(x,0)=x^2 \end{cases}$$

9．用拉普拉斯变换求解微分积分方程的初值问题

$$f'(t)+5\int_0^t \cos 2(t-s)f(s)\mathrm{d}s=10, \qquad f(0)=2$$

# 第 5 章　格林函数法

前面介绍了求解数学物理方程的三种常用的方法——行波法、分离变量法和积分变换法，这一章将介绍拉普拉斯方程的格林函数法，该方法的核心思想就是用边界上的信息表达有界域上拉普拉斯方程边值问题的解。为此，首先介绍拉普拉斯方程边值问题的提法，再利用格林公式讨论拉普拉斯方程解的性质，并且建立拉普拉斯方程解的积分表达式，然后引入第一边值问题的格林函数法，最后用电像法构造一些特殊区域上的格林函数。

## 5.1　拉普拉斯方程边值问题与基本解

### 5.1.1　拉普拉斯方程边值问题

在第 1 章中，已经从无源静电场的电位分布问题推导出了三维拉普拉斯方程

$$\Delta u \equiv \frac{\partial^2 u}{\partial x^2}+\frac{\partial^2 u}{\partial y^2}+\frac{\partial^2 u}{\partial z^2}=0 \tag{5.1.1}$$

它可以描述稳定的温度分布、流体的势等。

**定义 5.1**　如果 $u(x, y, z)$ 在区域 $\Omega$ 内具有二阶连续偏导数，且在 $\Omega$ 内满足拉普拉斯方程，则称 $u(x, y, z)$ 为区域 $\Omega$ 内的**调和函数**。

两个自变量的情形、调和函数的许多性质已经在复变函数中研究过了。这里，以三维调和函数为主进行讨论。

为了在空间的某一区域中确定式(5.1.1)的解，还必须附加一些定解条件。由于拉普拉斯方程与时间 $t$ 无关，所以定解条件中只有边界条件，这种定解问题称为**边值问题**。

式(5.1.1)可以提三种类型的边值问题，应用较多的是如下两种边值问题。

(1) **第一边值问题**　在空间 $(x, y, z)$ 中某一区域 $\Omega$ 的边界 $\Gamma$ 上给定了一个连续函数 $\varphi$，要求这样一个函数 $u(x, y, z)$，它在 $\Omega$ 内是调和函数，在闭区域 $\Omega+\Gamma$ 上连续且满足

$$u|_{\Gamma}=\varphi \tag{5.1.2}$$

第一边值问题也称为**狄利克雷（Dirichlet）问题或简称狄氏问题**。

(2) **第二边值问题**　在某个光滑闭曲面 $\Gamma$ 上给定了一个连续函数 $\varphi$，要求这样一个函数 $u(x, y, z)$，它在 $\Omega$ 内是调和函数，在闭区域 $\Omega+\Gamma$ 上连续，在 $\Gamma$ 上的任一点其法向导数 $\dfrac{\partial u}{\partial \boldsymbol{n}}$ 存在，且满足

$$\left.\frac{\partial u}{\partial \boldsymbol{n}}\right|_{\Gamma}=\varphi \tag{5.1.3}$$

其中，$\boldsymbol{n}$ 为 $\Gamma$ 的外法线方向。第二边值问题也称为**诺伊曼（Neumann）问题**。

以上两个问题都是在边界 $\Gamma$ 上给定某些边界条件，在区域内部求拉普拉斯方程的解，这样的问题称为**内问题**。

在实际中，还会遇到狄氏问题和诺伊曼问题的另一种提法。例如，当确定某物体外部的稳恒温度场时，问题就归结为在区域$\Omega$的外部求调和函数$u$，使其满足边界条件$u|_\Gamma=\varphi$，这里$\Gamma$为$\Omega$的边界，$\varphi$表示物体表面的温度分布。这样的定解问题称为**拉普拉斯方程的狄利克雷外问题**。

由于拉普拉斯方程的外问题是在无穷区域上给出的，为了确定定解问题的解，还需要对其加以一定的限制，通常会要求解在无穷远处的极限为零，即

$$\lim_{r\to\infty}u(x,y,x)=0 \qquad \left(r=\sqrt{x^2+y^2+z^2}\right) \tag{5.1.4}$$

现在确切地叙述拉普拉斯方程外问题的提法。

(3) **狄利克雷外问题** 在某个光滑闭曲面$\Gamma$上给定了一个连续函数$\varphi$，要求这样一个函数$u(x,y,z)$，它在$\Gamma$的外部区域$\Omega'$内是调和函数，在闭区域$\Omega'+\Gamma$上连续，在无穷远处满足式(5.1.4)，且满足

$$u|_\Gamma=\varphi \tag{5.1.5}$$

(4) **诺伊曼外问题** 在某个光滑闭曲面$\Gamma$上给定了一个连续函数$\varphi$，要求这样一个函数$u(x,y,z)$，它在$\Gamma$的外部区域$\Omega'$内是调和函数，在闭区域$\Omega'+\Gamma$上连续，在无穷远处满足式(5.1.4)，在$\Gamma$上的任一点其法向导数$\dfrac{\partial u}{\partial \boldsymbol{n}'}$存在，且满足

$$\left.\frac{\partial u}{\partial \boldsymbol{n}'}\right|_\Gamma=\varphi \tag{5.1.6}$$

其中，$\boldsymbol{n}'$为区域$\Omega'$的外法线方向。

下面重点讨论内问题，所用方法全部可以用于外问题。

### 5.1.2 拉普拉斯方程的基本解

三维拉普拉斯方程(5.1.1)在球坐标下的形式为

$$\frac{1}{r^2}\frac{\partial}{\partial r}\left(r^2\frac{\partial u}{\partial r}\right)+\frac{1}{r^2\sin\theta}\frac{\partial}{\partial\theta}\left(\sin\theta\frac{\partial u}{\partial\theta}\right)+\frac{1}{r^2\sin^2\theta}\frac{\partial^2 u}{\partial\phi^2}=0$$

它的球对称解，即与角度$\theta$、$\phi$无关，仅由$r$确定的解$u=u(r)$是如下常微分方程的解：

$$\frac{1}{r^2}\frac{\partial}{\partial r}\left(r^2\frac{\partial u}{\partial r}\right)=0$$

求解这个方程，得

$$u(r)=\frac{c_1}{r}+c_2$$

其中，$c_1$、$c_2$为常数。取$c_1=1$、$c_2=0$，则得到函数

$$u(r)=\frac{1}{r} \tag{5.1.7}$$

函数$\frac{1}{r}$除点$r=0$外处处满足拉普拉斯方程，称为**三维拉普拉斯方程的基本解**。

函数$\frac{1}{r}$有简单的物理意义：若不计比例因子的话，$u(r)=\frac{1}{r}$与放在坐标原点的点电荷$e$所产生的电场的电势$u=\frac{e}{r}$相同。

## 5.2 格林公式和调和函数的性质

本节利用基本解和格林公式建立拉普拉斯方程解的基本积分公式。

### 5.2.1 格林公式

为了建立拉普拉斯方程解的积分表达式，需要一个重要的工具——格林公式，它是曲面积分中高斯公式的直接推论。

设$\Omega$是$\mathbf{R}^3$中的任一有界区域，边界$\Gamma$分片光滑，$P(x,y,z)$、$Q(x,y,z)$、$R(x,y,z)$是在$\Omega+\Gamma$上连续、在$\Omega$内具有连续的一阶偏导数的任意函数，则有

$$\iiint_{\Omega}\left(\frac{\partial P}{\partial x}+\frac{\partial Q}{\partial y}+\frac{\partial R}{\partial z}\right)\mathrm{d}\Omega=\iint_{\Gamma}[P\cos(\boldsymbol{n},x)+Q\cos(\boldsymbol{n},y)+R\cos(\boldsymbol{n},z)]\mathrm{d}S \tag{5.2.1}$$

其中，$\boldsymbol{n}$为曲面$\Gamma$的外法向量，$(\boldsymbol{n},x)$、$(\boldsymbol{n},y)$、$(\boldsymbol{n},z)$是$\boldsymbol{n}$与坐标轴的夹角，$\mathrm{d}\Omega$、$\mathrm{d}S$分别是$\Omega$和$\Gamma$上的体积微元和面积微元。式(5.2.1)称为**奥-高公式**，该公式体现了函数在区域内部的信息可以由它在边界上的信息所确定的思想。

设函数$u(x,y,z)$和$v(x,y,z)$以及它们的所有一阶偏导数在闭区域$\Omega+\Gamma$上是连续的，它们在$\Omega$内具有连续的二阶偏导数。在式(5.2.1)中取$P=u\frac{\partial v}{\partial x}$、$Q=u\frac{\partial v}{\partial y}$、$R=u\frac{\partial v}{\partial z}$，则

$$\begin{aligned}&\iiint_{\Omega}\left(u\frac{\partial^2 v}{\partial x^2}+u\frac{\partial^2 v}{\partial y^2}+u\frac{\partial^2 v}{\partial z^2}+\frac{\partial u}{\partial x}\frac{\partial v}{\partial x}+\frac{\partial u}{\partial y}\frac{\partial v}{\partial y}+\frac{\partial u}{\partial z}\frac{\partial v}{\partial z}\right)\mathrm{d}\Omega\\&=\iint_{\Gamma}u\left[\frac{\partial v}{\partial x}\cos(\boldsymbol{n},x)+\frac{\partial v}{\partial y}\cos(\boldsymbol{n},y)+\frac{\partial v}{\partial z}\cos(\boldsymbol{n},z)\right]\mathrm{d}S\end{aligned}$$

即

$$\iiint_{\Omega}u\Delta v\mathrm{d}\Omega=\iint_{\Gamma}u\frac{\partial v}{\partial \boldsymbol{n}}\mathrm{d}S-\iiint_{\Omega}\left(\frac{\partial u}{\partial x}\frac{\partial v}{\partial x}+\frac{\partial u}{\partial y}\frac{\partial v}{\partial y}+\frac{\partial u}{\partial z}\frac{\partial v}{\partial z}\right)\mathrm{d}\Omega \tag{5.2.2}$$

式(5.2.2)称为**第一格林公式**。

在式(5.2.2)中将$u$、$v$交换位置，得

$$\iiint_{\Omega}v\Delta u\mathrm{d}\Omega=\iint_{\Gamma}v\frac{\partial u}{\partial \boldsymbol{n}}\mathrm{d}S-\iiint_{\Omega}\left(\frac{\partial u}{\partial x}\frac{\partial v}{\partial x}+\frac{\partial u}{\partial y}\frac{\partial v}{\partial y}+\frac{\partial u}{\partial z}\frac{\partial v}{\partial z}\right)\mathrm{d}\Omega$$

上式与式(5.2.2)相减，得

$$\iiint_\Omega (u\Delta v - v\Delta u)\mathrm{d}\Omega = \iint_\Gamma \left(u\frac{\partial v}{\partial \boldsymbol{n}} - v\frac{\partial u}{\partial \boldsymbol{n}}\right)\mathrm{d}S \tag{5.2.3}$$

式(5.2.3)称为第二格林公式。

## 5.2.2 调和函数的性质

利用格林公式，可以得到调和函数的一些重要性质。

### 1. 调和函数的积分表达式

所谓调和函数的积分表达式，就是用调和函数及其在区域边界Γ上的法向导数沿Γ的积分来表达调和函数在Ω内任一点的值。现在利用第二格林公式来导出调和函数的积分表达式。

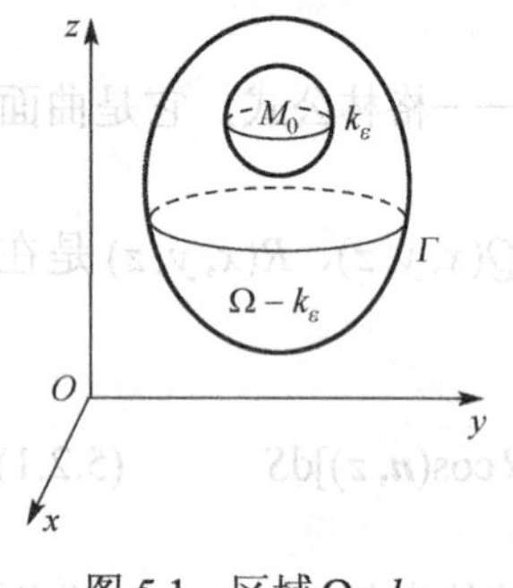


图 5.1 区域$\Omega-k_\varepsilon$

设$M_0(x_0, y_0, z_0)$是Ω内某一固定点，$u(M)$是一个调和函数，取

$$v(M) = \frac{1}{r_{MM_0}} = \frac{1}{\sqrt{(x-x_0)^2+(y-y_0)^2+(z-z_0)^2}} \tag{5.2.4}$$

显然，函数$v(M)$在区域Ω内有奇点$M_0$，不满足第二格林公式的条件，因此在区域Ω上不能直接应用式(5.2.3)。以$M_0$为球心，充分小的数$\varepsilon$为半径作球面$\Gamma_\varepsilon$，将球面$\Gamma_\varepsilon$所围成的球体$k_\varepsilon$从Ω内挖去（如图 5.1 所示），在剩下的区域$\Omega-k_\varepsilon$中应用第二格林公式，有

$$\begin{aligned}&\iiint_{\Omega\backslash k_\varepsilon}\left[u(M)\Delta\left(\frac{1}{r_{MM_0}}\right) - \frac{1}{r_{MM_0}}\Delta u(M)\right]\mathrm{d}\Omega_M \\ &= \iint_\Gamma \left[u(M)\frac{\partial}{\partial \boldsymbol{n}}\left(\frac{1}{r_{MM_0}}\right) - \frac{1}{r_{MM_0}}\frac{\partial u(M)}{\partial \boldsymbol{n}}\right]\mathrm{d}S_M + \iint_{\Gamma_\varepsilon}\left[u(M)\frac{\partial}{\partial \boldsymbol{n}}\left(\frac{1}{r_{MM_0}}\right) - \frac{1}{r_{MM_0}}\frac{\partial u(M)}{\partial \boldsymbol{n}}\right]\mathrm{d}S_M\end{aligned} \tag{5.2.5}$$

因在$\Omega-k_\varepsilon$上$\Delta\left(\dfrac{1}{r_{MM_0}}\right)=0$、$\Delta u(M)=0$，故

$$\iint_\Gamma \left[u(M)\frac{\partial}{\partial \boldsymbol{n}}\left(\frac{1}{r_{MM_0}}\right) - \frac{1}{r_{MM_0}}\frac{\partial u(M)}{\partial \boldsymbol{n}}\right]\mathrm{d}S_M + \iint_{\Gamma_\varepsilon}\left[u(M)\frac{\partial}{\partial \boldsymbol{n}}\left(\frac{1}{r_{MM_0}}\right) - \frac{1}{r_{MM_0}}\frac{\partial u(M)}{\partial \boldsymbol{n}}\right]\mathrm{d}S_M = 0 \tag{5.2.6}$$

而在球面$\Gamma_\varepsilon$上，外法向量$\boldsymbol{n}=-r$，所以

$$\frac{\partial}{\partial \boldsymbol{n}}\left(\frac{1}{r_{MM_0}}\right) = -\frac{\partial}{\partial r}\left(\frac{1}{r}\right) = \frac{1}{\varepsilon^2}$$

因此

$$\iint_{\Gamma_\varepsilon} u(M)\frac{\partial}{\partial}\left(\frac{1}{r_{MM_0}}\right)\mathrm{d}S_M = \frac{1}{\varepsilon^2}\iint_{\Gamma_\varepsilon} u(M)\mathrm{d}S_M = \frac{1}{\varepsilon^2}\overline{u}\cdot 4\pi\varepsilon^2 = 4\pi\overline{u}$$

其中，$\overline{u}$是函数$u$在球面$\Gamma_\varepsilon$上的平均值。同理，可得

$$\iint_{\Gamma_\varepsilon}\frac{1}{r_{MM_0}}\frac{\partial u(M)}{\partial \boldsymbol{n}}\mathrm{d}S_M=\frac{1}{\varepsilon}\iint_{\Gamma_\varepsilon}\frac{\partial u(M)}{\partial \boldsymbol{n}}\mathrm{d}S_M=4\pi\varepsilon\overline{\left(\frac{\partial u}{\partial \boldsymbol{n}}\right)}$$

其中，$\overline{\left(\frac{\partial u}{\partial \boldsymbol{n}}\right)}$是函数$\frac{\partial u}{\partial \boldsymbol{n}}$在球面$\Gamma_\varepsilon$上的平均值。将这两个公式代入式(5.2.6)中，得

$$\iint_{\Gamma}\left[u(M)\frac{\partial}{\partial \boldsymbol{n}}\left(\frac{1}{r_{MM_0}}\right)-\frac{1}{r_{MM_0}}\frac{\partial u(M)}{\partial \boldsymbol{n}}\right]\mathrm{d}S_M+4\pi\bar{u}-4\pi\varepsilon\overline{\left(\frac{\partial u}{\partial \boldsymbol{n}}\right)}=0$$

在上式中令$\varepsilon\to 0$，由于$\lim\limits_{\varepsilon\to 0}\bar{u}=u(M_0)$、$\lim\limits_{\varepsilon\to 0}\varepsilon\overline{\left(\frac{\partial u}{\partial \boldsymbol{n}}\right)}=0$，则

$$u(M_0)=-\frac{1}{4\pi}\iint_{\Gamma}\left[u(M)\frac{\partial}{\partial \boldsymbol{n}}\left(\frac{1}{r_{MM_0}}\right)-\frac{1}{r_{MM_0}}\frac{\partial u(M)}{\partial \boldsymbol{n}}\right]\mathrm{d}S_M \tag{5.2.7}$$

上式称为**调和函数的基本积分公式**，该公式将拉普拉斯方程的解在区域$\Omega$内任一点上的值由其在区域边界的值及法方向导数值表示出来。

### 2. 诺伊曼问题有解的必要条件

设 $u$ 是以$\Gamma$为边界的区域$\Omega$内的调和函数，在$\Omega+\Gamma$上有一阶连续偏导数，在第二格林公式(5.2.3)中取 $u$ 为所给的调和函数，$v\equiv 1$，则有

$$\iint_{\Gamma}\frac{\partial u}{\partial \boldsymbol{n}}\mathrm{d}S=0$$

这意味着，如果 $u$ 是诺伊曼问题的解，则$\varphi$必须满足

$$\iint_{\Gamma}\varphi\,\mathrm{d}S=0 \tag{5.2.8}$$

这是诺伊曼内问题有解的必要条件，事实上，还可以证明式(5.2.8)也是诺伊曼问题有解的充分条件。

### 3. 拉普拉斯方程解的唯一性问题

现在利用格林公式讨论拉普拉斯方程解的唯一性问题。设$u_1$、$u_2$是定解问题的两个解，则它们的差$v=u_1-u_2$必是原问题满足零边界条件的解。即对于区域$\Omega$上的狄氏问题，$v$满足

$$\begin{cases}\Delta v=0 & (\Omega)\\ v|_{\Gamma}=0\end{cases} \tag{5.2.9}$$

对于诺伊曼问题，$v$ 满足

$$\begin{cases}\Delta v=0 & (\Omega)\\ \left.\dfrac{\partial v}{\partial \boldsymbol{n}}\right|_{\Gamma}=0\end{cases} \tag{5.2.10}$$

在第一格林公式(5.2.2)中取$u=v=u_1-u_2$，由$\Delta v=0$，得

$$0=\iint_{\Gamma}v\frac{\partial v}{\partial \boldsymbol{n}}\mathrm{d}S-\iiint_{\Omega}\mathrm{grad}v\cdot\mathrm{grad}v\,\mathrm{d}\Omega$$

由式(5.2.9)和式(5.2.10)，总有

$$\iint_{\Gamma} v\frac{\partial v}{\partial \boldsymbol{n}}\mathrm{d}S = 0$$

从而

$$\iiint_{\Omega} \mathrm{grad}v \cdot \mathrm{grad}v\,\mathrm{d}\Omega = 0$$

因此 $\mathrm{grad}\,v = 0$，即

$$\frac{\partial v}{\partial x} = \frac{\partial v}{\partial y} = \frac{\partial v}{\partial z} = 0$$

所以 $v \equiv C$，其中 $C$ 为常数。特别地，对于狄氏问题，由于 $v|_{\Gamma} = 0$，则 $C=0$，从而 $v = 0$。因此，第一边值问题的解唯一。而第二边值问题的解在相差一个常数的意义下也是唯一的。

**4．平均值公式**

设函数 $u(M)$ 在某区域 $\Omega$ 内是调和函数的，$M_0$ 是 $\Omega$ 内任一点，$k_a$ 表示以 $M_0$ 为球心、$a$ 为半径且完全包含在 $\Omega$ 内部的球面，则成立下列平均值公式：

$$u(M_0) = \frac{1}{4\pi a^2}\iint_{k_a} u\mathrm{d}S \tag{5.2.11}$$

要证明式(5.2.11)，只需将式(5.2.7)应用于球面 $k_a$，即

$$u(M_0) = -\frac{1}{4\pi}\iint_{k_a}\left[u(M)\frac{\partial}{\partial \boldsymbol{n}}\left(\frac{1}{r_{MM_0}}\right) - \frac{1}{r_{MM_0}}\frac{\partial u(M)}{\partial \boldsymbol{n}}\right]\mathrm{d}S_M$$

注意到在 $k_a$ 上，$\dfrac{1}{r_{MM_0}} = \dfrac{1}{a}$、$\dfrac{\partial}{\partial \boldsymbol{n}}\left(\dfrac{1}{r_{MM_0}}\right) = \dfrac{\partial}{\partial r}\left(\dfrac{1}{r_{MM_0}}\right) = -\dfrac{1}{a^2}$，以及

$$\iint_{k_a}\frac{1}{r_{MM_0}}\frac{\partial u(M)}{\partial \boldsymbol{n}}\mathrm{d}S = \frac{1}{a}\iint_{k_a}\frac{\partial u(M)}{\partial \boldsymbol{n}}\mathrm{d}S = 0$$

即得所证。这个公式说明，调和函数在球心的值等于其在球面上的平均值。

对于二维拉普拉斯方程，也有完全类似的结果。在引入二维拉普拉斯方程的基本解 $\ln\dfrac{1}{r_{MM_0}}$ 后，利用二维平面上的格林公式

$$\iint_D (u\Delta v - v\Delta u)\mathrm{d}\sigma = \int_C \left(u\frac{\partial v}{\partial \boldsymbol{n}} - v\frac{\partial u}{\partial \boldsymbol{n}}\right)\mathrm{d}s$$

类似于式(5.2.7)，可以证明：若 $u$ 为二维区域 $D$ 内拉普拉斯方程的解，则在 $D$ 内任一点 $M_0$ 处有

$$u(M_0) = -\frac{1}{2\pi}\int_C\left[u\frac{\partial v}{\partial \boldsymbol{n}}\left(\ln\frac{1}{r_{MM_0}}\right) - \ln\frac{1}{r_{MM_0}}\frac{\partial u}{\partial \boldsymbol{n}}\right]\mathrm{d}s \tag{5.2.12}$$

其中，$C$ 为区域 $D$ 的边界曲线，$\mathrm{d}s$ 是弧微元。该式称为**二维调和函数的积分公式**。

**5．极值原理**

若 $u(x, y, z)$ 在有界区域 $\Omega$ 内为调和函数，在 $\Omega + \Gamma$ 上连续，且不为常数，则其最大值、最小值只能在边界 $\Gamma$ 上达到。

## 5.3　格林函数法

由 5.2 节知，对于在区域$\Omega$内调和、在$\Omega+\Gamma$上具有一阶连续偏导数的函数$u$，有等式

$$u(M_0)=-\frac{1}{4\pi}\iint_{\Gamma}\left[u\frac{\partial}{\partial \boldsymbol{n}}\left(\frac{1}{r_{MM_0}}\right)-\frac{1}{r_{MM_0}}\frac{\partial u}{\partial \boldsymbol{n}}\right]\mathrm{d}S_M \tag{5.3.1}$$

其中，$M_0=(x_0,y_0,z_0)\in\Omega$。

这个公式将拉普拉斯方程的解在区域$\Omega$内任一点上的值由其在区域边界上的值以及法方向导数值表示了出来，这自然使我们想到利用它来求解边值问题，但是它不能直接用来求解边值问题，因为公式同时需要$u$和$\frac{\partial u}{\partial \boldsymbol{n}}$在$\Gamma$上的值。对于狄利克雷问题，$u\big|_\Gamma$是已知的，但$\left.\frac{\partial u}{\partial \boldsymbol{n}}\right|_\Gamma$未知，而且由解的唯一性可知，当给定了$u\big|_\Gamma$后，$\left.\frac{\partial u}{\partial \boldsymbol{n}}\right|_\Gamma$就不能再任意给定；同样，对于诺伊曼问题，只可能知道$\left.\frac{\partial u}{\partial \boldsymbol{n}}\right|_\Gamma$，而不知$u\big|_\Gamma$，所以要想从积分公式(5.3.1)得到狄利克雷问题（或诺伊曼问题）的解，就必须设法消去未知的量$u\big|_\Gamma$（或$\left.\frac{\partial u}{\partial \boldsymbol{n}}\right|_\Gamma$），这就需要引进格林函数的概念。

考虑第一边值问题

$$\begin{cases}\Delta u=0 & (\Omega)\\ u\big|_\Gamma=\varphi\end{cases} \tag{5.3.2}$$

欲使用调和函数的积分公式求解该问题，需设法消去$\left.\frac{\partial u}{\partial \boldsymbol{n}}\right|_\Gamma$项。在第二格林公式中，取$u$、$v$都是调和函数，则

$$0=\iint_{\Gamma}\left(u\frac{\partial v}{\partial \boldsymbol{n}}-v\frac{\partial u}{\partial \boldsymbol{n}}\right)\mathrm{d}S \tag{5.3.3}$$

将式(5.3.3)与积分公式(5.3.1)相加，得

$$u(M_0)=\iint_{\Gamma}\left[u\left(\frac{\partial v}{\partial \boldsymbol{n}}-\frac{1}{4\pi}\frac{\partial}{\partial \boldsymbol{n}}\frac{1}{r_{MM_0}}\right)+\left(\frac{1}{4\pi r_{MM_0}}-v\right)\frac{\partial u}{\partial \boldsymbol{n}}\right]\mathrm{d}S_M \tag{5.3.4}$$

如果选取调和函数$v$，使其满足

$$v\big|_\Gamma=\left.\frac{1}{4\pi r_{MM_0}}\right|_\Gamma \tag{5.3.5}$$

则式(5.3.4)中的项$\left.\frac{\partial u}{\partial \boldsymbol{n}}\right|_\Gamma$就消去了，于是有

$$u(M_0)=-\iint_{\Gamma}u\frac{\partial}{\partial \boldsymbol{n}}\left(\frac{1}{4\pi r_{MM_0}}-v\right)\mathrm{d}S_M \tag{5.3.6}$$

令

$$G(M,M_0)=\frac{1}{4\pi r_{MM_0}}-v \tag{5.3.7}$$

则式(5.3.4)可化为

$$u(M_0)=-\iint_{\Gamma}u\frac{\partial G}{\partial \boldsymbol{n}}\mathrm{d}S_M \tag{5.3.8}$$

$G(M,M_0)$ 被称为**拉普拉斯方程第一边值问题的格林函数**。如果格林函数中的调和函数 $v$ 可以求得，且在 $\Omega+\Gamma$ 上存在一阶连续偏导数，则狄氏问题式(5.3.2)的解就可以表示为

$$u(M_0)=-\iint_{\Gamma}\varphi\frac{\partial G}{\partial \boldsymbol{n}}\mathrm{d}S_M \tag{5.3.9}$$

对于泊松方程的狄氏问题

$$\begin{cases}\Delta u=f & (\Omega)\\ u|_{\Gamma}=\varphi\end{cases} \tag{5.3.10}$$

若存在 $\Omega+\Gamma$ 上一阶连续可微的解，则这个解一定可以表示为

$$u(M_0)=-\iint_{\Gamma}\varphi\frac{\partial G}{\partial \boldsymbol{n}}\mathrm{d}S_M-\iiint_{\Omega}Gf\mathrm{d}\Omega \tag{5.3.11}$$

综上所述，有界区域上拉普拉斯方程（或泊松方程）狄利克雷问题的解可由该区域的格林函数和问题的已知函数 $\varphi$（和 $f$）表示，这种求解方法就称为**格林函数法**。

这样，求解拉普拉斯方程或泊松方程的狄氏问题就转化成求此区域上的格林函数。但是要得到区域 $\Omega$ 上的格林函数，又必须求解一个特殊的狄氏问题

$$\begin{cases}\Delta v=0 & (\Omega)\\ v|_{\Gamma}=\left.\dfrac{1}{4\pi r_{MM_0}}\right|_{\Gamma}\end{cases} \tag{5.3.12}$$

对于一般的区域，要证明这种特殊的狄氏问题解的存在性并求解之，通常和证明这个区域上一般狄氏问题的解的存在性并求解是一样困难的，因此格林函数法并不能有效地解决一般区域上的拉普拉斯方程的狄氏问题。但是，格林函数法仍然非常有意义，这是因为：

(1) 格林函数只依赖与区域，而与边值函数无关，如果求得了某个区域上的格林函数，这个区域上的一切狄利克雷问题解的存在性就得到了解决，且其解都可由积分式(5.3.9)表达；

(2) 对于一些特殊的区域，如球域、半空间等，可以用初等的方法求得其上的格林函数；

(3) 积分式(5.3.9)不仅对问题的求解有意义，在已知狄利克雷问题解存在以后，还可以利用该式对解的性质进行探讨。

下面不加证明地给出拉普拉斯方程第一边值问题格林函数的一些主要的性质。

**性质 1** 格林函数 $G(M,M_0)$ 在区域 $\Omega$ 内除点 $M=M_0$ 外，处处满足方程 $\Delta G=0$，当 $M\to M_0$ 时，$G(M,M_0)\to+\infty$，其阶数与 $\dfrac{1}{r_{MM_0}}$ 相同。

**性质2** 在区域$\Omega$内成立不等式

$$0 < G(M, M_0) < \frac{1}{4\pi r_{MM_0}}$$

**性质3** 格林函数$G(M, M_0)$关于自变量$M$和参量$M_0$具有对称性，即

$$G(M, M_0) = G(M_0, M)$$

**性质4** 格林函数还满足

$$\iint_{\Gamma} \frac{\partial G(M, M_0)}{\partial \boldsymbol{n}} \mathrm{d}S_M = -1$$

拉普拉斯方程第一边值问题的格林函数在静电学中有明显的物理意义。设在点$M_0$放一个单位点电荷，那么它在自由空间所产生的电场的电位为$\frac{1}{4\pi r_{MM_0}}$（这里假设介质的介电系数$\varepsilon_0 = 1$）。如果点$M_0$的点电荷包围在一个封闭的导电面$\Gamma$中，而这个导电面$\Gamma$又是接地的，此时导电面内的电位可用格林函数$G(M, M_0) = \frac{1}{4\pi r_{MM_0}} - v$表示，它在导电面$\Gamma$上恒为零，其中$v$表示的是导电面上感应电荷所产生的电位。所以，格林函数在静电学上表示接地导体内部点$M_0$处的单位正电荷所产生的电场的电位分布。

利用格林函数的对称性，泊松方程第一边值问题的解表示为

$$u(M) = -\iiint_{\Omega} G(M, M_0) f(M_0) \mathrm{d}\Omega_0 - \iint_{\Gamma} \varphi(M_0) \frac{\partial G(M, M_0)}{\partial \boldsymbol{n}} \mathrm{d}S_0 \tag{5.3.13}$$

式(5.3.13)的物理意义更加清楚了，右边第1个积分表示区域$\Omega$中分布的源$f(M_0)$在点$M$产生的场的总和，第2个积分则代表边界上的状况对点$M$的影响的总和。

类似地，对于区域$D$上的二维拉普拉斯方程的狄利克雷问题

$$\begin{cases} \Delta u = 0 & (D) \\ u|_C = \varphi \end{cases}$$

也可以通过引入格林函数得到类似于式(5.3.13)的求解公式。由5.1节知$\ln\frac{1}{r_{MM_0}}$是二维拉普拉斯方程的一个基本解，且若$u$为二维区域$D$内拉普拉斯方程的解，则有如下积分公式：

$$u(M_0) = -\frac{1}{2\pi} \int_C \left[ u \frac{\partial v}{\partial \boldsymbol{n}} \left( \ln\frac{1}{r_{MM_0}} \right) - \ln\frac{1}{r_{MM_0}} \frac{\partial u}{\partial \boldsymbol{n}} \right] \mathrm{d}s \tag{5.3.14}$$

又在二维平面上的格林公式中取$u$为二维调和函数，则

$$0 = \int_C \left( u \frac{\partial v}{\partial \boldsymbol{n}} - v \frac{\partial u}{\partial \boldsymbol{n}} \right) \mathrm{d}s$$

将上式与式(5.3.14)相加，得

$$u(M_0) = \int_C \left[ u \frac{\partial}{\partial \boldsymbol{n}} \left( v - \frac{1}{2\pi} \ln\frac{1}{r_{MM_0}} \right) + \left( v - \frac{1}{2\pi} \ln\frac{1}{r_{MM_0}} \right) \frac{\partial u}{\partial \boldsymbol{n}} \right] \mathrm{d}s$$

引入二维拉普拉斯方程狄利克雷问题的格林函数

$$G(M,M_0)=\frac{1}{2\pi}\ln\frac{1}{r_{MM_0}}-v \tag{5.3.15}$$

其中，$v$ 满足

$$\begin{cases}\Delta v=0 & (D)\\ v\big|_{\Gamma}=\dfrac{1}{2\pi}\ln\dfrac{1}{r_{MM_0}}\Big|_{\Gamma}\end{cases} \tag{5.3.16}$$

则有

$$u(M_0)=-\int_C \varphi\frac{\partial G}{\partial \boldsymbol{n}}\mathrm{d}s \tag{5.3.17}$$

下面用一个例题来说明利用格林函数求解拉普拉斯方程狄利克雷问题的过程。

**【例 5-1】** 求单位圆内拉普拉斯方程的狄利克雷问题

$$\begin{cases}\Delta u=0 & (x^2+y^2<1)\\ u\big|_{x^2+y^2=1}=Axy\end{cases}$$

**解：** 由于求解区域为圆域，故引入极坐标，令

$$\begin{cases}x=r\cos\theta\\ y=r\sin\theta\end{cases},\quad \begin{cases}x_0=r_0\cos\beta\\ y_0=r_0\sin\beta\end{cases}$$

则二维基本解可表示为

$$\ln\frac{1}{r_{MM_0}}=-\frac{1}{2}\ln[r^2+r_0^2-2rr_0\cos(\beta-\theta)]$$

为求得格林函数，还需解定解问题

$$\begin{cases}\Delta v=0 & (r<1)\\ v\big|_{r=1}=\dfrac{1}{2\pi}\ln\dfrac{1}{r_{MM_0}}\Big|_{r=1}\end{cases}$$

对上述问题进行变量分离，并考虑到解的有界性条件 $\lim\limits_{r\to 0}|v(r,\theta)|<\infty$ 与周期条件 $v(r,\theta)=v(r,2\pi+\theta)$，可得方程解为

$$v=\frac{a_0}{2}+\sum_{k=1}^{+\infty}r^k(a_k\cos k\theta+b_k\sin k\theta)$$

其中，$a_0$、$a_k$、$b_k$ $(k=1,\cdots,\infty)$ 为待定系数。由 $v$ 在单位圆周 $C:r=1$ 上满足的边界条件，有

$$\frac{a_0}{2}+\sum_{k=1}^{+\infty}(a_k\cos k\theta+b_k\sin k\theta)=-\frac{1}{4\pi}\ln[1+r_0^2-2r_0\cos(\beta-\theta)]$$

利用恒等式

$$\ln[1+r_0^2-2r_0\cos(\beta-\theta)]=-\sum_{k=1}^{+\infty}\frac{r_0^k\cos k(\beta-\theta)}{k}$$

比较系数，可得

$$a_0=0,\qquad a_k=\frac{r_0^k}{4\pi k}\cos k\beta,\qquad b_k=\frac{r_0^k}{4\pi k}\sin k\beta$$

从而，得

$$v=\frac{1}{4\pi}\sum_{k=1}^{+\infty}\frac{(r_0r)^k}{k}\cos k(\beta-\theta)=-\frac{1}{4\pi}\ln[1+(rr_0)^2-2rr_0\cos(\beta-\theta)]$$

最终，得到单位圆周上的格林函数为

$$G=-\frac{1}{4\pi}\ln[r^2+r_0^2-2rr_0\cos(\beta-\theta)]+\frac{1}{4\pi}\ln[1+(rr_0)^2-2rr_0\cos(\beta-\theta)]$$

为了求得问题的解，计算$\left.\dfrac{\partial G}{\partial \boldsymbol{n}}\right|_{r=1}$，由于在圆周 $r=1$ 上外法线方向就是极径 $r$，故

$$\left.\frac{\partial G}{\partial \boldsymbol{n}}\right|_{r=1}=\left.\frac{\partial G}{\partial r}\right|_{r=1}=-\frac{1}{2\pi}\cdot\frac{1-r_0^2}{1+r_0^2-2r_0\cos(\beta-\theta)}$$

故由式(5.3.17)，得

$$u(r_0,\beta)=-\int_{r=1}\frac{\partial G}{\partial \boldsymbol{n}}\varphi(r,\theta)\mathrm{d}s=\frac{Ar_0^2(1-r_0^2)}{2\pi}\int_0^{2\pi}\frac{1}{1+r_0^2-2r_0\cos(\beta-\theta)}\sin\theta\cos\theta\mathrm{d}\theta$$

以上例子表明，在一些特殊的区域上，可以使用分离变量法求得 $v$，从而得到格林函数。但是，对于很多问题，经分离变量法得到的解往往是无穷级数，使得用积分公式计算拉普拉斯方程边值问题时产生困难。

## 5.4 电 像 法

第一边值问题的格林函数在静电学上表示接地导体Ω内部点 $M_0$ 处的单位正电荷（设介电常数为 1）在Ω内所产生的电位分布。格林函数是两种电位的合成：一是单位点电荷产生的电位，二是由导体表面感应电荷产生电位。

由第一边值问题的格林函数在静电学中的物理意义启示，可以用物理学中的电像法来求之。电像法的基本思想是：用另一些设想的等效点电荷代替所有的感应电荷，从而求得其产生的电位。这些设想的等效点电荷称为 $M_0$ 处点电荷的**电像**。显然，等效点电荷不能位于Ω内，因为感应点电荷在Ω内的场满足拉普拉斯方程。又由于要求 $M_0$ 处的点电荷与等效点电荷所产生的电位在边界上正好抵消，所以，等效点电荷的位置与点 $M_0$ 关于区域边界应该具有某种对称性。确定了等效点电荷的位置，再由条件 $G(M,M_0)|_\Gamma=0$，确定等效点电荷的电量。电像法求格林函的具体步骤可描述如下：

(1) 在区域Ω内任取一点 $M_0$，在点 $M_0$ 放置单位正电荷。

(2) 以区域$\Omega$的边界划分空间为若干个部分，在每个部分内求出点$M_0$关于$\Omega$的所有边界的某种对称点或对称点关于边界的对称点$M_1, M_2, \cdots, M_n$，并在这些点上放置相应的电荷，对于每一次边界的映像，电荷反号，电荷的电量根据使区域边界上的电位为零确定。

(3) 求这些电荷在区域$\Omega$内任一点$M$处产生的电位$V_1(M, M_1), V_2(M, M_2), \cdots, V_n(M, M_n)$，这些电位的正负取决于点$M_1, M_2, \cdots, M_n$上电荷的正负。区域$\Omega$内的格林函数为

$$G(M, M_0) = \frac{1}{4\pi r_{MM_0}} + \sum_{i=1}^{n} V_i(M, M_i)$$

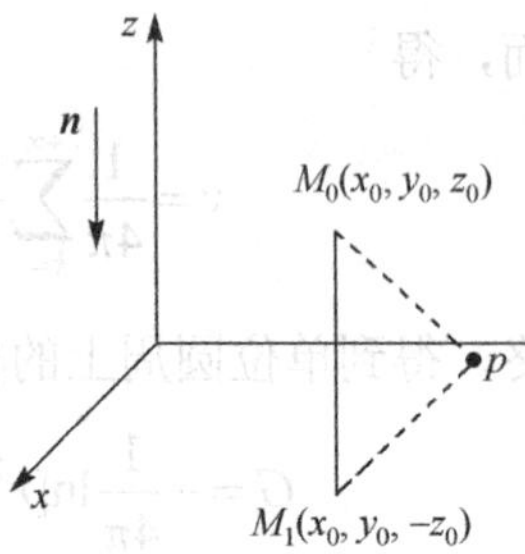

下面讨论用电像法求几种特殊区域上的格林函数，及其上拉普拉斯方程狄利克雷问题的求解。



图 5.2　上半空间的格林函数

**【例 5-2】** 求上半空间$z \geqslant 0$的格林函数及拉普拉斯方程的狄利克雷问题

$$\begin{cases} \Delta u = 0 & (z > 0) \\ u\big|_{z=0} = \varphi(x, y) \end{cases}$$

的解。

**解：**(1) 先求格林函数$G(M, M_0)$。如图 5.2 所示，设$M_0(x_0, y_0, z_0)$为上半空间$z > 0$内的一点，则其关于平面$z = 0$的对称点为$M_1(x_0, y_0, -z_0)$。在点$M_1$置一电量为$q$的负电荷，使得平面$z = 0$为零电位面，即对平面$z = 0$上的任一点$P$

$$\frac{1}{4\pi}\frac{1}{r_{PM_0}} = \frac{1}{4\pi}\frac{q}{r_{PM_1}}$$

由此，可得

$$q = \frac{r_{PM_1}}{r_{PM_0}} = \frac{\sqrt{(x-x_0)^2 + (y-y_0)^2 + (0-z_0)^2}}{\sqrt{(x-x_0)^2 + (y-y_0)^2 + (0+z_0)^2}} = 1$$

容易验证，函数$\dfrac{1}{4\pi r_{MM_1}}$在上半空间$z > 0$内为调和函数，在闭区域$z \geqslant 0$内具有连续的一阶偏导数，因此函数

$$G(M, M_0) = \frac{1}{4\pi r_{MM_0}} - \frac{1}{4\pi r_{MM_1}}$$

$$= \frac{1}{4\pi}\left[\frac{1}{\sqrt{(x-x_0)^2 + (y-y_0)^2 + (z-z_0)^2}} - \frac{1}{\sqrt{(x-x_0)^2 + (y-y_0)^2 + (z+z_0)^2}}\right]$$

为上半空间$z > 0$的格林函数。

(2) 求上半空间狄利克雷问题的解。

由于在边界$z = 0$上，$\dfrac{\partial}{\partial \boldsymbol{n}} = -\dfrac{\partial}{\partial z}$，故

$$\left.\frac{\partial G}{\partial \boldsymbol{n}}\right|_{z=0}=-\left.\frac{\partial G}{\partial z}\right|_{z=0}$$

$$=\frac{1}{4\pi}\left.\left\{\frac{z-z_0}{\left[(x-x_0)^2+(y-y_0)^2+(z-z_0)^2\right]^{\frac{3}{2}}}-\frac{z+z_0}{\left[(x-x_0)^2+(y-y_0)^2+(z+z_0)^2\right]^{\frac{3}{2}}}\right\}\right|_{z=0}$$

$$=-\frac{1}{2\pi}\frac{z_0}{[(x-x_0)^2+(y-y_0)^2+z_0^2]^{\frac{3}{2}}}$$

代入积分公式(5.3.9), 得上半空间 $z>0$ 中狄利克雷问题的解为

$$u(x_0,y_0,z_0)=\frac{z_0}{2\pi}\int_{-\infty}^{+\infty}\int_{-\infty}^{+\infty}\frac{\varphi(x,y)}{[(x-x_0)^2+(y-y_0)^2+z_0^2]^{\frac{3}{2}}}\mathrm{d}x\mathrm{d}y$$

**【例 5-3】** 求球域 $r<a$ 的格林函数及拉普拉斯方程的狄利克雷问题

$$\begin{cases}\Delta u=0 & (r<a)\\ u|_{r=a}=f\end{cases}$$

的解。

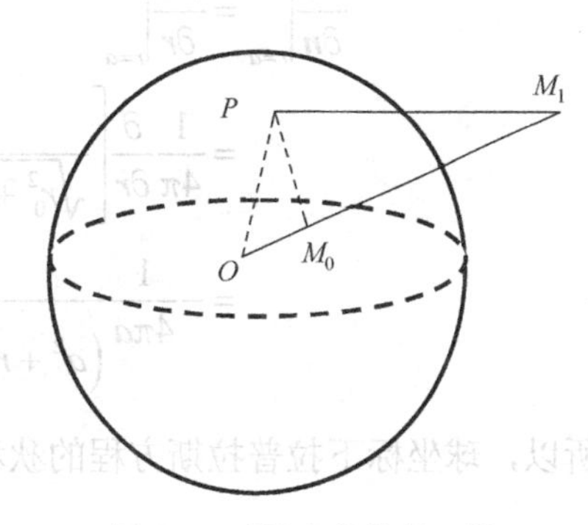


图 5.3　球域上的格林函数

**解**：(1) 设 $M_0$ 为球 $r<a$ 内任一点，连接 $OM_0$ 并延长至 $M_1$，使得 $r_{OM_0}\cdot r_{OM_1}=a^2$，称点 $M_1$ 是 $M_0$ 关于球面 $r=a$ 的**反演点**，如图 5.3 所示。记 $r_{OM_0}=r_0$、$r_{OM_1}=r_1$，则 $r_0\cdot r_1=a^2$。在点 $M_0$ 放置单位正点电荷，在 $M_1$ 放置电量为 $q$ 的负电荷。要适当选择 $q$ 的值，使得这两个电荷产生的电位在球面 $r=a$ 上相互抵消，即

$$\frac{1}{4\pi}\frac{1}{r_{PM_0}}=\frac{1}{4\pi}\frac{q}{r_{PM_1}}$$

其中，$P$ 为球面 $r=a$ 上任一点。由于 $\triangle OM_0P$ 与 $\triangle OM_1P$ 有公共角 $\angle POM_1$，且夹这角的两边成比例 $\frac{r_{OP}}{r_{OM_0}}=\frac{r_{OM_1}}{r_{OP}}=\frac{a}{r_0}$，因此这两个三角形相似，从而

$$\frac{r_{PM_1}}{r_{PM_0}}=\frac{a}{r_0}$$

故

$$q=\frac{a}{r_0}$$

因此，只要在像点 $M_1$ 放置电量为 $\frac{a}{r_0}$ 的负电荷，由它形成的电场的电位 $\frac{a}{4\pi r_0 r_{MM_1}}$ 在球域 $r<a$ 内为调和函数，在闭区域 $r\leqslant a$ 上具有一阶连续偏导数，且满足

$$\left.\frac{1}{4\pi r_{MM_0}}\right|_{r=a}=\left.\frac{a}{4\pi r_0 r_{MM_1}}\right|_{r=a}$$

因此

$$G(M,M_0)=\frac{1}{4\pi}\left(\frac{1}{r_{MM_0}}-\frac{a}{r_0 r_{MM_1}}\right)$$

为球域$r<a$上的格林函数。

设在球坐标系下，点$M_0$的坐标为$(r_0,\theta_0,\phi_0)$，点$M$的坐标为$(r,\theta,\phi)$，则

$$G(M,M_0)=\frac{1}{4\pi}\left[\frac{1}{\sqrt{r^2+r_0^2-2rr_0\cos\beta}}-\frac{a}{\sqrt{a^4+r^2r_0^2-2rr_0a^2\cos\beta}}\right]$$

其中，$r=r_{OM}$，$\beta$为$OM$与$OM_0$的夹角，且

$$\cos\beta=\cos\theta\cos\theta_0+\sin\theta\sin\theta_0\cos(\phi-\phi_0)$$

(2) 利用格林函数求解拉普拉斯方程的狄利克雷问题。首先，计算$\left.\frac{\partial G}{\partial \boldsymbol{n}}\right|_{r=a}$，即

$$\begin{aligned}\left.\frac{\partial G}{\partial \boldsymbol{n}}\right|_{r=a}&=\left.\frac{\partial G}{\partial r}\right|_{r=a}\\&=\frac{1}{4\pi}\frac{\partial}{\partial r}\left[\frac{1}{\sqrt{r_0^2+r^2-2rr_0\cos\beta}}-\frac{a}{\sqrt{a^4+r_0^2r^2-2r_0ra\cos\beta}}\right]_{r=a}\\&=-\frac{1}{4\pi a}\frac{a^2-r_0^2}{\left(a^2+r^2-2ar\cos\beta\right)^{\frac{3}{2}}}\end{aligned}$$

所以，球坐标下拉普拉斯方程的狄利克雷问题的解为

$$\begin{aligned}u(r_0,\theta_0,\phi_0)&=-\iint_{\Gamma}\frac{\partial G(r,\theta,\phi;\ r_0,\theta_0,\phi_0)}{\partial \boldsymbol{n}}f(\theta,\phi)\mathrm{d}S\\&=\frac{a}{4\pi}\int_0^{2\pi}\int_0^{\pi}\frac{(a^2-r_0^2)f(\theta,\phi)\ \sin\theta}{\left(a^2+r_0^2-2ar_0\cos\beta\right)^{\frac{3}{2}}}\mathrm{d}\theta\mathrm{d}\phi\end{aligned}$$

上式称为**球的泊松公式**。

**【例 5-4】** 半平面$y>0$上的格林函数为

$$G(M,M_0)=\frac{1}{2\pi}\left[\ln\frac{1}{\sqrt{(x-x_0)^2+(y-y_0)^2}}-\ln\frac{1}{\sqrt{(x-x_0)^2+(y+y_0)^2}}\right]$$

而其上拉普拉斯方程狄利克雷问题

$$\begin{cases}\Delta u=0 & (y>0)\\ u|_{y=0}=\varphi(x)\end{cases}$$

的解为

$$u(x_0,y_0)=\frac{y_0}{\pi}\int_{-\infty}^{+\infty}\frac{\varphi(x)}{(x-x_0)^2+y_0^2}\mathrm{d}x$$

利用电像法，还可以证明圆域 $r<a$ 上的格林函数为

$$G(M, M_0)=\frac{1}{2\pi}\left[\ln\frac{1}{r_{MM_0}}-\ln\frac{a}{r_0}\frac{1}{r_{MM_1}}\right]$$

其中，$r_0$ 为 $OM_0$ 的长度，$M_1$ 为 $M_0$ 关于圆周 $r=a$ 的反演点。

# 习　题

1．设 $\Omega\subset R^2$ 是以光滑曲面 $L$ 为边界的有界区域，函数 $u(x, y)$ 与 $v(x, y)$ 在 $\Omega\cup L$ 上一阶连续可微，在 $\Omega$ 内有二阶连续偏导数，试证明：

(1) $\int_L u\frac{\partial v}{\partial \boldsymbol{n}}\mathrm{d}s=\iint_\Omega u\Delta v\mathrm{d}\sigma+\iint_\Omega\left(\frac{\partial u}{\partial x}\frac{\partial v}{\partial x}+\frac{\partial u}{\partial y}\frac{\partial v}{\partial y}\right)\mathrm{d}\sigma$；

(2) $\int_L\left(u\frac{\partial v}{\partial \boldsymbol{n}}-v\frac{\partial u}{\partial \boldsymbol{n}}\right)\mathrm{d}s=\iint_\Omega(u\Delta v-v\Delta u)\mathrm{d}\sigma$。

2．验证 $u=\ln\frac{1}{r}$ 是二维拉普拉斯方程的解，其中 $r=\sqrt{(x-x_0)^2+(y-y_0)^2}$。

3．试证明二维区域 $\Omega$ 内拉普拉斯方程的解有如下积分表达式：

$$u(M_0)=\frac{1}{2\pi}\int_L\left[\ln\frac{1}{r}\frac{\partial u}{\partial \boldsymbol{n}}-u\frac{\partial}{\partial \boldsymbol{n}}\left(\ln\frac{1}{r}\right)\right]\mathrm{d}s$$

其中，$L$ 为 $\Omega$ 的边界，$M_0$ 为 $\Omega$ 中任意一点，

4．试定义二维拉普拉斯方程边值问题的格林函数，并利用其导出平面上狄利克雷问题解的表达式。

5．证明圆域 $r<a$ 上的格林函数为

$$G(M, M_0)=\frac{1}{2\pi}\left[\ln\frac{1}{r_{MM_0}}-\ln\frac{a}{r_0}\frac{1}{r_{MM_1}}\right]$$

其中，$M_1$ 是 $M_0$ 关于圆周 $r=a$ 的反演点，并求解边值问题

$$\begin{cases}\Delta u=0 & (r<a)\\ u|_{r=a}=\varphi(\theta)\end{cases}$$

6．求解上半平面内的狄利克雷问题

$$\begin{cases}\dfrac{\partial^2 u}{\partial x^2}+\dfrac{\partial^2 u}{\partial y^2}=0 & (-\infty<x<+\infty, y>0)\\ u|_{y=0}=\varphi(x)\end{cases}$$

7．求拉普拉斯方程第一边值问题关于上半球域：$x^2+y^2+z^2<R^2, z>0$ 的格林函数。

8．画出半径为 2 的圆域内格林函数的图像。

# 第 6 章　贝塞尔函数

在第 3 章中，我们运用分离变量法，研究了圆盘在稳恒状态下的温度分布问题，在极坐标下，经变量分离得到了一个变系数的常微分方程——欧拉方程。本章要考虑圆盘在瞬时状态下温度的分布，通过变量分离，将得到一类特殊的常微分方程——贝塞尔方程。贝塞尔方程的解不能用初等方法获得，也不能由初等函数表示，这是一类特殊的方程。

在本章首先在极坐标系下对圆域上的瞬时温度分布问题进行变量分离，导出贝塞尔方程；然后讨论这个方程的解法及其解——贝塞尔函数的有关性质；最后介绍贝塞尔函数在解决数学物理方程的有关定解问题中的应用。

## 6.1　贝塞尔方程的导出与求解

### 6.1.1　贝塞尔方程的导出

考虑圆柱的冷却问题：设有一根两端无限长的圆柱体，半径为 $R$，已知初始温度为 $\varphi(x, y)$，表面温度为零，求圆柱体内部温度的变化规律。

以 $u$ 表示圆柱体内部的温度，由于初始温度不依赖于 $z$，因此在沿着 $z$ 轴的方向没有热量的流动，即温度 $u$ 与变量 $z$ 无关，问题可以归结为二维热传导问题

$$\begin{cases} \dfrac{\partial u}{\partial t} - a^2\left(\dfrac{\partial^2 u}{\partial x^2} + \dfrac{\partial^2 u}{\partial y^2}\right) = 0 \qquad (x^2 + y^2 < R^2, t > 0) \\ u\,|_{x^2+y^2=R^2} = 0 \\ u\,|_{t=0} = \varphi(x, y) \end{cases} \tag{6.1.1}$$

使用分离变量法求解该问题，首先令

$$u(x, y, t) = V(x, y)T(t)$$

代入式(6.1.1)的方程中，得

$$VT' - a^2\left(\frac{\partial^2 V}{\partial x^2} + \frac{\partial^2 V}{\partial y^2}\right)T = 0$$

移项化简并引入参数 $\lambda$（$\lambda > 0$），得

$$\frac{T'}{a^2 T} = \frac{\dfrac{\partial^2 V}{\partial x^2} + \dfrac{\partial^2 V}{\partial y^2}}{V} = -\lambda$$

于是，得到如下两个微分方程：

$$T' + \lambda a^2 T = 0 \tag{6.1.2}$$

$$\frac{\partial^2 V}{\partial x^2}+\frac{\partial^2 V}{\partial y^2}+\lambda V=0 \tag{6.1.3}$$

方程(6.1.2)是一个一阶常微分方程，其解为

$$T(t)=A\mathrm{e}^{-\lambda a^2 t}$$

式(6.1.3)称为**亥姆霍兹方程**。

将变量分离形式解代入问题式(6.1.1)的边界条件中，得

$$V(x,\ y)T(t)\big|_{x^2+y^2=R^2}=0$$

所以

$$V\big|_{x^2+y^2=R^2}=0 \tag{6.1.4}$$

由于问题的定解区域为圆域，所以使用极坐标系表示是适合的。令

$$\begin{cases}x=r\cos\theta\\ y=r\sin\theta\end{cases}$$

则式(6.1.3)和式(6.1.4)可化为

$$\begin{cases}\dfrac{\partial^2 V}{\partial r^2}+\dfrac{1}{r}\dfrac{\partial V}{\partial r}+\dfrac{1}{r^2}\dfrac{\partial^2 V}{\partial \theta^2}+\lambda V=0 & (6.1.5)\\ V\big|_{r=R}=0 & (6.1.6)\end{cases}$$

再令$V(r,\ \theta)=F(r)\Theta(\theta)$，代入式(6.1.5)中，有

$$F''(r)\Theta(\theta)+\frac{1}{r}F'(r)\Theta(\theta)+\frac{1}{r^2}F(r)\Theta''(\theta)+\lambda F(r)\Theta(\theta)=0$$

化简，得

$$\frac{r^2F''(r)+rF'(r)+\lambda r^2F(r)}{F(r)}=-\frac{\Theta''(\theta)}{\Theta(\theta)}$$

引入参数$\mu$，分离变量，得

$$\Theta''(\theta)+\mu\Theta(\theta)=0 \tag{6.1.7}$$

$$r^2F''(r)+rF'(r)+(\lambda r^2-\mu)F(r)=0 \tag{6.1.8}$$

由函数$u(x,\ y,\ t)$的单值性，有自然周期条件$\Theta(\theta)=\Theta(\theta+2\pi)$，将其与式(6.1.7)结合，构成本征值问题

$$\begin{cases}\Theta''+\mu\Theta=0\\ \Theta(\theta)=\Theta(\theta+2\pi)\end{cases}$$

由第三章 3.3 节知

$$\mu=n^2 \qquad (n=0,\ 1,\ 2,\ \cdots)$$

和

$$\Theta(\theta) = A\cos n\theta + B\sin n\theta$$

将 $\mu = n^2$ $(n = 0, 1, 2, \cdots)$ 代入到方程(6.1.8)中，整理得到

$$r^2 F''(r) + rF'(r) + (\lambda r^2 - n^2)F(r) = 0 \tag{6.1.9}$$

式(6.1.9)称为 **$n$ 阶贝塞尔方程**。

在实际问题中，温度 $u(x, y, t)$ 是有限的。特别在圆心 $r = 0$ 处，有 $|F(0)| < +\infty$，再由边界条件式(6.1.4)，有 $F(R) = 0$。因此，原问题就归结为在条件

$$\begin{cases} |F(0)| < +\infty \\ F(R) = 0 \end{cases}$$

下求解贝塞尔方程(6.1.9)的本征值和本征函数。

进一步，作变换 $x = \sqrt{\lambda}r$，并记 $y(x) = F\left(\dfrac{x}{\sqrt{\lambda}}\right)$，则

$$y'(x) = \frac{1}{\sqrt{\lambda}} F'\left(\frac{x}{\sqrt{\lambda}}\right), \qquad y''(x) = \frac{1}{\lambda} F''\left(\frac{x}{\sqrt{\lambda}}\right)$$

因此，式(6.1.9)化为

$$x^2 y'' + xy' + (x^2 - n^2)y = 0 \tag{6.1.10}$$

式(6.1.10)称为 **$n$ 阶贝塞尔方程的标准形式**。

### 6.1.2 贝塞尔方程的求解

贝塞尔方程是一类变系数二阶线性常微分方程，其中 $n$ 可以是任意实数或复数。在本书中，仅讨论 $n$ 为实数的情形，且由于方程中只出现了 $n^2$ 项，所以在讨论中，不妨假定 $n \geqslant 0$。贝塞尔方程又可以写为

$$y'' + \frac{1}{x}y' + \left(1 - \frac{n^2}{x^2}\right)y = 0$$

其系数 $p(x) = \dfrac{1}{x}$、$q(x) = 1 - \dfrac{n^2}{x^2}$ 在 $x = 0$ 处有奇性，应该用广义幂级数法求解。假定上述方程有级数形式解

$$y(x) = x^c\left(a_0 + a_1 x + a_2 x^2 + \cdots + a_k x^k + \cdots\right) = \sum_{k=0}^{\infty} a_k x^{c+k}$$

其中，$c$、$a_k$ 为待定常数，$a_0 \neq 0$。对 $y(x)$、$y'(x)$ 逐项求导

$$y'(x) = \sum_{k=0}^{\infty} a_k (c+k) x^{c+k-1}$$

$$y''(x) = \sum_{k=0}^{\infty} a_k (c+k)(c+k-1) x^{c+k-2}$$

代入式(6.1.10)中，整理可得

$$(c^2-n^2)a_0x^c+\left[(c+1)^2-n^2\right]a_1x^{c+1}+\sum_{k=2}^{\infty}\left\{\left[(c+k)^2-n^2\right]a_k+a_{k-2}\right\}x^{c+k}=0$$

由级数理论可知，各个 $x$ 幂的系数为零，即有

$$(c^2-n^2)a_0=0 \tag{6.1.11}$$

$$\left[(c+1)^2-n^2\right]a_1=0 \tag{6.1.12}$$

$$\left[(c+k)^2-n^2\right]a_k+a_{k-2}=0 \qquad (k\geqslant 2) \tag{6.1.13}$$

由于 $a_0\neq 0$，$c$ 有两种可能：$c=\pm n$。先取 $c=n$ 并代入到式(6.1.12)中，得 $a_1=0$，代入到式(6.1.13)中，得递推公式

$$a_k=-\frac{a_{k-2}}{k(2n+k)} \qquad (k\geqslant 2)$$

重复利用这个公式，并考虑到 $a_1=0$，得 $a_{2m+1}=0$；而 $a_2, a_4, a_6\cdots$ 都可以由 $a_0$ 表示

$$a_{2m}=(-1)^m\frac{1}{2^{2m}m!(n+1)(n+2)\cdots(n+m)}a_0$$

取定 $a_0$ 的值，就可以得到方程(6.1.10)的特解。我们可以特殊地选取它的值，使得 $a_{2m}$ 的形式简单。为此，取

$$a_0=\frac{1}{2^n\Gamma(n+1)}$$

其中，$\Gamma(n+1)$ 是伽马（Gamma）函数。由广义积分定义，

$$\Gamma(p)=\int_0^{\infty}x^{p-1}\mathrm{e}^{-x}\mathrm{d}x$$

伽马函数有如下性质：

(1) $\Gamma(p+1)=p\Gamma(p)$；

(2) $\Gamma(1)=1$，$\Gamma\left(\frac{1}{2}\right)=\sqrt{\pi},\ \frac{1}{\Gamma(-m)}=0,\ (m=0,\ 1,\ 2,\ \cdots)$。

利用上面的性质(1)，可得

$$a_{2m}=\frac{(-1)^m}{2^{n+2m}m!\Gamma(n+m+1)}$$

由此，可以得到贝塞尔方程的一个特解，记为 $J_n(x)$，即

$$J_n(x)=\sum_{m=0}^{\infty}\frac{(-1)^m}{2^{n+2m}m!\Gamma(n+m+1)}x^{n+2m} \tag{6.1.14}$$

$J_n(x)$ 称为 **$n$ 阶第一类贝塞尔函数**。由达朗贝尔判别法可以知道，这个级数在整个实轴上是绝对收敛的。

再令 $c=-n$，取 $a_0=\frac{1}{2^{-n}\Gamma(-n+1)}$，可以得到贝塞尔方程的另外一个特解，即

$$J_{-n}(x)=\sum_{m=0}^{\infty}\frac{(-1)^m}{2^{-n+2m}m!\Gamma(-n+m+1)}x^{-n+2m} \tag{6.1.15}$$

$J_{-n}(x)$ 称为 **$-n$ 阶第一类贝塞尔函数**。

当 $n$ 不是整数时，$J_n(x)$ 和 $J_{-n}(x)$ 展开式中 $x$ 的最低次幂分别为 $x^n$ 和 $x^{-n}$，它们在 $x=0$ 处一个等于零，而另一个无界，所以当 $n$ 不是整数时，$J_n(x)$ 和 $J_{-n}(x)$ 是线性无关的。由齐次线性常微分方程解的理论可知，此时，贝塞尔方程的通解为

$$y=AJ_n(x)+BJ_{-n}(x) \tag{6.1.16}$$

其中，$A$、$B$ 是任意常数。

若在式(6.1.16)中特殊地选取

$$A=\cot n\pi,\qquad B=-\frac{1}{\sin n\pi}$$

则得到贝塞尔方程的另一个特解，记

$$Y_n(x)=\frac{J_n(x)\cos n\pi-J_{-n}(x)}{\sin n\pi}\quad（n\neq 整数）$$

称 $Y_n(x)$ 为 **$n$ 阶第二类贝塞尔函数或诺伊曼函数**。可以证明 $J_n(x)$ 和 $Y_n(x)$ 是线性无关的，因此贝塞尔方程的通解也可以写为

$$y=AJ_n(x)+BY_n(x) \tag{6.1.17}$$

当 $n$ 是整数时，$J_n(x)$ 和 $J_{-n}(x)$ 是线性相关的，事实上，记 $n=N$，由 $\Gamma$ 函数的性质知

$$\frac{1}{\Gamma(-N+k+1)}=0\qquad(k=0,\ 1,\ 2,\ \cdots,\ N-1)$$

这时，在 $J_{-N}(x)$ 中，级数从 $m=N$ 才开始出现非零项，从而

$$\begin{aligned}J_{-N}(x)&=\sum_{m=N}^{\infty}(-1)^m\frac{1}{2^{-N+2m}m!}\frac{1}{\Gamma(-N+m+1)}x^{-N+2m}\\&=(-1)^N\left\{\frac{x^N}{2^N N!}-\frac{x^{N+1}}{2^{N+2}(N+1)!}+\frac{x^{N+4}}{2^{N+4}(N+2)!2!}+\cdots\right\}\\&=(-1)^N J_N(x)\end{aligned}$$

因而，可以得到 $J_N(x)$ 和 $J_{-N}(x)$ 是线性相关的。为给出贝塞尔方程的通解，必须找出与 $J_N(x)$ 线性无关的另一个特解。为此，修改第二类贝塞尔函数的定义，规定

$$Y_n(x)=\lim_{\alpha\to n}\frac{J_\alpha(x)\cos\alpha\pi-J_{-\alpha}(x)}{\sin\alpha\pi}$$

上述极限为“$\dfrac{0}{0}$”型不定式，用洛必达法则和 $\Gamma$ 函数导数公式，经过较长的推导可以得到

$$Y_0(x)=\frac{2}{\pi}J_0(x)\left(\ln\frac{x}{2}+C\right)-\frac{2}{\pi}\sum_{m=0}^{\infty}\frac{(-1)^m}{(m!)^2}\left(\frac{x}{2}\right)^{2m}\sum_{k=0}^{m-1}\frac{1}{k+1}$$

$$Y_n(x)=\frac{2}{\pi}J_n(x)\left(\ln\frac{x}{2}+C\right)-\frac{1}{\pi}\sum_{m=0}^{n-1}\frac{(n-m-1)!}{m!}\left(\frac{x}{2}\right)^{-n+2m}-$$
$$\frac{1}{\pi}\sum_{m=0}^{\infty}\frac{(-1)^m}{m!(n+m)!}\left(\frac{x}{2}\right)^{n+2m}\left(\sum_{k=1}^{n+m}\frac{1}{k}+\sum_{k=1}^{m}\frac{1}{k}\right)\qquad(n=1,\ 2,\ \cdots)$$

其中，$C=\lim\limits_{n\to\infty}\left(1+\frac{1}{2}+\frac{1}{3}+\cdots\frac{1}{n}-\ln n\right)=0.577216\cdots$，称为**欧拉常数**。由 $Y_n$ 的定义知，它是贝塞尔方程的解，且

$$\lim_{x\to 0}|Y_n(x)|=\infty$$

而 $J_n(x)$ 在 $x=0$ 处是有界的，故 $Y_n(x)$ 和 $J_n(x)$ 线性无关。因此，当 $n$ 是整数时，$n$ 阶贝塞尔方程(6.1.10)的通解可以写为

$$y=CJ_n(x)+DY_n(x)\tag{6.1.18}$$

## 6.2　贝塞尔函数的递推公式

不同阶的贝塞尔函数之间具有一定的联系，本节建立反映这种联系的递推公式。

$J_n(x)$ 的级数表达式为

$$J_n(x)=\sum_{m=0}^{\infty}(-1)^m\frac{1}{2^{n+2m}}\frac{1}{m!\,\Gamma(n+m+1)}x^{n+2m}$$

在上式中，分别令 $n=0$ 和 $n=1$，得

$$J_0(x)=1-\frac{x^2}{2^2}+\frac{x^4}{2^4(2!)^2}-\frac{x^6}{2^6(3!)^2}+\cdots+(-1)^k\frac{x^{2k}}{2^{2k}(k!)^2}+\cdots$$

$$J_1(x)=\frac{x}{2}-\frac{x^3}{2^3 2!}+\frac{x^5}{2^5\cdot 2!\cdot 3!}+\cdots+(-1)^k\frac{x^{2k+1}}{2^{2k+1}(k!)(k+1)!}+\cdots$$

微分 $J_0$ 的第 $2k+2$ 项为

$$\frac{\mathrm{d}}{\mathrm{d}x}(-1)^{k+1}\frac{x^{2k+2}}{2^{2k+2}\left[(k+1)!\right]^2}=-(-1)^k\frac{(2k+2)x^{2k+1}}{2^{2k+2}[(k+1)!]^2}=-(-1)^k\frac{x^{2k+1}}{2^{2k+1}k!(k+1)!}$$

上式正好是 $J_1(x)$ 中的第 $2k+1$ 项的负值，且 $J_0(x)$ 中第 1 项导数为零，所以得

$$\frac{\mathrm{d}}{\mathrm{d}x}J_0(x)=-J_1(x)\tag{6.2.1}$$

将 $J_1(x)$ 乘以 $x$，并求导，得

$$\frac{\mathrm{d}}{\mathrm{d}x}[xJ_1(x)]=\frac{\mathrm{d}}{\mathrm{d}x}\left[\frac{x^2}{2}-\frac{x^4}{2^3\cdot 2!}+\cdots+(-1)^k\frac{x^{2k+2}}{2^{2k+1}k!(k+1)!}+\cdots\right]$$
$$=x-\frac{x^3}{2^2}+\cdots+(-1)^k\frac{x^{2k+1}}{2^{2k}(k!)^2}+\cdots$$
$$=x\left[1-\frac{x^2}{2^2}+\cdots+(-1)^k\frac{x^{2k}}{2^{2k}(k!)^2}+\cdots\right]$$

即

$$\frac{\mathrm{d}}{\mathrm{d}x}[xJ_1(x)] = xJ_0(x) \tag{6.2.2}$$

将 $J_n(x)$ 乘以 $x^n$，求导，得

$$\begin{aligned}\frac{\mathrm{d}}{\mathrm{d}x}\left[x^n J_n(x)\right] &= \frac{\mathrm{d}}{\mathrm{d}x}\left[\sum_{m=0}^{\infty}\frac{(-1)^m}{2^{n+2m}m!\Gamma(n+m+1)}x^{2n+2m}\right] \\ &= \sum_{m=0}^{\infty}\frac{(-1)^m 2(n+m)}{2^{n+2m}m!\Gamma(n+m+1)}x^{2n+2m-1} \\ &= x^n\sum_{m=0}^{\infty}\frac{(-1)^m}{2^{n+2m-1}m!\Gamma(n+m)}x^{n+2m-1} \\ &= x^n J_{n-1}(x)\end{aligned}$$

即

$$\frac{\mathrm{d}}{\mathrm{d}x}\left[x^n J_n(x)\right] = x^n J_{n-1}(x) \tag{6.2.3}$$

同理，可证

$$\frac{\mathrm{d}}{\mathrm{d}x}[x^{-n}J_n(x)] = -x^{-n}J_{n+1}(x) \tag{6.2.4}$$

将递推公式(6.2.3)和式(6.2.4)左边的导数求出来，有

$$\begin{cases}xJ_n'(x) + nJ_n(x) = xJ_{n-1}(x) \\ xJ_n'(x) - nJ_n(x) = -xJ_{n+1}(x)\end{cases}$$

分别消去 $J_n'(x)$ 和 $J_n(x)$，可以得到

$$J_{n-1}(x) + J_{n+1}(x) = \frac{2n}{x}J_n(x) \tag{6.2.5}$$

$$J_{n-1}(x) - J_{n+1}(x) = 2J_n'(x) \tag{6.2.6}$$

以上两式称为**贝塞尔函数的递推公式**。由式(6.2.5)，若知道 $J_0(x)$ 和 $J_1(x)$ 的值，就可以求出 $J_2(x)$ 的值，进而得到任意正整数阶贝塞尔函数的值。实际上，式(6.2.1)～式(6.2.4)的积分形式在数学物理方程中的应用更加广泛，即

$$\int J_1(x)\mathrm{d}x = -J_0(x) + C \tag{6.2.7}$$

$$\int xJ_0(x)\mathrm{d}x = xJ_1(x) + C \tag{6.2.8}$$

$$\int x^n J_{n-1}(x)\mathrm{d}x = x^n J_n(x) + C \tag{6.2.9}$$

$$\int x^{-n}J_{n+1}(x)\mathrm{d}x = -x^{-n}J_n(x) + C \tag{6.2.10}$$

利用这些递推公式，可以计算一些含有 $J_n(x)$ 的积分。

【例 6-1】 求不定积分 $\int xJ_2(x)\mathrm{d}x$。

**解**：由于

$$J_2(x)=J_0(x)-2J_1'(x)$$

故

$$\begin{aligned}\int xJ_2(x)\mathrm{d}x&=\int xJ_0(x)\mathrm{d}x-2\int xJ_1'(x)\mathrm{d}x\\&=\int \mathrm{d}\left[xJ_1(x)\right]-2\int x\mathrm{d}\left[J_1(x)\right]\\&=xJ_1(x)-2\left[xJ_1(x)-\int J_1(x)\mathrm{d}x\right]\\&=-xJ_1(x)+2\int J_1(x)\mathrm{d}x\\&=-xJ_1(x)-2J_0(x)+C\end{aligned}$$

对于第二类贝塞尔函数，也有相应的递推公式

$$\frac{\mathrm{d}}{\mathrm{d}x}\left[x^nY_n(x)\right]=x^nY_{n-1}(x)$$

$$\frac{\mathrm{d}}{\mathrm{d}x}[x^{-n}Y_n(x)]=-x^{-n}Y_{n+1}(x)$$

$$Y_{n-1}(x)+Y_{n+1}(x)=\frac{2n}{x}Y_n(x)$$

$$Y_{n-1}(x)-Y_{n+1}(x)=2Y_n'(x)$$

从以上讨论看到，一般情况下，贝塞尔函数是无穷级数，但当 $n$ 为半奇数时，贝塞尔函数可以用初等函数表示。由式(6.1.14)，有

$$J_{\frac{1}{2}}(x)=\sum_{m=0}^{\infty}\frac{(-1)^m}{m!\Gamma\left(\frac{3}{2}+m\right)}\left(\frac{x}{2}\right)^{\frac{1}{2}+2m}$$

而

$$\begin{aligned}\Gamma\left(\frac{3}{2}+m\right)&=\frac{1\cdot3\cdot5\cdots(2m+1)}{2^{m+1}}\Gamma\left(\frac{1}{2}\right)\\&=\frac{1\cdot3\cdot5\cdots(2m+1)}{2^{m+1}}\sqrt{\pi}\end{aligned}$$

所以

$$J_{\frac{1}{2}}(x)=\sqrt{\frac{2}{\pi x}}\sum_{m=0}^{\infty}\frac{(-1)^m}{(2m+1)!}x^{2m+1}$$

上式中的级数部分恰为 $\sin x$ 的泰勒展开式，因此

$$J_{\frac{1}{2}}(x)=\sqrt{\frac{2}{\pi x}}\sin x$$

同理，可以求得

$$J_{-\frac{1}{2}}(x)=\sqrt{\frac{2}{\pi x}}\cos x$$

利用递推式(6.2.5)，得

$$\begin{aligned}J_{\frac{3}{2}}(x)&=\frac{1}{x}J_{\frac{1}{2}}(x)-J_{-\frac{1}{2}}(x)\\&=\sqrt{\frac{2}{\pi x}}\left(\frac{\sin x}{x}-\cos x\right)\\&=-\sqrt{\frac{2}{\pi x}}\frac{\mathrm{d}}{\mathrm{d}x}\left(\frac{\sin x}{x}\right)\\&=-\sqrt{\frac{2}{\pi}}x^{\frac{3}{2}}\left(\frac{1}{x}\frac{\mathrm{d}}{\mathrm{d}x}\right)\left(\frac{\sin x}{x}\right)\end{aligned}$$

同理，可得

$$J_{-\frac{3}{2}}(x)=\sqrt{\frac{2}{\pi}}x^{\frac{3}{2}}\left(\frac{1}{x}\frac{\mathrm{d}}{\mathrm{d}x}\right)\left(\frac{\cos x}{x}\right)$$

利用数学归纳法可以证明，对于任意的整数 $n$，有

$$\begin{cases}J_{n+\frac{1}{2}}(x)=(-1)^n\sqrt{\frac{2}{\pi}}x^{n+\frac{1}{2}}\left(\frac{1}{x}\frac{\mathrm{d}}{\mathrm{d}x}\right)^n\left(\frac{\sin x}{x}\right) & (6.2.11)\\ J_{-\left(n+\frac{1}{2}\right)}(x)=\sqrt{\frac{2}{\pi}}x^{n+\frac{1}{2}}\left(\frac{1}{x}\frac{\mathrm{d}}{\mathrm{d}x}\right)^n\left(\frac{\cos x}{x}\right) & (6.2.12)\end{cases}$$

其中，微分算子$\left(\frac{1}{x}\frac{\mathrm{d}}{\mathrm{d}x}\right)^n$的意义是用算子$\frac{1}{x}\frac{\mathrm{d}}{\mathrm{d}x}$连续作用 $n$ 次。从式(6.2.11)和式(6.2.12)可以看出，半奇数阶贝塞尔函数都是初等函数。

## 6.3　函数展开成贝塞尔函数的级数

利用贝塞尔函数求解数学物理方程定解问题时，最终都要将已知函数按照贝塞尔方程的特征函数系进行展开。这一节将研究贝塞尔函数的零点和贝塞尔函数系的正交性质。

### 6.3.1　贝塞尔函数的零点

贝塞尔函数的零点，即 $J_n(x)=0$ 的根，在特征值问题中起重要的作用，必须加以研究。由贝塞尔函数的表达式

$$J_n(x)=\sum_{m=0}^{\infty}(-1)^m\frac{1}{m!\Gamma(n+m+1)}\left(\frac{x}{2}\right)^{n+2m}$$

可以看出，当 $J_n(x_0)=0$ 时，必有 $J_n(-x_0)=0$，即贝塞尔函数的零点具有对称性，故只讨论其正零点即可。需要讨论的问题有：使 $J_n(x)=0$ 的点是否存在？若存在，有多少个？分布情形如何？

首先，观察 $J_n(x)$ 的图像。图 6.1 画出了 $J_0(x)$、$J_1(x)$、$J_2(x)$ 在 $x>0$ 时的图像，而 $x<0$ 的图像可以根据 $J_n(x)$ 的对称性得到[由式(6.1.14)，$J_0(x)$、$J_2(x)$ 是偶函数，$J_1(x)$ 是奇函数]。

从图中可以看出 $J_n(x)(n=0, 1, 2)$ 是衰减的振荡函数，它们都有无穷多个实数零点，且 $J_0(x)$ 的零点和 $J_1(x)$ 的零点、$J_1(x)$ 的零点和 $J_2(x)$ 的零点彼此相间分布。

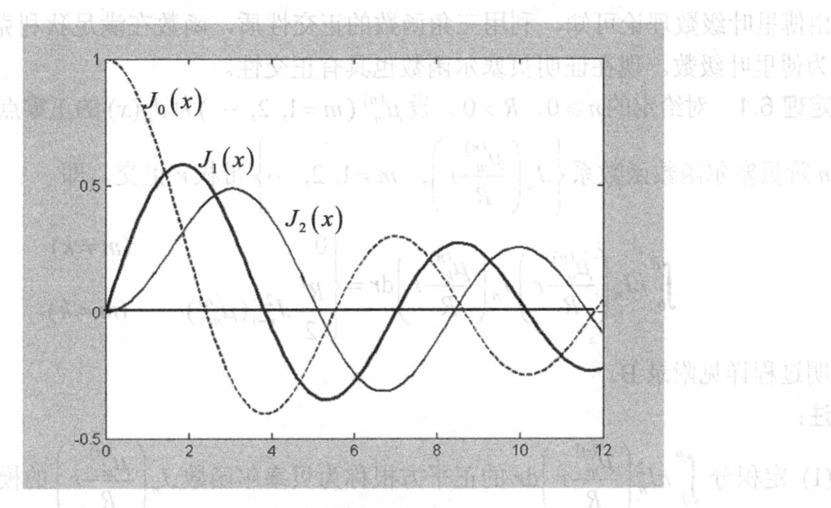


图 6.1　贝塞尔函数图像

对于一般的贝塞尔函数 $J_n(x)$，可以证明：

(1) $J_n(x)$ 有无穷多个单重实零点，且这些零点在 $x$ 轴上关于原点对称分布，因而 $J_n(x)$ 有无穷多个正的零点；

(2) $J_n(x)$ 的零点和 $J_{n+1}(x)$ 的零点彼此相间分布，即 $J_n(x)$ 的任意两个相邻的零点之间必有且仅有一个 $J_{n+1}(x)$ 的零点，且 $J_n(x)$ 绝对值最小的零点比 $J_{n+1}(x)$ 绝对值最小的零点更接近零；

(3) 当 $n$ 充分大时，$J_n(x)$ 的两个零点之间的距离接近 $\pi$，即 $J_n(x)$ 是近似以 $2\pi$ 为周期的函数。

为了便于应用，贝塞尔函数的正零点的数值已被详细计算出来，并制成表格，$J_n(x)$ 的零点可查表得到。

表 6.1 给出了 $J_n(x)(n=0, 1, 2, \cdots, 5)$ 的前 9 个正零点 $\mu_m^{(n)}(m=1, 2, \cdots, 9)$ 的近似值。

**表 6.1　0～5 阶贝塞尔函数的前 9 个正零点**

| $\mu_m^{(n)}$　$m$ \ $n$ | 0 | 1 | 2 | 3 | 4 | 5 |
|---|---|---|---|---|---|---|
| 1 | 2.405 | 3.832 | 5.136 | 6.380 | 7.588 | 8.771 |
| 2 | 5.520 | 7.016 | 8.417 | 9.761 | 11.065 | 12.339 |
| 3 | 8.654 | 10.173 | 11.620 | 13.015 | 14.373 | 15.700 |
| 4 | 11.792 | 13.324 | 14.796 | 16.223 | 17.616 | 18.980 |
| 5 | 14.931 | 16.471 | 17.960 | 19.409 | 20.827 | 22.218 |
| 6 | 18.071 | 19.616 | 21.117 | 22.583 | 24.019 | 25.430 |
| 7 | 21.212 | 22.760 | 24.270 | 25.748 | 27.199 | 28.627 |
| 8 | 24.352 | 25.904 | 27.421 | 28.908 | 30.371 | 31.812 |
| 9 | 27.493 | 29.047 | 30.569 | 32.065 | 33.537 | 34.989 |

### 6.3.2　贝塞尔函数正交性

由傅里叶级数理论可知，利用三角函数的正交性质，函数在满足狄利克雷条件下，可以展开为傅里叶级数。现在证明贝塞尔函数也具有正交性。

**定理 6.1**　对给定的$n \geqslant 0$、$R>0$，设$\mu_m^{(n)}\ (m=1, 2, \cdots)$为$J_n(x)$的正零点，则在区间[0, $R$]上，$n$阶贝塞尔函数函数系$\left\{J_n\left(\frac{\mu_m^{(n)}}{R}r\right),\ \ m=1, 2, \cdots\right\}$带权$r$正交，即

$$\int_0^R rJ_n\left(\frac{\mu_m^{(n)}}{R}r\right)J_n\left(\frac{\mu_k^{(n)}}{R}r\right)\mathrm{d}r=\begin{cases}0 & (m\neq k)\\ \dfrac{R^2}{2}J_{n+1}^2(\mu_m^{(n)}) & (m=k)\end{cases} \tag{6.3.1}$$

其证明过程详见附录B。

**注：**

(1) 定积分$\int_0^R rJ_n^2\left(\frac{\mu_m^{(n)}}{R}r\right)\mathrm{d}r$的正平方根称为贝塞尔函数$J_n\left(\frac{\mu_m^{(n)}}{R}r\right)$的模。

(2) 由于$xJ_n'(x)+nJ_n(x)=xJ_{n-1}(x)$，故$J_n'(\mu_m^{(n)})=J_{n-1}(\mu_m^{(n)})$，因此又有

$$\int_0^R rJ_n^2\left(\frac{\mu_m^{(n)}}{R}r\right)\mathrm{d}r=\frac{R^2}{2}J_{n-1}^2(\mu_m^{(n)}) \tag{6.3.2}$$

### 6.3.3　函数在贝塞尔函数系上的展开

下面的定理给出一个函数的贝塞尔级数展开式成立的条件。

**定理 6.2**　若$f(r)$在区间$[0, R]$上分段连续，且积分$\int_0^R r^{\frac{1}{2}}|f(r)|\mathrm{d}r$的值有限则$f(r)$在$[0, R]$有$n$阶贝塞尔级数展开

$$f(r)=\sum_{m=1}^{\infty}A_m J_n\left(\frac{\mu_m^{(n)}}{R}r\right) \tag{6.3.3}$$

其中，$\mu_m^{(n)}(m=1, 2, \cdots)$是贝塞尔函数$J_n(x)$的正零点，系数

$$A_m=\frac{1}{\dfrac{R^2}{2}J_{n+1}^2\left(\mu_m^{(n)}\right)}\int_0^R rf(r)J_n\left(\frac{\mu_m^{(n)}}{R}r\right)\mathrm{d}r \qquad (m=1, 2, \cdots) \tag{6.3.4}$$

在区间$(0, R)$中，在$f$的连续点处，级数收敛到$f(r)$，而在间断点$r_0$，级数收敛到平均值$\dfrac{f(r_0+)+f(r_0-)}{2}$。

通常，称式(6.3.3)为函数$f(r)$的**傅里叶-贝塞尔级数**，简称**F-B 级数**。

**【例 6-2】**　求函数$f(x)=1\,(0<x<1)$的零阶贝塞尔级数展开式。

**解：**由定理 6.2，得

$$f(x)=\sum_{m=1}^{\infty}A_m J_0\left(\mu_m^{(0)}x\right)$$

其中，$\mu_m^{(0)}$是$J_0(x)$的第$m$个正零点，且

$$\begin{aligned}A_m &= \frac{2}{J_1^2\left(\mu_m^{(0)}\right)}\int_0^1 xf(x)J_0\left(\mu_m^{(0)}x\right)\mathrm{d}x \\ &= \frac{2}{J_1^2\left(\mu_m^{(0)}\right)}\int_0^1 xJ_0\left(\mu_m^{(0)}x\right)\mathrm{d}x \\ &= \frac{2}{\left(\mu_m^{(0)}\right)^2 J_1^2\left(\mu_m^{(0)}\right)}\int_0^{\mu_m^{(0)}} J_0(t)\mathrm{d}t \qquad \left(t=\mu_m^{(0)}x\right) \\ &= \frac{2}{\left(\mu_m^{(0)}\right)^2 J_1^2\left(\mu_m^{(0)}\right)} J_1(t)t\Big|_0^{\mu_m^{(0)}} \\ &= \frac{2}{\mu_m^{(0)}J_1\left(\mu_m^{(0)}\right)}\end{aligned}$$

即有

$$1=\sum_{m=1}^{\infty}\frac{2}{\mu_m^{(0)}J_1\left(\mu_m^{(0)}\right)}J_0(\mu_m^{(0)}x)$$

## 6.4　贝塞尔函数的应用

下面通过具体的例子给出贝塞尔函数在求解定解问题时的应用。

**【例 6-3】** 设有半径为 1 的薄均匀圆盘，其侧面绝缘，边界上的温度始终保持为零，初始时刻圆盘内温度分布为$1-r^2$，其中$r$为圆盘内任一点的极半径，求圆盘的温度分布规律。

**解**：由于考虑的是圆域，采用极坐标。设温度$u=u(r,\ \theta,\ t)$，圆盘的温度分布可以归结为求方程$\dfrac{\partial u}{\partial t}-a^2\left(\dfrac{\partial^2 u}{\partial r^2}+\dfrac{1}{r}\dfrac{\partial u}{\partial r}+\dfrac{1}{r^2}\dfrac{\partial^2 u}{\partial \theta^2}\right)=0,\ (0\leqslant r<1)$在一定初始边界条件下的定解问题。考虑到定解条件和$\theta$无关，所以温度$u$只能是$r$和$t$的函数，上式可以化简为

$$\frac{\partial u}{\partial t}-a^2\left(\frac{\partial^2 u}{\partial r^2}+\frac{1}{r}\frac{\partial u}{\partial r}\right)=0$$

因此，$u$满足如下定解问题：

$$\begin{cases}\dfrac{\partial u}{\partial t}-a^2\left(\dfrac{\partial^2 u}{\partial r^2}+\dfrac{1}{r}\dfrac{\partial u}{\partial r}\right)=0 \qquad (0\leqslant r<1,\ t>0) \\ u\big|_{r=1}=0 \\ u\big|_{t=0}=1-r^2\end{cases}$$

此外，由问题的物理意义，可知圆盘的温度有界，即$|u|<\infty$，且$t\to+\infty$时，$u\to 0$。

利用分离变量法求解以上问题。令$u(r,\ t)=F(r)T(t)$，将其代入到上述方程，有

$$FT'-a^2T\left(F''+\frac{1}{r}F'\right)=0$$

化简上式并引入参数$\lambda$，得

$$\frac{T'}{a^2T}=\frac{F''+\frac{1}{r}F'}{F}=-\lambda$$

由此，有

$$T'+a^2\lambda T=0 \tag{6.4.1}$$

$$r^2F''+rF'+\lambda r^2F=0 \tag{6.4.2}$$

式(6.4.1)的解为

$$T(t)=C\mathrm{e}^{-a^2\lambda t} \tag{6.4.3}$$

因为当$t\to+\infty$时，$u\to 0$，所以必有$\lambda>0$。令$\rho=\sqrt{\lambda}r$，则$F_r'=\sqrt{\lambda}F_\rho'$、$F_r''=\lambda F_\rho''$，方程(6.4.2)变为

$$\rho^2F''+\rho F'+\lambda F=0 \tag{6.4.4}$$

式(6.4.4)为零阶贝塞尔方程，它的通解为

$$F(\rho)=C_1J_0(\rho)+C_2Y_0(\rho) \tag{6.4.5}$$

即

$$F(r)=C_1J_0(\sqrt{\lambda}r)+C_2Y_0(\sqrt{\lambda}r) \tag{6.4.6}$$

因为$\lim\limits_{r\to 0}Y_0(\sqrt{\lambda}r)=\infty$，要满足$u(r,\ t)$的有界性，即要使得$\lim\limits_{r\to 0}\left|F(r)\right|<\infty$，只能取$C_2=0$，因此得

$$F(r)=C_1J_0(\sqrt{\lambda}r) \tag{6.4.7}$$

再由边界条件$u\big|_{r=1}=0$，知$J_0(\sqrt{\lambda})=0$，即$\sqrt{\lambda}$是$J_0(x)$的零点。用$\mu_n$（$n=1,\ 2,\ \cdots$）表示$J_0(x)$的正零点，则得特征值为

$$\lambda_n=\mu_n^2\quad (n=1,\ 2,\ \cdots) \tag{6.4.8}$$

相应的特征向量为

$$F_n(r)=J_0(\mu_nr) \tag{6.4.9}$$

这时，方程$T'+a^2\lambda T=0$的解为

$$T_n(t)=C_n\mathrm{e}^{-a^2\mu_n^2 t} \tag{6.4.10}$$

令

$$u_n(r,\ t)=C_n\mathrm{e}^{-a^2\mu_n^2 t}J_0(\mu_nr) \tag{6.4.11}$$

$u_n(r,\ t)$，$n=1,\ 2,\ \cdots$为原方程在边界条件$u\big|_{r=1}=0$下的特解。由叠加原理，可设原问题的解为

$$u(r,\ t)=\sum_{n=1}^{\infty}C_n\mathrm{e}^{-a^2\mu_n^2t}J_0(\mu_nr) \tag{6.4.12}$$

由初始条件，得

$$1-r^2=\sum_{n=1}^{\infty}C_nJ_0(\mu_nr) \tag{6.4.13}$$

其中

$$C_n=\frac{2}{J_1^2(\mu_n)}\int_0^1 r(1-r^2)J_0(\mu_n r)\mathrm{d}r$$
$$=\frac{2}{J_1^2(\mu_n)}\int_0^1 rJ_0(\mu_n r)\mathrm{d}r-\frac{2}{J_1^2(\mu_n)}\int_0^1 r^3J_0(\mu_n r)\mathrm{d}r$$

因为

$$\mathrm{d}\left[\frac{rJ_1(\mu_n r)}{\mu_n}\right]=rJ_0(\mu_n r)\mathrm{d}r$$

所以

$$\int_0^1 rJ_0(\mu_n r)\mathrm{d}r=\left.\frac{rJ_1(\mu_n r)}{\mu_n}\right|_0^1=\frac{J_1(\mu_n)}{\mu_n}$$

另外

$$\int_0^1 r^3J_0(\mu_n r)\mathrm{d}r=\int_0^1 r^2\mathrm{d}\left[\frac{rJ_1(\mu_n r)}{\mu_n}\right]=\left.\frac{r^3J_1(\mu_n r)}{\mu_n}\right|_0^1-\frac{2}{\mu_n}\int_0^1 r^2J_1(\mu_n r)\mathrm{d}r$$
$$=\frac{J_1(\mu_n)}{\mu_n}-\left.\frac{2r^2J_2(\mu_n r)}{\mu_n^2}\right|_0^1=\frac{J_1(\mu_n)}{\mu_n}-\frac{2J_2(\mu_n)}{\mu_n^2}$$

从而

$$C_n=\frac{4J_2(\mu_n)}{\mu_n^2J_1^2(\mu_n)} \tag{6.4.14}$$

所求定解问题的解为

$$u(r,\ t)=\sum_{n=1}^{\infty}\frac{4J_2(\mu_n)}{\mu_n^2J_1^2(\mu_n)}J_0(\mu_n r)\mathrm{e}^{-a^2\mu_n^2t} \tag{6.4.15}$$

**【例 6-4】** 求解下列轴对称情形下圆膜的振动问题：

$$\begin{cases}\dfrac{\partial^2u}{\partial t^2}-a^2\left(\dfrac{\partial^2u}{\partial r^2}+\dfrac{1}{r}\dfrac{\partial u}{\partial r}\right)=0 & (0\leqslant r<R,\ t>0)\\ u\big|_{r=R}=0 \\ u\big|_{t=0}=\varphi(r),\ \left.\dfrac{\partial u}{\partial t}\right|_{t=0}=\psi(r)\end{cases}$$

其中，$\varphi(r)$、$\psi(r)$是区间$0\leqslant r\leqslant R$上的连续可微函数。

**解**：利用分离变量法求解问题。令$u(r,\ t)=F(r)T(t)$，代入到上述方程，有

$$FT''=a^2T\left(F''+\frac{1}{r}F'\right)$$

化简上式并引入参数$\lambda$，得

$$\frac{T''}{a^2T}=\frac{F''+\frac{1}{r}F'}{F}=-\lambda$$

由此，有

$$T''+a^2\lambda T=0 \tag{6.4.16}$$

$$r^2F''+rF'+\lambda r^2F=0 \tag{6.4.17}$$

结合边界条件和圆心处的有界性条件，得本征值问题

$$\begin{cases} r^2F''+rF'+\lambda r^2F=0 & (6.4.18) \\ F(R)=0 & (6.4.19) \end{cases}$$

可以证明，当$\lambda \leqslant 0$时，特征值问题(6.4.19)无非零解；当$\lambda>0$时，式(6.4.18)的通解为

$$F(r)=C_1J_0(\sqrt{\lambda}r)+C_2Y_0(\sqrt{\lambda}r)$$

其中，$C_1$、$C_2$是任意的常数。由物理背景，有界区域上波动方程的解应为有界的，因此$F(r)$在$r=0$附近有界，而$\lim\limits_{r\to 0}Y_0(\sqrt{\lambda}r)=\infty$，故取$C_2=0$，因此得

$$F(r)=C_1J_0(\sqrt{\lambda}r) \tag{6.4.20}$$

再由边界条件$F(R)=0$，知

$$J_0(\sqrt{\lambda}R)=0$$

即$\sqrt{\lambda}$是$J_0(x)$的零点。设$J_0(x)$的正零点为$\mu_n$ ($n=1, 2, \cdots$)表示，则特征值为

$$\lambda_n=\left(\frac{\mu_n}{R}\right)^2 \qquad (n=1,\ 2,\ \cdots) \tag{6.4.21}$$

相应的特征向量为

$$F_n(r)=C_1J_0\left(\frac{\mu_n}{R}r\right) \tag{6.4.22}$$

将本征值代入方程$T''(t)+a^2\lambda T(t)=0$，其解为

$$T_n(t)=A_n\cos\frac{\mu_n}{R}at+B_n\sin\frac{\mu_n}{R}at \qquad (n=1,\ 2,\ \cdots)$$

由叠加原理，原问题的解为

$$u(r,\ t)=\sum_{n=1}^{\infty}\left(A_n\cos\frac{\mu_n}{R}at+B_n\sin\frac{\mu_n}{R}at\right)J_0\left(\frac{\mu_n}{R}r\right) \tag{6.4.23}$$

代入初始条件，得

$$\sum_{n=1}^{\infty}A_nJ_0\left(\frac{\mu_n}{R}r\right)=\varphi(r)$$

$$\sum_{n=1}^{\infty}B_n\frac{\mu_n a}{R}J_0\left(\frac{\mu_n}{R}r\right)=\psi(r)$$

由定理 6.2，得

$$A_n=\frac{2}{R^2J_1^2(\mu_n)}\int_0^R r\varphi(r)J_0\left(\frac{\mu_n}{R}r\right)\mathrm{d}r$$

$$B_n=\frac{2}{aR\mu_nJ_1^2(\mu_n)}\int_0^R r\psi(r)J_0\left(\frac{\mu_n}{R}r\right)\mathrm{d}r$$

作为算例，具体地取 $a=100$、$R=1$、$\varphi(r)=0$、$\psi(r)=-100$，则

$$A_n = 0$$

$$B_n = \frac{-2}{\mu_n J_1^2(\mu_n)} \int_0^1 r J_0(\mu_n r) \mathrm{d}r = \frac{-2}{\mu_n^2 J_1(\mu_n)}$$

此时，波动问题的解为

$$u(r,\ t) = \sum_{n=1}^{\infty} \frac{-2}{\mu_n^2 J_1(\mu_n)} \sin(100\mu_n t) J_0(\mu_n r)$$

查表得到零阶贝塞尔函数的前 5 个零根，代入得级数的前 5 项之和为

$$s_5(r,\ t) = -0.6662 J_0(2.40r)\sin(240t) + 0.1929 J_0(5.52r)\sin(552t) - 0.0984 J_0(8.65r)\sin(865t) + 0.0619 J_0(11.79r)\sin(1179t) - 0.0434 J_0(14.93r)\sin(1493t)$$

图 6.2 中用 MATLAB 画出了 $t=0, 0.008, 0.016, 0.024, 0.032, 0.04$ 时 $s_5(r,\ t)$ 的图像，用以近似 $u(r,\ t)$。

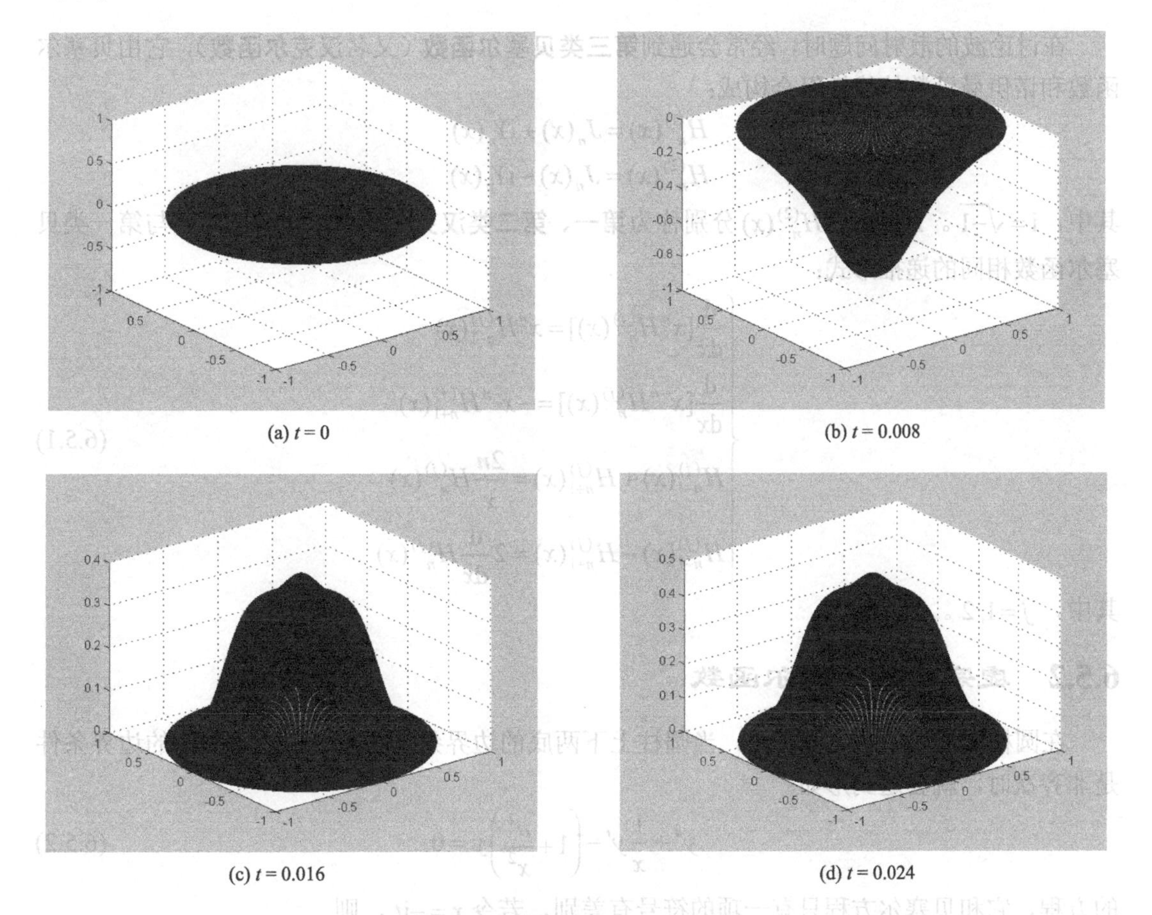

(a) $t=0$　(b) $t=0.008$　(c) $t=0.016$　(d) $t=0.024$

图 6.2　不同时刻 $s_5(r,\ t)$ 的图像

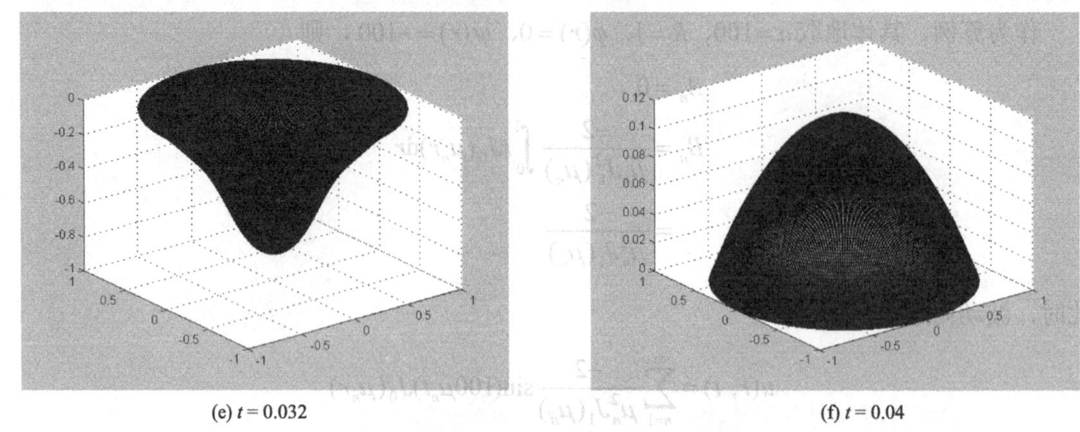


(e) $t=0.032$　　　　(f) $t=0.04$

图 6.2（续）　不同时刻 $s_5(r,\ t)$ 的图像

# 6.5　贝塞尔函数的其他类型及渐近公式

为了解决一些数学物理方程问题的需要，本节引入另外三种形式的贝塞尔函数。

## 6.5.1　第三类贝塞尔函数

在讨论波的散射问题时，经常会遇到**第三类贝塞尔函数**（又名**汉克尔函数**），它由贝塞尔函数和诺伊曼函数的线性组合构成：

$$H_n^{(1)}(x)=J_n(x)+\mathrm{i}Y_n(x)$$
$$H_n^{(2)}(x)=J_n(x)-\mathrm{i}Y_n(x)$$

其中，$\mathrm{i}=\sqrt{-1}$。$H_n^{(1)}(x)$、$H_n^{(2)}(x)$ 分别称为**第一**、**第二类汉克尔函数**，它们也具有与第一类贝塞尔函数相同的递推形式：

$$\begin{cases}\dfrac{\mathrm{d}}{\mathrm{d}x}[x^nH_n^{(j)}(x)]=x^nH_{n-1}^{(j)}(x)\\[2mm]\dfrac{\mathrm{d}}{\mathrm{d}x}[x^{-n}H_n^{(j)}(x)]=-x^{-n}H_{n+1}^{(j)}(x)\\[2mm]H_{n-1}^{(j)}(x)+H_{n+1}^{(j)}(x)=\dfrac{2n}{x}H_n^{(j)}(x)\\[2mm]H_{n-1}^{(j)}(x)-H_{n+1}^{(j)}(x)=2\dfrac{\mathrm{d}}{\mathrm{d}x}H_n^{(j)}(x)\end{cases}\tag{6.5.1}$$

其中，$j=1,2$。

## 6.5.2　虚宗量的贝塞尔函数

在圆柱形域内求解定解问题，当圆柱上下两底的边界条件都是齐次的、侧面的边界条件是非齐次时，就会遇到形如

$$y''+\frac{1}{x}y'-\left(1+\frac{n^2}{x^2}\right)y=0\tag{6.5.2}$$

的方程，它和贝塞尔方程只有一项的符号有差别。若令 $x=-\mathrm{i}t$，则

$$\mathrm{d}x=-\mathrm{i}\mathrm{d}t$$

$$\frac{\mathrm{d}y}{\mathrm{d}x}=-\frac{1}{\mathrm{i}}\frac{\mathrm{d}y}{\mathrm{d}t},\quad \frac{\mathrm{d}^2y}{\mathrm{d}x^2}=-\frac{\mathrm{d}^2y}{\mathrm{d}t^2}$$

代入式(6.5.2)中，就可将其化成贝塞尔方程

$$\frac{\mathrm{d}^2y}{\mathrm{d}t^2}+\frac{1}{t}\frac{\mathrm{d}y}{\mathrm{d}t}+\left(1-\frac{n^2}{t^2}\right)y=0 \tag{6.5.3}$$

因此，式(6.5.2)的通解为

$$y=AJ_n(\mathrm{i}x)+BY_n(\mathrm{i}x) \tag{6.5.4}$$

其中

$$J_n(\mathrm{i}x)=\mathrm{i}^n\sum_{m=0}^{\infty}\frac{x^{n+2m}}{2^{n+2m}m!\Gamma(n+m+1)} \tag{6.5.5}$$

将式(6.5.5)乘以 $\mathrm{i}^{-n}$ 后，定义它为**第一类虚宗量贝塞尔函数**或称为**第一类修正贝塞尔函数**，并记

$$I_n(x)=\mathrm{i}^{-n}J_n(\mathrm{i}x)=\sum_{m=0}^{\infty}\frac{x^{n+2m}}{2^{n+2m}m!\Gamma(n+m+1)} \tag{6.5.6}$$

第二类虚宗量贝塞尔函数 $K_n(x)$ 定义如下：

$$K_n(x)=\begin{cases}\dfrac{\frac{1}{2}\pi[I_{-n}(x)-I_n(x)]}{\sin n\pi} & （当n不是整数时）\\ \lim\limits_{\alpha\to n}\dfrac{\frac{1}{2}\pi[I_{-\alpha}(x)-I_\alpha(x)]}{\sin\alpha\pi} & （当n是整数时）\end{cases} \tag{6.5.7}$$

$K_n(x)$ 又称为**修正汉克尔函数**。所以，式(6.5.2)的通解又可写为

$$y=AI_n(x)+BK_n(x)$$

其中，$A$、$B$ 为任意常数。

$I_n(x)$ 与 $K_n(x)$ 不存在实的零点，所以它们的图形不是振荡型曲线，这一点与 $J_n(x)$ 及 $Y_n(x)$ 不同，如图 6.3 所示。

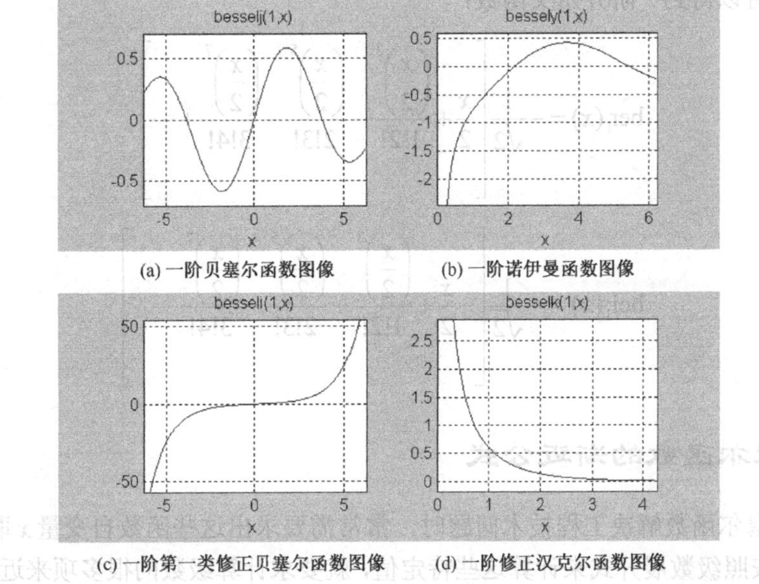


(a) 一阶贝塞尔函数图像　(b) 一阶诺伊曼函数图像

(c) 一阶第一类修正贝塞尔函数图像　(d) 一阶修正汉克尔函数图像

图 6.3　一阶贝塞尔、诺伊曼、第一类修正贝塞尔和修正汉克尔函数的图像

### 6.5.3　开尔文函数

$n$阶第一类开尔文（Kelvin）函数有两种形式，它们分别被定义为$J_n(x\sqrt{-\mathrm{i}})$的实部与虚部，记$\mathrm{ber}_n x$和$\mathrm{bei}_n x$。在实际中，零阶和一阶的开尔文（Kelvin）函数是常用的。由于

$$\begin{aligned}
J_0(x\sqrt{-\mathrm{i}}) &= J_0(x\mathrm{i}\sqrt{\mathrm{i}}) \\
&= \sum_{m=0}^{\infty}(-1)^m\frac{1}{(m!)^2}\left(\frac{\mathrm{i}\sqrt{\mathrm{i}}x}{2}\right)^{2m} = \sum_{m=0}^{\infty}\frac{\mathrm{i}^m\left(\frac{x}{2}\right)^{2m}}{(m!)^2} \\
&= \sum_{k=0}^{\infty}\frac{\mathrm{i}^{2k}\left(\frac{x}{2}\right)^{4k}}{[(2k)!]^2} + \sum_{k=0}^{\infty}\frac{\mathrm{i}^{2k+1}\left(\frac{x}{2}\right)^{4k+2}}{[(2k+1)!]^2} \\
&= \sum_{k=0}^{\infty}\frac{(-1)^k\left(\frac{x}{2}\right)^{4k}}{[(2k)!]^2} + \mathrm{i}\sum_{k=0}^{\infty}\frac{(-1)^k\left(\frac{x}{2}\right)^{4k+2}}{[(2k+1)!]^2}
\end{aligned}$$

所以，$\mathrm{ber}_0 x$和$\mathrm{bei}_0 x$分别为

$$\mathrm{ber}_0 x = \mathrm{Re}\left[J_0(x\sqrt{-\mathrm{i}})\right] = \sum_{k=0}^{\infty}\frac{(-1)^k\left(\frac{x}{2}\right)^{4k}}{[(2k)!]^2} \tag{6.5.8}$$

$$\mathrm{bei}_0 x = \mathrm{Im}\left[J_0(x\sqrt{-\mathrm{i}})\right] = \sum_{k=0}^{\infty}\frac{(-1)^k\left(\frac{x}{2}\right)^{4k+2}}{[(2k+1)!]^2} \tag{6.5.9}$$

用类似的方法可以得到一阶开尔文函数：

$$\mathrm{ber}_1(x) = -\frac{1}{\sqrt{2}}\left[\frac{x}{2} + \frac{\left(\frac{x}{2}\right)^3}{1!2!} - \frac{\left(\frac{x}{2}\right)^5}{2!3!} - \frac{\left(\frac{x}{2}\right)^7}{3!4!} + \cdots\right] \tag{6.5.10}$$

$$\mathrm{bei}_1(x) = -\frac{1}{\sqrt{2}}\left[-\frac{x}{2} + \frac{\left(\frac{x}{2}\right)^3}{1!2!} + \frac{\left(\frac{x}{2}\right)^5}{2!3!} - \frac{\left(\frac{x}{2}\right)^7}{3!4!} - \cdots\right] \tag{6.5.11}$$

### 6.5.4　贝塞尔函数的渐近公式

在应用贝塞尔函数解决工程技术问题时，常常需要求出这些函数自变量$x$取很大值时的函数值。如果按照级数展开式来计算这些特定值，就要求计算级数的很多项来近似其和函数，

这样做非常麻烦，因此想到要用另外的函数来代替收敛很慢的贝塞尔函数的级数表达式，这个函数既要能逼近贝塞尔函数，又要能节约计算的时间。

为寻找便于计算的公式，不加证明地引入所谓贝塞尔函数的渐近公式。下面只列举在应用最常见的渐近公式。

当 $x$ 取很大的值时，

$$J_n(x)\approx\sqrt{\frac{2}{\pi x}}\left[\xi_n(x)\cos\left(x-\frac{1}{4}\pi-\frac{n}{2}\pi\right)-\eta_n(x)\sin\left(x-\frac{1}{4}\pi-\frac{n}{2}\pi\right)\right] \tag{6.5.12}$$

$$Y_n(x)\approx\sqrt{\frac{2}{\pi x}}\left[\xi_n(x)\sin\left(x-\frac{1}{4}\pi-\frac{n}{2}\pi\right)+\eta_n(x)\cos\left(x-\frac{1}{4}\pi-\frac{n}{2}\pi\right)\right] \tag{6.5.13}$$

$$H_n^{(1)}(x)\approx\sqrt{\frac{2}{\pi x}}\mathrm{e}^{\mathrm{i}\left(x-\frac{\pi}{4}-\frac{n}{2}\pi\right)}[\xi_n(x)+\mathrm{i}\eta_n(x)] \tag{6.5.14}$$

$$H_n^{(2)}(x)\approx\sqrt{\frac{2}{\pi x}}\mathrm{e}^{-\mathrm{i}\left(x-\frac{\pi}{4}-\frac{n}{2}\pi\right)}[\xi_n(x)-\mathrm{i}\eta_n(x)] \tag{6.5.15}$$

其中

$$\xi_n(x)=1-\frac{(4n^2-1^2)(4n^2-3^2)}{2!(8x)^2}+\frac{(4n^2-1^2)(4n^2-3^2)(4n^2-5^2)(4n^2-7^2)}{4!(8x)^4}-\cdots$$

$$\eta_n(x)=\frac{4n^2-1^2}{1!(8x)}-\frac{(4n^2-1^2)(4n^2-3^2)(4n^2-5^2)}{3!(8x)^3}+\cdots$$

只要 $x$ 的值很大，用这些渐近展开式右端的前面几项来计算左端函数的近似值，就能达到比较满意的精确度。例如，可以取

$$\begin{cases}J_n(x)\approx\sqrt{\dfrac{2}{\pi x}}\cos\left(x-\dfrac{1}{4}\pi-\dfrac{n}{2}\pi\right)\\ Y_n(x)\approx\sqrt{\dfrac{2}{\pi x}}\sin\left(x-\dfrac{1}{4}\pi-\dfrac{n}{2}\pi\right)\\ H_n^{(1)}\approx\sqrt{\dfrac{2}{\pi x}}\mathrm{e}^{\mathrm{i}\left(x-\frac{1}{4}\pi-\frac{n}{2}\pi\right)}\\ H_n^{(2)}\approx\sqrt{\dfrac{2}{\pi x}}\mathrm{e}^{-\mathrm{i}\left(x-\frac{1}{4}\pi-\frac{n}{2}\pi\right)}\end{cases} \tag{6.5.16}$$

来进行相应的近似计算。图 6.4 给出了一阶贝塞尔函数 $J_1(x)$ 与它的渐近函数 $\sqrt{\dfrac{2}{\pi x}}\cos\left(x-\dfrac{3}{4}\pi\right)$ 的图像，图 6.5 给出了一阶诺伊曼函数 $Y_1(x)$ 与它的渐近函数 $\sqrt{\dfrac{2}{\pi x}}\sin\left(x-\dfrac{3}{4}\pi\right)$ 的图像。从中可以看出，当 $x>5$ 后，原图像与渐近函数之间的差别越来越小。

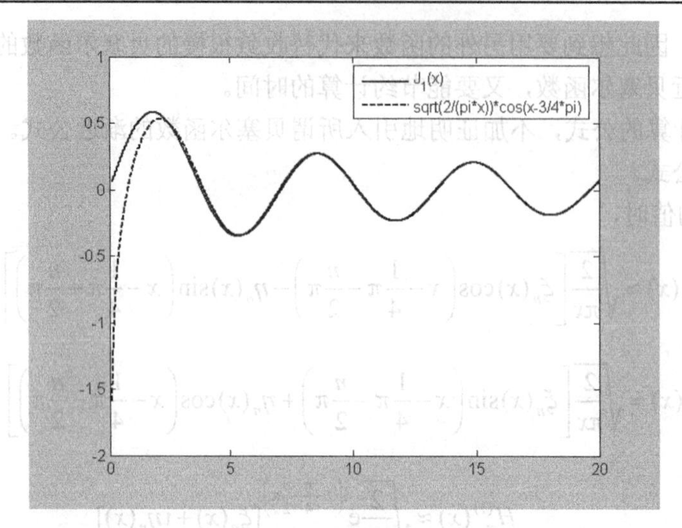


图 6.4　一阶贝塞尔函数 $J_1(x)$ 和它的渐近函数 $\sqrt{\dfrac{2}{\pi x}}\cos\left(x-\dfrac{3}{4}\pi\right)$ 的图像

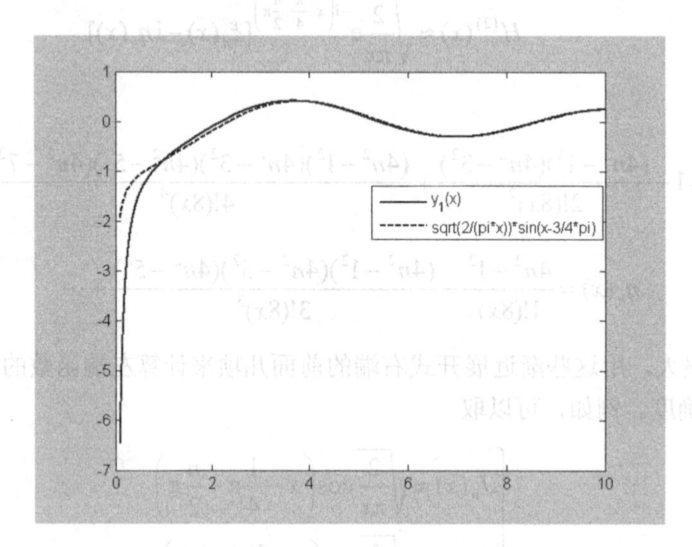


图 6.5　一阶贝塞尔函数 $y_1(x)$ 和它的渐近函数 $\sqrt{\dfrac{2}{\pi x}}\sin\left(x-\dfrac{3}{4}\pi\right)$ 的图像

# 习　题

1．当 $n$ 为正整数时，讨论 $J_n(x)$ 的收敛范围。

2．证明 $J_{2n-1}(0)=0$，其中 $n=1,2,\cdots$。

3．计算：

(1) $\dfrac{\mathrm{d}}{\mathrm{d}x}J_0(\alpha x)$；

(2) $\dfrac{\mathrm{d}}{\mathrm{d}x}\left[xJ_1(\alpha x)\right]$。

4．计算积分：

(1) $\int x^3 J_0(x)\mathrm{d}x$；

(2) $\int x^4 J_1(x)\mathrm{d}x$；

(3) $\int x^{n+1} J_n(\alpha x)\mathrm{d}x$。

5．利用 $J_n(x)$ 和 $J_{-n}(x)$ 的级数表达式证明：

(1) $J_{\frac{1}{2}}(x)=\dfrac{\sqrt{\dfrac{x}{2}}}{\Gamma\left(\dfrac{3}{2}\right)}\left(1-\dfrac{x^2}{3!}+\dfrac{x^4}{5!}-\cdots\right)=\sqrt{\dfrac{2}{\pi x}}\sin x$；

(2) $J_{-\frac{1}{2}}(x)=\sqrt{\dfrac{2}{\pi x}}\cos x$。

6．试证 $y=xJ_n(x)$ 是方程

$$x^2y''-xy'+(1+x^2-n^2)y=0$$

的一个解。

7．利用贝塞尔函数的递推公式证明：

(1) $J_2(x)-J_0(x)=2J_0''(x)$；

(2) $\int xJ_2(x)\mathrm{d}x=-xJ_1(x)-2J_0(x)+C$；

(3) $J_3(x)+3J_0'(x)+4J_0'''(x)=0$。

8．试将函数 $f(x)=x$ 在 $[0, a]$ 上展开成贝塞尔函数 $J_1\left(\dfrac{\mu_i}{a}x\right)$ 的级数，其中 $\mu_i\,(i=1, 2, \cdots)$ 是 $J_1(x)$ 的正零点。

9．试将函数 $f(x)=1-x^2\ (0<x<1)$ 展开成贝塞尔函数 $J_0(\lambda_i x)$ 的级数，其中 $\lambda_i\,(i=1, 2, \cdots)$ 是 $J_0(x)$ 的正零点。

10．若 $\lambda_i\,(i=1, 2, \cdots)$ 是 $J_1(x)$ 的正零点，证明：

$$\int_0^R xJ_0\left(\frac{\lambda_i}{R}x\right)J_0\left(\frac{\lambda_j}{R}x\right)\mathrm{d}x=\begin{cases}0 & (i\neq j)\\ \dfrac{R^2}{2}J_0^2(\lambda_i) & (i=j)\end{cases}$$

11．试证：

$$\int x^nJ_0(x)\mathrm{d}x=x^nJ_1(x)+(n-1)x^{n-1}J_0(x)-(n-1)^2\int x^{n-2}J_0(x)\mathrm{d}x$$

12．求解定解问题

$$\begin{cases}\dfrac{\partial^2 u}{\partial t^2}-a^2\left(\dfrac{\partial^2 u}{\partial r^2}+\dfrac{1}{r}\dfrac{\partial u}{\partial r}\right)=0 & (0<r<R,\ t>0)\\ |u|_{r=0}<\infty,\ u|_{r=R}=0 & \\ u|_{t=0}=1-\dfrac{r^2}{R^2},\ \left.\dfrac{\partial u}{\partial t}\right|_{t=0}=0 & \end{cases}$$

13．半径为 $a$、高为 $h$ 的圆柱体，下底和侧面保持零度，上底温度分布为 $f(r)=r^2$，求柱体内各点的稳恒温度分布。

14．已知函数 $f(x)=\begin{cases}1 & (0<x<c)\\ 0 & (c<x<1)\end{cases}$，其中 $(0<c<1)$。

(1) 证明 $f(x)$ 的零阶贝塞尔级数展开式为 $2c\sum\limits_{i=1}^{\infty}\dfrac{J_1(c\alpha_i)}{\alpha_i J_1^2(\alpha_i)}J_0(\alpha_i x)$，其中 $\alpha_i$ 是 $J_0(x)$ 的零根；

(2) 取 $c=\dfrac{1}{3}$，画出级数的前 5 项部分和的图像，观察它们在 $x=\dfrac{1}{3}$ 处的形态。

15．一半径为 1 的的圆形薄膜，边界固定，在它的表面附近的一声爆炸引起圆形薄膜以 −100 m/s 的初始速度振动。设膜的初始形状是平坦的。

(1) 在平面极坐标系下写出该圆形薄膜振动的定解问题并求解之；

(2) 用数值方法计算 $J_0(x)$ 的前 5 个正零根的近似值；

(3) 取 $a=100$，画出级数解的前 5 项之和在 $t_k=0.008k,\ k=0,\ 1,\ \cdots,\ 5$ 时刻的图像，观察圆形薄膜的振动规律。

# 第 7 章　勒让德多项式

在这一章，将通过在球坐标系下对拉普拉斯方程进行变量分离，引出另一类特殊方程——勒让德方程，讨论这个方程的解法及其解的有关性质。

## 7.1　勒让德方程的引入

考虑三维拉普拉斯方程

$$\Delta u = 0$$

在球坐标系中

$$\begin{cases} x = r\sin\theta\cos\varphi & (0 \leqslant r < \infty,\ 0 \leqslant \theta \leqslant \pi,\ 0 \leqslant \varphi \leqslant 2\pi) \\ y = r\sin\theta\sin\varphi \\ z = r\cos\theta \end{cases}$$

的变量分离。在球坐标系下拉普拉斯方程的表达式为

$$\frac{1}{r^2}\frac{\partial}{\partial r}\left(r^2\frac{\partial u}{\partial r}\right) + \frac{1}{r^2\sin\theta}\frac{\partial}{\partial\theta}\left(\sin\theta\frac{\partial u}{\partial\theta}\right) + \frac{1}{r^2\sin^2\theta}\frac{\partial^2 u}{\partial\varphi^2} = 0 \tag{7.1.1}$$

令 $u(r,\theta,\varphi) = R(r)Y(\theta,\varphi)$，代入式(7.1.1)中，得

$$\frac{Y}{r^2}\frac{\mathrm{d}}{\mathrm{d}r}\left(r^2\frac{\mathrm{d}R}{\mathrm{d}r}\right) + \frac{R}{r^2\sin\theta}\frac{\partial}{\partial\theta}\left(\sin\theta\frac{\partial Y}{\partial\theta}\right) + \frac{R}{r^2\sin^2\theta}\frac{\partial^2 Y}{\partial\varphi^2} = 0$$

用 $r^2/RY$ 遍乘各项并移项整理，即得

$$\frac{1}{R}\frac{\mathrm{d}}{\mathrm{d}r}\left(r^2\frac{\mathrm{d}R}{\mathrm{d}r}\right) = -\frac{1}{\sin\theta Y}\frac{\partial}{\partial\theta}\left(\sin\theta\frac{\partial Y}{\partial\theta}\right) - \frac{1}{Y}\frac{1}{\sin^2\theta}\frac{\partial^2 Y}{\partial\varphi^2}$$

当且仅当上式两边等于同一个常数才能相等，引入参数 $l(l+1)$，使得

$$\frac{1}{R}\frac{\mathrm{d}}{\mathrm{d}r}\left(r^2\frac{\mathrm{d}R}{\mathrm{d}r}\right) = -\frac{1}{Y\sin\theta}\frac{\partial}{\partial\theta}\left(\sin\theta\frac{\partial Y}{\partial\theta}\right) - \frac{1}{Y\sin^2\theta}\frac{\partial^2 Y}{\partial\varphi^2} = l(l+1)$$

将以上方程分解，可得

$$\frac{\mathrm{d}}{\mathrm{d}r}\left(r^2\frac{\mathrm{d}R}{\mathrm{d}r}\right) - l(l+1)R = 0 \tag{7.1.2}$$

和

$$\frac{1}{\sin\theta}\frac{\partial}{\partial\theta}\left(\sin\theta\frac{\partial Y}{\partial\theta}\right) + \frac{1}{\sin^2\theta}\frac{\partial^2 Y}{\partial\varphi^2} + l(l+1)Y = 0 \tag{7.1.3}$$

常微分方程(7.1.2)是欧拉型方程，偏微分方程(7.1.3)称为**球函数方程**。

进一步分离变量，令$Y(\theta, \varphi)=\Theta(\theta)\Phi(\varphi)$，代入式(7.1.3)中，得

$$\frac{\Phi}{\sin\theta}\frac{\mathrm{d}}{\mathrm{d}\theta}\left(\sin\theta\frac{\mathrm{d}\Theta}{\mathrm{d}\theta}\right)+\frac{\Phi}{\sin^2\theta}\frac{\mathrm{d}^2\Phi}{\mathrm{d}\varphi^2}+l(l+1)\Phi\Theta=0$$

在上式两端同时乘以$\dfrac{\sin^2\theta}{\Phi\Theta}$并移项，得

$$\frac{\sin\theta}{\Theta}\frac{\mathrm{d}}{\mathrm{d}\theta}\left(\sin\theta\frac{\mathrm{d}\Theta}{\mathrm{d}\theta}\right)+l(l+1)\sin^2\theta=-\frac{1}{\Phi}\frac{\mathrm{d}^2\Phi}{\mathrm{d}\varphi^2}$$

再引入参数$\lambda$，令

$$\frac{\sin\theta}{\Theta}\frac{\mathrm{d}}{\mathrm{d}\theta}\left(\sin\theta\frac{\mathrm{d}\Theta}{\mathrm{d}\theta}\right)+l(l+1)\sin^2\theta=-\frac{1}{\Phi}\frac{\mathrm{d}^2\Phi}{\mathrm{d}\varphi^2}=\lambda$$

上式可分解为两个常微分方程

$$\Phi''+\lambda\Phi=0 \tag{7.1.4}$$

$$\sin\theta\frac{\mathrm{d}}{\mathrm{d}\theta}\left(\sin\theta\frac{\mathrm{d}\Theta}{\mathrm{d}\theta}\right)+\left[l(l+1)\sin^2\theta-\lambda\right]\Theta=0 \tag{7.1.5}$$

式(7.1.4)与自然周期条件$\Phi(\varphi)=\Phi(\varphi+2\pi)$结合，构成本征值问题

$$\begin{cases}\Phi''+\lambda\Phi=0\\ \Phi(\varphi)=\Phi(\varphi+2\pi)\end{cases}$$

由第三章 3.3 节知

$$\lambda=m^2 \qquad (m=0,1,\cdots)$$

和

$$\Phi(\varphi)=A\cos m\varphi+B\sin m\varphi$$

将$\lambda=m^2(m=0,1,\cdots)$代入到式(7.1.5)中，整理得到

$$\frac{1}{\sin\theta}\frac{\mathrm{d}}{\mathrm{d}\theta}\left(\sin\theta\frac{\mathrm{d}\Theta}{\mathrm{d}\theta}\right)+\left[l(l+1)-\frac{m^2}{\sin^2\theta}\right]\Theta=0$$

作自变量替换，令$\theta=\arccos x$，即$x=\cos\theta$，并记$y(x)=\Theta(\cos\theta)$，则

$$\frac{\mathrm{d}\Theta}{\mathrm{d}\theta}=\frac{\mathrm{d}\Theta}{\mathrm{d}x}\frac{\mathrm{d}x}{\mathrm{d}\theta}=-\sin\theta\frac{\mathrm{d}y}{\mathrm{d}x}$$

$$\frac{1}{\sin\theta}\frac{\mathrm{d}}{\mathrm{d}\theta}\left(\sin\theta\frac{\mathrm{d}\Theta}{\mathrm{d}\theta}\right)=\frac{1}{\sin\theta}\frac{\mathrm{d}x}{\mathrm{d}\theta}\frac{\mathrm{d}}{\mathrm{d}x}\left(-\sin^2\theta\frac{\mathrm{d}y}{\mathrm{d}x}\right)=\frac{\mathrm{d}}{\mathrm{d}x}\left[(1-x^2)\frac{\mathrm{d}y}{\mathrm{d}x}\right]$$

故式(7.1.3)化为

$$\frac{\mathrm{d}}{\mathrm{d}x}\left[(1-x^2)\frac{\mathrm{d}y}{\mathrm{d}x}\right]+\left[l(l+1)-\frac{m^2}{1-x^2}\right]y=0$$

即

$$(1-x^2)\frac{d^2y}{dx^2}-2x\frac{dy}{dx}+\left[l(l+1)-\frac{m^2}{1-x^2}\right]y=0 \tag{7.1.6}$$

这是一个变系数的、带有奇点（$x=\pm1$）的二阶常微分方程，称为 $l$ 阶连带勒让德（Legender）方程。当 $m=0$ 时，方程退化为

$$(1-x^2)\frac{d^2y}{dx^2}-2x\frac{dy}{dx}+l(l+1)y=0$$

上式称为 $l$ 阶勒让德方程。

# 7.2　勒让德方程的求解和勒让德多项式

## 7.2.1　求解勒让德方程

本小节研究勒让德方程

$$(1-x^2)\frac{d^2y}{dx^2}-2x\frac{dy}{dx}+l(l+1)y=0 \tag{7.2.1}$$

在点 $x=0$ 邻域内的解，其中 $l$ 为任意实数。

由常微分方程常点邻域上解的性质，方程的解具有如下级数形式：

$$y(x)=a_0+a_1x+a_2x^2+\cdots+a_nx^n+\cdots$$
$$=\sum_{k=0}^{\infty}a_kx^k \qquad (a_0\neq0)$$

于是

$$y'(x)=a_1+2a_2x+\cdots+na_nx^{n-1}+\cdots=\sum_{k=1}^{\infty}ka_kx^{k-1}$$

$$y''(x)=2a_2+\cdots+n(n-1)a_nx^{n-2}+\cdots=\sum_{k=2}^{\infty}k(k-1)a_kx^{k-2}$$

将以上式子代入式(7.2.1)中，得

$$(1-x^2)\sum_{k=2}^{\infty}k(k-1)a_kx^{k-2}-2x\sum_{k=1}^{\infty}ka_kx^{k-1}+l(l+1)\sum_{k=0}^{\infty}a_kx^k=0$$

展开并从零开始重新标记下标，得

$$\sum_{k=0}^{\infty}(k+2)(k+1)a_{k+2}x^k-\sum_{k=0}^{\infty}k(k-1)a_kx^k-\sum_{k=0}^{\infty}2ka_kx^k+l(l+1)\sum_{k=0}^{\infty}a_kx^k=0$$

合并同类项，有

$$\sum_{k=0}^{\infty}\{(k+2)(k+1)a_{k+2}-[k(k+1)-l(l+1)]a_k\}x^k=0$$

由级数的各次幂系数为零，得到系数递推公式为

$$(k+2)\cdot(k+1)a_{k+2}+(l^2+l-k^2-k)a_k=0$$

即

$$a_{k+2}=\frac{(k-l)(k+l+1)}{(k+2)(k+1)}a_k \qquad (k=0,1,2,\cdots) \tag{7.2.2}$$

按照递推公式(7.2.2)具体地进行系数的递推，得

$$a_2=\frac{-l(l+1)}{2!}a_0, \qquad a_3=\frac{(1-l)(l+2)}{3!}a_1$$

$$a_4=\frac{(2-l)(-l)(l+1)(l+3)}{4!}a_0, \qquad a_5=\frac{(3-l)(1-l)(l+2)(l+4)}{5!}a_1$$

一般地，有

$$a_{2n}=\frac{(2n-2-l)(2n-4-l)\cdots(-l)(l+1)\cdots(l+2n-1)}{(2n)!}a_0$$

$$a_{2n+1}=\frac{(2n-1-l)(2n-3-l)\cdots(1-l)(l+2)\cdots(l+2n)}{(2n+1)!}a_1$$

其中，$a_0$、$a_1$是任意的数。这样，就得到了式(7.2.1)的解，将其写成如下形式：

$$y(x)=a_0y_0(x)+a_1y_1(x) \tag{7.2.3}$$

其中

$$y_0(x)=1+\frac{(-l)(l+1)}{2}x^2+\frac{(2-l)(-l)(l+1)(l+3)}{4!}x^4+\cdots+\frac{(2n-2-l)(2n-4-l)\cdots(-l)(l+1)\cdots(l+2n-1)}{(2n)!}x^{2n}+\cdots \tag{7.2.4}$$

$$y_1(x)=x+\frac{(1-l)(l+2)}{3!}x^3+\frac{(3-l)(1-l)(l+2)(l+4)}{5!}x^5+\cdots+\frac{(2n-1-l)(2n-3-l)\cdots(1-l)(l+2)\cdots(l+2n)}{(2n+1)!}x^{2n+1}+\cdots \tag{7.2.5}$$

由$a_0$、$a_1$的任意性，$y_0(x)$、$y_1(x)$都是式(7.2.1)的解，且显然二者是线性无关的。利用检比法和系数的递推公式，可以证明级数$y_0(x)$、$y_1(x)$的收敛区间都是$(-1, 1)$。利用高斯方法，还可以证明级数$y_0(x)$和$y_1(x)$在$x=\pm1$处发散。所以，勒让德方程的解在$|x|<1$时收敛，在$x=\pm1$处发散。

### 7.2.2 勒让德多项式

从系数递推式(7.2.2)可以看出，当 $l$ 为偶数时，即$l=2n$时，$a_{l+2}=0$，因此$a_{l+4}=a_{l+6}=\cdots=0$，于是$y_0(x)$退化为 $2n$ 次多项式，并且只含有偶次幂项，此时，$y_1(x)$仍为无穷级数；同理，当$l$为奇数时，即$l=2n+1$时，$y_1(x)$退化为$l=2n+1$次多项式，并且只含有奇次幂项，$y_0(x)$仍为无穷级数。

实际应用中，需要考虑勒让德方程在区间[−1, 1]上的有界解，所以必须重点研究 $y_0(x)$ 和 $y_1(x)$ 为多项式的情形。当 $y_0(x)$ 或 $y_1(x)$ 为多项式时，为了使所得多项式在 $x=1$ 处取得值等于 1 乘以适当的常数，使其最高次幂 $x^l$ 的系数为 $a_l=\dfrac{(2l)!}{2^l(l!)^2}$，这样的多项式称为 **$l$ 阶勒让德多项式**，记 $P_l(x)$。当 $a_l=\dfrac{(2l)!}{2^l(l!)^2}$ 时，将递推公式(7.2.2)改写为

$$a_k=-\frac{(k+2)(k+1)}{(l-k)(k+l+1)}a_{k+2}$$

可以将其他系数一一推算出来，即

$$a_{l-2}=\frac{-l(l-1)}{2(2l-1)}a_l=\frac{-l(l-1)}{2(2l-1)}\frac{(2l)!}{2^l(l!)^2}=-\frac{(2l-2)!}{2^l(l-1)!(l-2)!}$$

$$a_{l-4}=\frac{(l-2)(l-3)}{-4(2l-3)}a_{l-2}=(-1)^2\frac{(2l-4)!}{2!2^l(l-2)!(l-4)!}$$

一般地，当 $l-2n\geqslant 0$ 时，有

$$a_{l-2n}=(-1)^n\frac{(2l-2n)!}{n!2^l(l-n)!(l-2n)!} \tag{7.2.6}$$

当 $l$ 为正偶数时，将这些系数代入到 $y_0(x)$ 中，得

$$y_0(x)=\sum_{k=0}^{\frac{l}{2}}(-1)^k\frac{(2l-2k)!}{2^l k!(l-k)!(l-2k)!}x^{l-2k}$$

而当 $l$ 为正奇数时，将这些系数代入到 $y_1(x)$ 中，得

$$y_1(x)=\sum_{k=0}^{\frac{l-1}{2}}(-1)^k\frac{(2l-2k)!}{2^l k!(l-k)!(l-2k)!}x^{l-2k}$$

这两个多项式可以统一写成

$$P_l(x)=\sum_{k=0}^{\left[\frac{l}{2}\right]}(-1)^k\frac{(2l-2k)!}{2^l k!(l-k)!(l-2k)!}x^{l-2k}\qquad (l=0,1,2,\cdots) \tag{7.2.7}$$

这就是 $l$ 阶勒让德多项式的一般表达式，其中 $\left[\dfrac{l}{2}\right]$ 表示不超过 $\dfrac{l}{2}$ 的最大整数。

特别地，当 $l=0, 1, 2, 3, 4, 5$ 时，0～5 阶勒让德多项式为

$$P_0(x)=1$$

$$P_1(x)=x$$

$$P_2(x)=\frac{1}{2}(3x^2-1)$$

$$P_3(x)=\frac{1}{2}(5x^3-3x)$$

$$P_4(x)=\frac{1}{8}(35x^4-30x^2+3)$$

$$P_5(x)=\frac{1}{8}(63x^5-70x^3+15x)$$

它们的图形如图 7.1 所示。

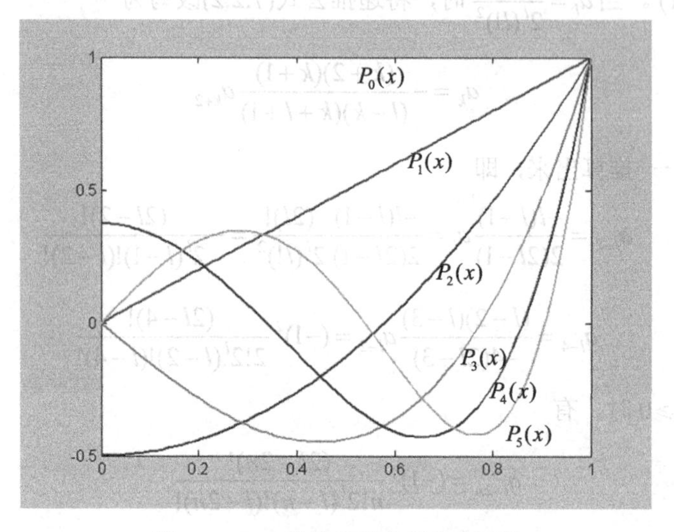


图 7.1　0～5 阶勒让德多项式的图形

当 $l$ 为整数时，函数 $y_0(x)$ 、 $y_1(x)$ 中总有一个是勒让德多项式，取 $a_l=\dfrac{(2l)!}{2^l(l!)^2}$ ，并由迭代公式(7.2.6)得到的各项系数 $a_{l-2k}$ 形成的勒让德多项式在 $x=1$ 处的值等于 1，在 $[-1, 1]$ 上有界，这时另一个函数仍是无穷级数，记其为 $Q_l(x)$ ，它在 $0<x<1$ 中收敛，但在 $[-1, 1]$ 上无界，即 $\lim\limits_{|x|\to 1}|Q_l(x)|=\infty$ 。故 $P_l(x)$ 和 $Q_l(x)$ 线性无关，因此，$l$ 阶勒让德方程的通解为

$$y(x)=C_1P_l(x)+C_2Q_l(x)$$

其中， $Q_l(x)$ 称为**第二类勒让德函数**。

## 7.3　勒让德多项式的微分表达式及递推公式

勒让德多项式有下列简洁的微分表达式：

$$P_l(x)=\frac{1}{2^l l!}\frac{\mathrm{d}^l}{\mathrm{d}x^l}(x^2-1)^l \qquad (l=0,1,2,\cdots) \tag{7.3.1}$$

该式称为勒让德多项式的**罗德里格斯（Rodrigues）表达式**。这一公式可利用二项式定理，将 $(x^2-1)^l$ 展开，然后逐项求 $l$ 阶导数证明。

不同阶数的勒让德多项式之间存在递推公式，例如：

$$P_l'(x)-xP_{l-1}'(x)=lP_{l-1}(x) \tag{7.3.2}$$

$$xP_l'(x)-P_{l-1}'(x)=lP_l(x) \tag{7.3.3}$$

其推导如下。记 $V_l(x)=\frac{1}{2^l l!}(x^2-1)^l$，$l=0, 1, 2, \cdots$，则 $P_l(x)=\frac{\mathrm{d}^l V_l}{\mathrm{d}x^l}$，$l=0, 1, 2, \cdots$，因此

$$\frac{\mathrm{d}V_l}{\mathrm{d}x}=\frac{x(x^2-1)^{l-1}}{2^{l-1}(l-1)!}=xV_{l-1}$$

上式两端对 $x$ 再微分 $l$ 次，利用莱布尼茨公式，有

$$\frac{\mathrm{d}^{l+1}V_l}{\mathrm{d}x^{l+1}}=x\frac{\mathrm{d}^l V_{l-1}}{\mathrm{d}x^l}+l\frac{\mathrm{d}^{l-1}V_{l-1}}{\mathrm{d}x^{l-1}}$$

故

$$\frac{\mathrm{d}P_l}{\mathrm{d}x}=x\frac{\mathrm{d}P_{l-1}}{\mathrm{d}x}+lP_{l-1}$$

即

$$P_l'(x)-xP_{l-1}'(x)=lP_{l-1}(x)$$

又由于

$$2lV_l=\frac{(x^2-1)^l}{2^{l-1}(l-1)!}=(x^2-1)\frac{(x^2-1)^{l-1}}{2^{l-1}(l-1)!}=x^2V_{l-1}-V_{l-1}$$

即

$$x^2V_{l-1}=2lV_l+V_{l-1}$$

将 $xV_{l-1}=\frac{\mathrm{d}V_l}{\mathrm{d}x}$ 代入上式，得

$$x\frac{\mathrm{d}V_l}{\mathrm{d}x}=2lV_l+V_{l-1}$$

两端关于 $x$ 求 $l$ 阶导数，利用莱布尼茨公式，有

$$x\frac{\mathrm{d}^{l+1}V_l}{\mathrm{d}x^{l+1}}+l\frac{\mathrm{d}^l V_l}{\mathrm{d}x^l}=2l\frac{\mathrm{d}^l V_l}{\mathrm{d}x^l}+\frac{\mathrm{d}^l V_{l-1}}{\mathrm{d}x^l}$$

移项并由 $P_l=\frac{\mathrm{d}^l V_l}{\mathrm{d}x^l}$，得

$$xP_l'(x)-P_{l-1}'(x)=lP_l(x)$$

由式(7.3.2)和式(7.3.3)联立，还可解得

$$P_l'=\frac{1}{1-x^2}(lP_{l-1}-lxP_l)$$

和

$$P_{l-1}'=\frac{1}{1-x^2}(lP_{l-1}-lP_l)$$

以上两式给出了勒让德多项式导函数的递推公式。

类似于式(7.3.2)的推导过程，利用 $P_l(x)$ 的罗德里格斯表达式，还可以证明下面的递推公式

$$(l+1)P_{l+1}=(2l+1)xP_l-lP_{l-1} \tag{7.3.4}$$

当 $P_0, P_1$ 已知时，反复利用式(7.3.4)可以推出任意阶勒让德多项式的表达式。

## 7.4　函数展开成勒让德多项式的级数

为了应用勒让德多项式解决数学物理方程的定解问题，需要将给定区间 $[-1, 1]$ 内的函数按勒让德多项式展开为无穷级数。为此，需要证明不同阶数的所有勒让德多项式全体构成一个正交函数系。

### 7.4.1　勒让德多项式的正交性

首先，证明不同阶的勒让德多项式在区间 $[-1, 1]$ 上正交，亦即

$$\int_{-1}^{1}P_k(x)P_l(x)\mathrm{d}x=0 \qquad (k\neq l) \tag{7.4.1}$$

设 $P_k(x)$、$P_l(x)$ 分别满足勒让德方程

$$(1-x^2)P_k''-2xP_k'+k(k+1)P_k=0$$

和

$$(1-x^2)P_l''-2xP_l'+l(l+1)P_l=0$$

即

$$\left[(1-x^2)P_k'\right]'+k(k+1)P_k=0$$

和

$$\left[(1-x^2)P_l'\right]'+l(l+1)P_l=0$$

将前一个式子两端乘以 $P_l$，减去后一个式子乘以 $P_k$，并在 $[-1, 1]$ 上积分，有

$$\int_{-1}^{1}\left\{P_l\left[(1-x^2)P_k'\right]'-P_k\left[(1-x^2)P_l'\right]'\right\}\mathrm{d}x+\int_{-1}^{1}[k(k+1)-l(l+1)]P_kP_l\,\mathrm{d}x=0$$

利用分部积分计算，上式左端第 1 项等于

$$P_l(1-x^2)P_k'\Big|_{-1}^{1}-P_k(1-x^2)P_l'\Big|_{-1}^{1}-\int_{-1}^{1}\left\{P_l'(1-x^2)P_k'-P_k'(1-x^2)P_l'\right\}\mathrm{d}x=0$$

故

$$\int_{-1}^{1}[k(k+1)-l(l+1)]P_kP_l\,\mathrm{d}x=0$$

当 $k\neq l$ 时，有

$$\int_{-1}^{1}P_kP_l\,\mathrm{d}x=0$$

所以，不同阶的勒让德多项式在 $[-1, 1]$ 上正交。

下面计算 $P_l(x)$ 的模数，即计算

$$N_l=\left(\int_{-1}^{1}P_l^2(x)\mathrm{d}x\right)^{\frac{1}{2}}$$

由罗德里格斯表达式，利用分部积分公式，有

$$\begin{aligned}N_l^2&=\int_{-1}^{1}\left\{\frac{1}{2^l l!}\frac{\mathrm{d}^l}{\mathrm{d}x^l}[(x^2-1)^l]\right\}^2\mathrm{d}x\\&=\frac{1}{2^{2l}(l!)^2}\int_{-1}^{1}\frac{\mathrm{d}^l(x^2-1)^l}{\mathrm{d}x^l}\frac{\mathrm{d}^l(x^2-1)^l}{\mathrm{d}x^l}\mathrm{d}x\\&=\frac{1}{2^{2l}(l!)^2}\left[\frac{\mathrm{d}^{l-1}(x^2-1)^l}{\mathrm{d}x^{l-1}}\frac{\mathrm{d}^l(x^2-1)^l}{\mathrm{d}x^l}\right]\Bigg|_{-1}^{1}-\frac{1}{2^{2l}(l!)^2}\int_{-1}^{1}\frac{\mathrm{d}^{l-1}(x^2-1)^l}{\mathrm{d}x^{l-1}}\frac{\mathrm{d}^{l+1}(x^2-1)^l}{\mathrm{d}x^{l+1}}\mathrm{d}x\\&=-\frac{1}{2^{2l}(l!)^2}\int_{-1}^{1}\frac{\mathrm{d}^{l-1}(x^2-1)^l}{\mathrm{d}x^{l-1}}\frac{\mathrm{d}^{l+1}(x^2-1)^l}{\mathrm{d}x^{l+1}}\mathrm{d}x\end{aligned}$$

连续分部积分 $l$ 次，即得

$$\begin{aligned}N_l^2&=(-1)^l\frac{1}{2^{2l}(l!)^2}\int_{-1}^{1}(x^2-1)^l\frac{\mathrm{d}^{2l}(x^2-1)^l}{\mathrm{d}x^{2l}}\mathrm{d}x\\&=(-1)^l\frac{(2l)!}{2^{2l}(l!)^2}\int_{-1}^{1}(x^2-1)^l\mathrm{d}x\\&=(-1)^l\frac{(2l)!}{2^{2l}(l!)^2}\int_{-1}^{1}(x-1)^l(x+1)^l\mathrm{d}x\end{aligned}$$

再连续分部积分 $l$ 次，得

$$\begin{aligned}N_l^2&=(-1)^l\frac{(2l)!}{2^{2l}(l!)^2}\cdot(-1)^l\cdot\frac{l}{l+1}\cdot\frac{l-1}{l+2}\cdots\frac{1}{2l}\int_{-1}^{1}(x+1)^{2l}\mathrm{d}x\\&=\frac{1}{2^{2l}(2l+1)}(x+1)^{2l+1}\Big|_{-1}^{1}\\&=\frac{2}{2l+1}\end{aligned}$$

这样，得到勒让德多项式的模值为

$$N_l=\sqrt{\frac{2}{2l+1}}\quad(l=0,\ 1,\ 2,\ \cdots)\tag{7.4.2}$$

所以，$\{P_l(x)\}$ 是一个正交的函数系。因此，满足一定条件的函数可以展开成以 $\{P_l(x)\}$ 为基的广义傅里叶级数，即有下面的展开定理。

**定理 7.1** 设 $f(x)$ 为 $[-1, 1]$ 上具有一阶连续导数及分段连续的二阶导数的函数，且 $f(-1)=-1$、$f(1)=1$，则 $f(x)$ 可展开成

$$f(x)=\sum_{l=0}^{\infty}f_lP_l(x)\tag{7.4.3}$$

其中，$f_l=\dfrac{2l+1}{2}\displaystyle\int_{-1}^{1}f(x)P_l(x)\mathrm{d}x,\ l=0,\ 1,\ 2,\ \cdots$。

上式称为 $f(x)$ 的**傅里叶-勒让德级数**，简称为 **F-L 级数**。

【例 7-1】 将函数

$$f(x)=\begin{cases}-1 & (-1<x\leqslant 0)\\ 0 & (0<x<1)\end{cases}$$

在区间 (−1, 1) 内展成勒让德多项式的级数。

**解**：因 $f(x)$ 在 (−1, 1) 内是奇函数，而 $P_{2l}(x)$ 是 $x$ 的偶函数，故 $f_{2l}=0,\ (l=0,1,2,\cdots)$，下面计算 $f_{2l+1}$。

$$f_1=2\cdot\frac{3}{2}\int_0^1 x\mathrm{d}x=\frac{3}{2}$$

$$f_3=2\cdot\frac{7}{2}\int_0^1\frac{1}{2}(5x^3-3x)\mathrm{d}x=-\frac{7}{8}$$

一般地，有

$$\begin{aligned}f_{2l+1}&=2\cdot\frac{2(2l+1)+1}{2}\int_0^1\frac{1}{2^{(2l+1)}(2l+1)!}\frac{\mathrm{d}^{2l+1}(x^2-1)^{2l+1}}{\mathrm{d}x^{2l+1}}\mathrm{d}x\\&=\frac{4l+3}{2^{(2l+1)}(2l+1)!}\cdot\left.\frac{\mathrm{d}^{2l}(x^2-1)^{2l+1}}{\mathrm{d}x^{2l}}\right|_0^1\end{aligned}$$

因为 $(x^2-1)^{2l+1}=(x-1)^{2l+1}(x+1)^{2l+1}$，对它求 $2l$ 阶导数后，所得每一项都含有因子 $(x-1)$，故 $\left.\frac{\mathrm{d}^{2l}(x^2-1)^{2l+1}}{\mathrm{d}x^{2l}}\right|_{x=1}=0$，所以，只需考虑 $x=0$ 时的值。为此，只需考虑 $\frac{\mathrm{d}^{2l}(x^2-1)^{2l+1}}{\mathrm{d}x^{2l}}$ 的常数项即可，即 $(x^2-1)^{2l+1}$ 中的 $2l$ 次幂，由二项式定理

$$(x^2-1)^{2l+1}=\sum_{k=0}^{2l+1}\frac{(2l+1)!}{(2l+1-k)!k!}(x^2)^{2l+1-k}(-1)^k$$

取 $k=l+1$ 项，得

$$\begin{aligned}f_{2l+1}&=-\frac{4l+3}{2^{(2l+1)}(2l+1)!}\cdot\frac{(2l+1)!}{(l+1)!l!}\cdot\frac{\mathrm{d}^{2l}x^{2l}}{\mathrm{d}x^{2l}}(-1)^{l+1}\\&=(-1)^{l+2}\frac{(4l+3)(2l)!}{2^{2l+1}l!(l+1)!}\end{aligned}$$

所以

$$f(x)=\sum_{l=0}^{\infty}(-1)^{l+2}\frac{(4l+3)(2l)!}{2^{2l+1}l!(l+1)!}P_l(x)$$

当 $f(x)$ 为次数不太高的多项式时，由恒等式

$$f(x)=f_0P_0+f_1P_1+f_2P_2+\cdots$$

用两边关于 $x$ 同次幂的系数相等的方法来确定系数 $f_l$ 更为简捷、方便。

【例 7-2】 将函数 $f(x)=2x^3+3x+4$ 展开为 F-L 级数。

**解**：由于 $f(x)$ 是 3 次多项式，所以展开为 $\{P_l(x)\}$ 的级数，当 $l>3$ 时，必有 $f_l=0$，则

$$f(x)=f_0P_0+f_1P_1+f_2P_2+f_3P_3$$

即

$$2x^3+3x+4=f_0\cdot 1+f_1\cdot x+f_2\cdot\frac{1}{2}(3x^2-1)+f_3\cdot\frac{1}{2}(5x^3-3x)$$
$$=\left(f_0-\frac{1}{2}f_2\right)+\left(f_1-\frac{3}{2}f_3\right)x+\frac{3}{2}f_2x^2+\frac{5}{2}f_3x^3$$

两端比较系数，得

$$f_0=4,\qquad f_1=\frac{21}{5},\qquad f_2=0,\qquad f_3=\frac{4}{5}$$

因此

$$2x^3+3x+4=4P_0+\frac{21}{5}P_1+\frac{4}{5}P_3$$

## 7.4.2 勒让德多项式的应用

利用勒让德多项式，可求解偏微分方程边值问题，下例说明求解过程。

【例 7-3】 球形域内的电位分布。在半径为 1 的球内，$u$ 满足 $\Delta u=0$，在球面上满足 $u|_{r=1}=\cos^2\theta$，求 $u$。

**解**：在球坐标系 $(r,\ \theta,\ \varphi)$ 中，有

$$\Delta u=\frac{1}{r^2}\frac{\partial}{\partial r}\left(r^2\frac{\partial u}{\partial r}\right)+\frac{1}{r^2\sin\theta}\frac{\partial}{\partial\theta}\left(\sin\theta\frac{\partial u}{\partial\theta}\right)+\frac{1}{r^2\sin^2\theta}\frac{\partial^2u}{\partial\varphi^2}$$

由于边界条件不依赖于 $\varphi$，所以 $u$ 也不依赖于 $\varphi$，于是所提问题可化为下列边值问题：

$$\begin{cases}\dfrac{1}{r^2}\dfrac{\partial}{\partial r}\left(r^2\dfrac{\partial u}{\partial r}\right)+\dfrac{1}{r^2\sin\theta}\dfrac{\partial}{\partial\theta}\left(\sin\theta\dfrac{\partial u}{\partial\theta}\right)=0 & (0<r<1,\ 0\leqslant\theta\leqslant\pi)\\ u|_{r=1}=\cos^2\theta\end{cases}\tag{7.4.4}$$

用分离变量法求解。令 $u(r,\theta)=R(r)\Theta(\theta)$，代入方程，得

$$(r^2R''+2rR')\Theta+(\Theta''+\cot\theta\,\Theta')R=0$$

化简并引入参数 $\lambda$，得

$$\frac{r^2R''+2rR'}{R}=-\frac{\Theta''+\cot\theta\,\Theta'}{\Theta}=\lambda$$

从而得到两个常微分方程为

$$r^2R''+2rR'-\lambda R=0\tag{7.4.5}$$

和

$$\Theta''+\cot\theta\,\Theta'+\lambda\Theta=0\tag{7.4.6}$$

式(7.4.5)是欧拉型方程。在式(7.4.6)中，令 $\lambda=l(l+1)$、$x=\cos\theta$、$\Theta(\arccos x)=P(x)$，则有

$$(1-x^2)\frac{\mathrm{d}^2P}{\mathrm{d}x^2}-2x\frac{\mathrm{d}P}{\mathrm{d}x}+l(l+1)P=0 \tag{7.4.7}$$

这是勒让德方程。由问题的物理意义，函数$u(r,\ \theta)$在$r\leqslant 1$内是有界的，从而$P(x)$在$[-1,\ 1]$上应有界。由前面对勒让德方程解的分析可知，只有当$l$取为整数时，$P(x)$才有界。不妨取$l$为非负整数，则

$$P(x)=C_lP_l(x) \tag{7.4.8}$$

其中，$P_l(x)$是$l$阶勒让德多项式，写成$\Theta$的形式为

$$\Theta_l(\theta)=C_lP_l(\cos\theta) \tag{7.4.9}$$

问题式(7.4.5)中方程的通解为

$$R_l(r)=A_lr^l+B_lr^{-(l+1)}$$

由$u$的有界性，当$r\to 0$时，$|R_l(r)|$应保持有界，故$B_l=0$，即

$$R_l(r)=A_lr^l$$

利用叠加原理，原问题的解可以表示为

$$u(r,\ \theta)=\sum_{l=0}^{\infty}C_lr^lP_l(\cos\theta) \tag{7.4.10}$$

其中，$C_l$为待定系数，需由边界条件确定，代入边界条件，得

$$\cos^2\theta=\sum_{l=0}^{\infty}C_lP_l(\cos\theta) \tag{7.4.11}$$

将$\cos\theta$用$x$代替，得

$$x^2=\sum_{l=0}^{\infty}C_lP_l(x)$$

由于

$$x^2=\frac{1}{3}P_0(x)+\frac{2}{3}P_2(x)$$

比较系数，可得

$$C_0=\frac{1}{3},\qquad C_2=\frac{2}{3},\quad C_l=0\quad (l\neq 0,2)$$

因此，所求定解问题的解为

$$\begin{aligned}u(r,\ \theta)&=\frac{1}{3}+\frac{2}{3}P_2(\cos\theta)r^2\\&=\frac{1}{3}+\left(\cos^2\theta-\frac{1}{3}\right)r^2\end{aligned}$$

## 7.5 连带的勒让德多项式

在 7.4 节例 7-3 中，若球面上 $u$ 的值不仅依赖于 $\theta$，而且依赖于 $\varphi$，则球内电位分布关于球中心不对称，用分离变量法求拉普拉斯方程 $\Delta u = 0$ 时，就会引出连带的勒让德方程，即

$$(1-x^2)\frac{d^2 y}{dx^2} - 2x\frac{dy}{dx} + \left[l(l+1) - \frac{m^2}{1-x^2}\right]y = 0 \tag{7.5.1}$$

其中，$m$ 为正整数。下面通过 $l$ 阶勒让德方程来寻求式(7.5.1)在 $[-1, 1]$ 上的解。

在勒让德方程

$$(1-x^2)\frac{d^2 v}{dx^2} - 2x\frac{dv}{dx} + l(l+1)v = 0$$

两端对 $x$ 微分 $m$ 次，得

$$\frac{d^m}{dx^m}\left[(1-x^2)\frac{d^2 v}{dx^2}\right] - \frac{d^m}{dx^m}\left[2x\frac{dv}{dx}\right] + l(l+1)\frac{d^m v}{dx^m} = 0 \tag{7.5.2}$$

而

$$\frac{d^m}{dx^m}\left[(1-x^2)\frac{d^2 v}{dx^2}\right] = (1-x^2)\frac{d^{m+2} v}{dx^{m+2}} - \frac{m}{1!}\cdot 2x \cdot \frac{d^{m+1} v}{dx^{m+1}} - \frac{m(m-1)}{2!}\cdot 2 \cdot \frac{d^m v}{dx^m}$$

$$\frac{d^m}{dx^m}\left[2x\frac{dv}{dx}\right] = 2x\frac{d^{m+1} v}{dx^{m+1}} + \frac{m}{1!}\cdot 2 \cdot \frac{d^m v}{dx^m}$$

代入式(7.5.2)中，得

$$(1-x^2)\frac{d^{m+2} v}{dx^{m+2}} - (m+1)2x\frac{d^{m+1} v}{dx^{m+1}} + [l(l+1) - m(m+1)]\frac{d^m v}{dx^m} = 0$$

令 $u = \frac{d^m v}{dx^m}$，则上式可化为

$$(1-x^2)\frac{d^2 u}{dx^2} - 2x(m+1)\frac{du}{dx} + [l(l+1) - m(m+1)]u = 0 \tag{7.5.3}$$

再令 $w = (1-x^2)^{\frac{m}{2}} u$，则有

$$\frac{du}{dx} = mx(1-x^2)^{-\frac{m}{2}-1} w + (1-x^2)^{-\frac{m}{2}}\frac{dw}{dx}$$

和

$$\frac{d^2 u}{dx^2} = m(1-x^2)^{-\frac{m}{2}-2} w[(1-x^2) + (m+2)x^2] + 2mx(1-x^2)^{-\frac{m}{2}-1}\frac{dw}{dx} + (1-x^2)^{-\frac{m}{2}}\frac{d^2 w}{dx^2}$$

代入式(7.5.3)中，得

$$(1-x^2)\frac{d^2w}{dx^2}-2x\frac{dw}{dx}+\left[l(l+1)-\frac{m^2}{1-x^2}\right]w=0$$

上面推导的结果说明，若 $v$ 是勒让德方程的解，则 $w=(1-x^2)^{\frac{m}{2}}\frac{d^m v}{dx^m}$ 必是连带勒让德方程(7.5.1)的解，因此，求连带勒让德方程(7.5.1)的解可化为求解相应的勒让德方程获得。已知当 $l$ 为正整数时，勒让德方程有一个在 $[-1, 1]$ 上有界的解 $v=P_l(x)$，从而当 $l$ 为正整数时，函数 $w=(1-x^2)^{\frac{m}{2}}\frac{d^m P_l}{dx^m}$ 是连带勒让德方程(7.5.1)在 $[-1, 1]$ 上的有界解。该解以 $P_l^m(x)$ 表示，即

$$P_l^m(x)=(1-x^2)^{\frac{m}{2}}\frac{d^m P_l(x)}{dx^m}\qquad (m\leqslant l, |x|<1)\tag{7.5.4}$$

称 $P_l^m(x)$ 为 **$l$ 次 $m$ 阶的连带勒让德多项式**。可以证明，连带勒让德多项式 $\{P_l^m(x)\}_0^\infty$ 在区间 $[-1, 1]$ 上也构成正交完备系，且它的模平方为

$$\int_{-1}^{1}\left[P_l^m(x)\right]^2 dx=\frac{2}{2l+1}\frac{(m+l)!}{(m-l)!}$$

因而，对于任一个满足按特征函数展开条件的函数 $f(x)$，可展开为

$$f(x)=\sum_{n=0}^{\infty}f_l P_l^m(x)$$

其中，$f_l=\frac{(2l+1)(l-m)!}{2(l+m)!}\int_{-1}^{1}f(x)P_l^m(x)dx$。

利用以上讨论的结果，可以求解球坐标内不具有轴对称的边值问题：

$$\begin{cases}\frac{\partial}{\partial r}\left(r^2\frac{\partial u}{\partial r}\right)+\frac{1}{\sin\theta}\frac{\partial}{\partial\theta}\left(\sin\theta\frac{\partial u}{\partial\theta}\right)+\frac{1}{\sin^2\theta}\frac{\partial^2 u}{\partial\varphi^2}=0 & (r<R,\ 0\leqslant\theta\leqslant\pi,\ 0\leqslant\varphi\leqslant 2\pi)\\ u|_{r=R}=f(\theta,\varphi)\end{cases}$$

令 $u(r,\ \theta,\ \varphi)=R(r)\Theta(\theta)\Phi(\varphi)$，代入方程，经过两次分离变量，并考虑到自然周期条件 $\Phi(\varphi)=\Phi(\varphi+2\pi)$，得

$$\Phi''+m^2\Phi=0\qquad (m=0,\ 1,\ 2,\ \cdots)\tag{7.5.5}$$

$$\frac{d}{dr}\left(r^2\frac{dR}{dr}\right)-\lambda R=0\tag{7.5.6}$$

$$(1-x^2)y''-2xy'+\left[\lambda-\frac{m^2}{1-x^2}\right]y=0\tag{7.5.7}$$

其中，$x=\cos\theta$、$y(x)=\Theta(\theta)$，由式(7.5.7)和有界性条件可知 $\lambda=l(l+1)$，$l=0,\ 1,\ 2,\ \cdots$，对应的特征函数为 $P_l^m(x)$。此时，式(7.5.5)的通解为

$$R=C_1 r^l+C_2 r^{-(l+1)}$$

在球心处，即 $r\to 0$ 时，$u(r,\ \theta,\ \varphi)$ 有界，得 $|R(0)|<\infty$，取 $C_2=0$，因此得到拉普拉斯方程有下列形式的特解：$r^l P_l^m(\cos\theta)\cos m\varphi$、$r^l P_l^m(\cos\theta)\sin m\varphi$。将这些特解叠加，得

$$u=\sum_{l=0}^{\infty}\sum_{m=0}^{\infty}r^l(A_l^m P_l^m(\cos\theta)\cos m\varphi+B_l^m P_l^m(\cos\theta)\sin m\varphi)$$

为了定出系数 $A_l^m$、$B_l^m$，必须将已知函数 $f(\theta, \varphi)$ 展开，利用 $P_l^m(\cos\theta)$ 及 $\{1, \cos m\varphi, \sin m\varphi\}_{m=0}^{\infty}$ 的正交性，可得展开式的系数公式为

$$R^l A_l^m=\frac{\int_0^{2\pi}\int_0^{\pi}f(\theta,\varphi)P_l^m(\cos\theta)\cos m\varphi\sin\theta\mathrm{d}\theta\mathrm{d}\varphi}{N_m^l}$$

和

$$R^l B_l^m=\frac{\int_0^{2\pi}\int_0^{\pi}f(\theta,\varphi)P_l^m(\cos\theta)\sin m\varphi\sin\theta\mathrm{d}\theta\mathrm{d}\varphi}{N_m^l}$$

其中

$$N_m^l=\begin{cases}\dfrac{4\pi}{2l+1}\dfrac{(m+l)!}{(m-l)!} & (m=0)\\ \dfrac{2\pi}{2l+1}\dfrac{(m+l)!}{(m-l)!} & (m>0)\end{cases}$$

由此，即可定出 $A_l^m$、$B_l^m$。

# 习　　题

1．证明：

$$P_l(1)=1,\qquad P_l(-1)=(-1)^l,\qquad P_{2l-1}(0)=0,\qquad P_{2l}(0)=\frac{(-1)^l(2l)!}{2^{2l}(l!)^2}$$

2．利用比较系数法证明勒让德多项式满足如下关系式：

(1) $x^2=\frac{2}{3}P_2(x)+\frac{1}{3}P_0(x)$；

(2) $x^3=\frac{2}{5}P_3(x)+\frac{3}{5}P_1(x)$。

3．证明：

(1) $P_l(-x)=(-1)^l P_l(x)$；

(2) $P'_{l+1}(x)-P'_{l-1}(x)=(2l+1)P_l(x),\ l\geqslant 1$。

4．计算积分：

(1) $\int_0^1 xP_5(x)\mathrm{d}x$；

(2) $\int_{-1}^1 [P_2(x)]^2\mathrm{d}x$。

5．验证 $P_l(x)=\frac{1}{2^l l!}\frac{\mathrm{d}^l}{\mathrm{d}x^l}(x^2-1)^l$。

6．设 $f(x)$ 是一个 $k$ 次多项式，试证明当 $k<l$ 时，

$$\int_{-1}^{1} f(x)P_l(x)\mathrm{d}x = 0$$

即 $f(x)$ 和 $P_l(x)$ 在 $[-1, 1]$ 上正交。

7．将函数 $f(x)=5x^3+3x^2+x+1$ 展开为傅里叶-勒让德级数。

8．设函数 $f(x)=\begin{cases}0 & (-1<x\leqslant 0)\\ x & (0<x\leqslant 1)\end{cases}$ 将其展开为傅里叶-勒让德级数。

9．半径为 1 的球形区域内部没有电荷，球面上的电势为 $3\cos 2\theta+1$，求球形域内的电势分布。

10．求球外部区域定解问题

$$\begin{cases}\Delta u=0 & (r>a,\ 0\leqslant\theta<\pi)\\ u|_{r=a}=0 \\ \lim\limits_{r\to\infty} u=-E_0 r\cos\theta\end{cases}$$

11．分别画出偶数阶勒让德多项式 $P_0(x)$、$P_2(x)$、$P_4(x)$、$P_6(x)$ 和奇数阶的勒让德多项式 $P_1(x)$、$P_3(x)$、$P_5(x)$、$P_7(x)$ 的图像，观察它们的性质。

12．已知函数 $f(x)=|x|,\ -1\leqslant x\leqslant 1$：

(1) 计算 $f(x)$ 的前 5 个勒让德系数；

(2) 证明 $f(x)$ 的傅里叶-勒让德展开式为

$$f(x)=\frac{1}{2}+\sum_{l=1}^{\infty}(-1)^{l+1}\frac{l(2l-2)!(4l+1)}{2^{2l}(l!)^2(l+1)}P_{2l}$$

(3) 在同一个坐标轴上画出 $f(x)$ 和它的勒让德级数展开式的部分和 $S_n(x)=\sum\limits_{l=0}^{n}A_lP_l(x)$，$n=1, 2, 5, 10, 20$ 的图像，观察级数对 $f(x)$ 的近似情况；

# 第 8 章　偏微分方程的差分方法

随着计算机软硬件的不断更新和计算方法的迅速发展，科学计算、科学实验和理论研究成为现代科学研究的三大主要手段。科学计算能够解决实验及理论无法解决的问题，并由此发现一些新的物理现象，加深人们对物理机理的理解和认识，促进科学的发展。

在实际问题中，我们所能获取的或感兴趣的，往往只是一个特定点上的数据。如空间的温度分布只能一个点一个点地测定，火箭升空传回的控制信息只能以某个确定的时间为间隔，一个个地发送和接收，如此等等。这些离散点上的函数值对于解决实际问题，已经足够了，寻找解析解的一般形式未必必要。在很多情况下，寻找解析解也并无可能。现实问题中归结的微分方程不满足解析解的存在条件比比皆是，方程中出现的有些函数连续性都无法保证，它们并不存在一般意义的解析解。即使微分方程的解析解存在，也并不意味可以将它表示为初等函数，如多项式、对数函数、指数函数、三角函数及它们的不定积分的有限组合形式——显式解。事实上，有显式解的微分方程只占解析解存在的微分方程中非常小的一部分。于是，求数值解便成了在这种情况下解决问题的重要手段了。

微分方程的解在数学意义上的存在性可以在非常一般的条件下得到证明，这已有许多重要的结论。但从实际上讲，人们需要的并不是解在数学中的存在性，而是关心某个定义范围内，对应某些特定的自变量的解的取值或近似值，这样一组数值称为这个微分方程在该范围内的数值解，寻找数值解的过程称为**数值求解微分方程**。数值求解偏微分方程的经典方法主要是有限差分法和有限元法。本章的主要内容是关于前面介绍的典型的三类微分方程常用的有限差分方法。

差分方法的基本思想是利用差商（差分）近似微分，化连续的微分方程为离散的差分方程，通过求解差分方程给出微分方程在离散点上的近似解。首先，以最简单的一维对流方程为例，引入用差分方法求解偏微分方程数值解的一些基本概念，并说明求解过程和差分方法的基本原理。

考虑对流方程的初值问题

$$\begin{cases} \dfrac{\partial u}{\partial t}+c\dfrac{\partial u}{\partial x}=0 \qquad (x\in R,\ t>0) \\ u|_{t=0}=f(x) \end{cases} \tag{8.0.1}$$

以下假定 $c$ 为常数，且 $c>0$。差分方法的基本步骤如下。

**第一步：区域的剖分（区域的离散化）。**

如图 8.1 所示，可以采用由两组分别平行于 $x$ 轴和 $t$ 轴的直线所形成的网格覆盖求解区域，它们的交点称为**网格结点（节点）**，即

$$\begin{cases} t=t_n=n\tau \qquad (n=0,\ 1,\ 2,\ \cdots) \\ x=x_j=jh \qquad (j=0,\ \pm 1,\ \pm 2,\ \cdots) \end{cases}$$

其中，$h>0$ 称为**空间步长**，$\tau>0$ 称为**时间步长**。简单起见，节点 $(x_j,\ t_n)$ 记为 $(j,\ n)$。

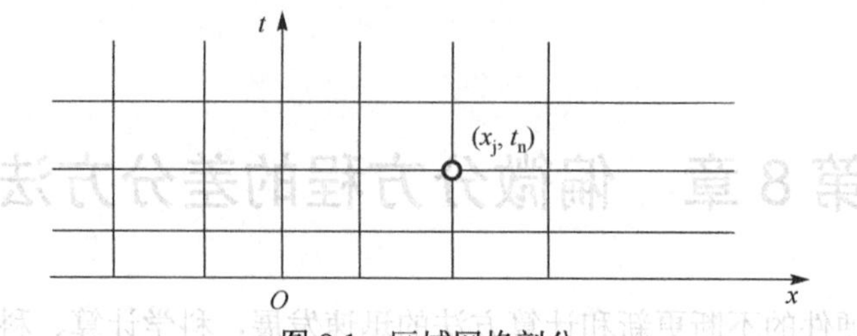

图 8.1 区域网格剖分

**第二步：离散微分方程建立差分方程。**

设 $u(x,t)$ 是式(8.0.1)的解，取任意节点 $(j, n)$，利用差商近似微分方程中出现的微分项 $\dfrac{\partial u}{\partial t}$、$\dfrac{\partial u}{\partial x}$，由泰勒级数展开式有

$$\frac{u(x_j,\ t_{n+1})-u(x_j,\ t_n)}{\tau}=\frac{\partial}{\partial t}u(x_j,\ t_n)+O(\tau) \quad \text{（向前差商）} \tag{8.0.2}$$

$$\frac{u(x_{j+1},\ t_n)-u(x_j,\ t_n)}{h}=\frac{\partial}{\partial x}u(x_j,\ t_n)+O(h) \quad \text{（向前差商）} \tag{8.0.3}$$

$$\frac{u(x_j,\ t_n)-u(x_{j-1},\ t_n)}{h}=\frac{\partial}{\partial x}u(x_j,\ t_n)+O(h) \quad \text{（向后差商）} \tag{8.0.4}$$

$$\frac{u(x_{j+1},\ t_n)-u(x_{j-1},\ t_n)}{2h}=\frac{\partial}{\partial x}u(x_j,\ t_n)+O(h^2) \quad \text{（中心差商）} \tag{8.0.5}$$

由于 $u(x_j,t_n)$ 是式(8.0.1)的解，所以满足

$$\frac{\partial}{\partial t}u(x_j,\ t_n)+c\frac{\partial}{\partial x}u(x_j,\ t_n)=0 \tag{8.0.6}$$

因此，从式(8.0.2)和式(8.0.3)得

$$\frac{u(x_j,\ t_{n+1})-u(x_j,\ t_n)}{\tau}+c\frac{u(x_{j+1},\ t_n)-u(x_j,\ t_n)}{h}=O(\tau+h) \tag{8.0.7}$$

为了保证逼近精度要求，实际所取步长 $h$ 与 $\tau$ 是较小的量，特别在进行理论分析的极限过程中，它们都趋向于零。因此，忽略误差项，从式(8.0.7)可以得到下面差分方程：

$$\frac{u_j^{n+1}-u_j^n}{\tau}+c\frac{u_{j+1}^n-u_j^n}{h}=0 \tag{8.0.8}$$

其中，$u_j^n$ 表示 $u(x_j,\ t_n)$ 的近似值。

**第三步：离散初值条件，写出差分格式的计算公式。**

将式(8.0.8)改写成便于计算的形式

$$u_j^{n+1}=u_j^n-c\lambda(u_{j+1}^n-u_j^n) \qquad (j=0,\pm1,\pm2,\cdots;\ n=0,1,2,\cdots) \tag{8.0.9}$$

其中，$\lambda=\tau/h$ 称为**网格比**。式(8.0.8)和式(8.0.9)称为式(8.0.1)的**有限差分方程（差分格式）**。

问题式(8.0.1)中的初始条件的离散形式是

$$u_j^0=f_j=f(x_j) \qquad (j=0,\pm1,\pm2,\cdots) \tag{8.0.10}$$

初值问题式(8.0.1)的差分格式的计算公式为

$$\begin{cases} u_j^{n+1} = u_j^n - c\lambda(u_{j+1}^n - u_j^n) \quad (j = 0, \pm1, \pm2, \cdots; n = 0, 1, 2, \cdots) \\ u_j^0 = f_j \end{cases} \tag{8.0.11}$$

此差分格式称为初值问题式(8.0.1)的**显式右偏格式**。

对同一微分方程可以建立种种不同形式的差分格式。在式(8.0.1)中，$u(x, t)$ 对 $t$ 采用向前差商，$u(x, t)$ 对 $x$ 采用向后差商和中心差商，分别得**显式左偏差分格式**为

$$\begin{cases} \dfrac{u_j^{n+1} - u_j^n}{\tau} + c\dfrac{u_j^n - u_{j-1}^n}{h} = 0 \\ u_j^0 = f_j \end{cases} \tag{8.0.12}$$

**和显式中心差分格式**

$$\begin{cases} \dfrac{u_j^{n+1} - u_j^n}{\tau} + c\dfrac{u_{j+1}^n - u_{j-1}^n}{2h} = 0 \\ u_j^0 = f_j \end{cases} \tag{8.0.13}$$

**第四步：分析差分格式的性质。**

为了使差分格式的解能够可靠地近似微分方程的解，差分格式必须满足一定的要求。这就是差分格式的相容性、收敛性和稳定性。在给出这些差分格式的重要性质之前，首先介绍截断误差的概念。

对于齐次问题，可以将微分方程和差分方程记为 $Lu = 0$ 、$L_h u_j^n = 0$，其中 $L$ 为微分算子，$L_h$ 是相应的差分算子。式(8.0.1)中微分算子 $L$ 为

$$Lu = \frac{\partial u}{\partial t} + c\frac{\partial u}{\partial x}$$

差分算子 $L_h$ 为

$$L_h u_j^n = \frac{u_j^{n+1} - u_j^n}{\tau} + c\frac{u_{j+1}^n - u_j^n}{h}$$

设 $u(x, t)$ 是所讨论的微分方程的充分光滑的解，将算子 $L$ 和 $L_h$ 分别作用于 $u(x_j, t_n)$，记二者在任意的结点 $(j, n)$ 处的差为 $T(x_j, t_n)$，即

$$T(x_j, t_n) = L_h u(x_j, t_n) - Lu(x_j, t_n) \tag{8.0.14}$$

差分格式 $L_h u_j^n = 0$ 的截断误差是指对 $T(x_j, t_n)$ 的估计。

分析差分格式截断误差的方法是：把解析解 $u(x_j, t_n)$ 代入差分格式 $L_h u_j^n = 0$，利用泰勒展开式分析误差 $T(x_j, t_n)$。

如对差分格式(8.0.8)，有

$$\begin{aligned} T(x_j, t_n) &= L_h u(x_j, t_n) - Lu(x_j, t_n) \\ &= \frac{u(x_j, t_{n+1}) - u(x_j, t_n)}{\tau} + c\frac{u(x_{j+1}, t_n) - u(x_j, t_n)}{\tau} - \left(\frac{\partial u(x_j, t_n)}{\partial t} + c\frac{\partial u(x_j, t_n)}{\partial x}\right) \\ &= O(\tau + h) \end{aligned}$$

一般地，用“精度”一词说明截断误差。如果一个差分格式的截断误差是$T=O(\tau^q+h^p)$，就说差分格式对时间$t$是$q$阶精度的，对空间$x$是$p$阶精度的。特别地，当$p=q$时，说明差分格式是$p$阶精度的。

**定义 8.1（差分格式的相容性）** 如果当$\tau\to 0$和$h\to 0$时，解$u$充分光滑，差分格式的截断误差$T(x_j, t_n)\to 0$，即有

$$\|T(x_j, t_n)\|=\|L_h u(x_j, t_n)-Lu(x_j, t_n)\|\to 0$$

则称**差分方程与原微分方程是相容的**。

容易验证，前面介绍的问题式(8.0.1)的三种差分格式均是相容的差分格式。

**定义 8.2（差分格式的收敛性）** 设$u$是微分方程的精确解，$u_j^n$是相应差分方程的精确解，如果当步长$\tau\to 0$，$h\to 0$时，对任何点$(j, n)$有$u_j^n\to u(x_j, t_n)$，则称**差分格式是收敛的**。

经验证，左偏格式是收敛的，收敛性条件为$c\lambda\leqslant 1$。右偏格式与中心格式均不收敛。

**定义 8.3（差分格式的稳定性）** 设初始层上引入了误差$\varepsilon_j^0,\ j=0,\ \pm 1,\ \cdots$，令$\varepsilon_j^n, j=0, \pm 1,\ \cdots$，是第$n$层上的误差，如果存在常数$K$，使得当$\tau\leqslant\tau_0,\ n\tau\leqslant T$时，有$\|\varepsilon^n\|\leqslant K\|\varepsilon^0\|$，那么称**差分格式是稳定的**。

简单的傅里叶分析法被有效地用于分析差分格式的稳定性。经分析，左偏格式是稳定的，稳定性条件为$c\lambda\leqslant 1$。右偏格式与中心格式均不稳定。

通常，分析差分格式的收敛性比较困难。下面的 Lax 等价定理给出了差分格式稳定性与收敛性的关系，可以方便地利用稳定性的结论分析收敛性。

**定理 8.1（Lax 等价定理）** 给定一个适定的线性初值问题以及与其相容的差分格式，则差分格式的稳定性是差分格式收敛性的充分必要条件。

根据 Lax 等价定理，对于适定的线性初值问题，只要利用傅里叶方法分析差分格式的稳定性，就可以给出收敛性的结论。

下面针对前几章介绍的三类典型偏微分方程，按照前面给出的四个步骤，对每类方程给出经典的差分格式。重点给出差分方程的建立与初值条件及边界条件的处理，网格剖分均假定为均匀剖分，符号与一维对流例子相同。对于差分格式的性质，只给出结论，不进行证明，感兴趣的读者请见参考文献[4]。

## 8.1　波动方程的差分格式

考虑一维波动方程的初值问题

$$\begin{cases}\dfrac{\partial^2 u}{\partial t^2}-a^2\dfrac{\partial^2 u}{\partial x^2}=0 & (x\in R, t\in(0,T])\\ u|_{t=0}=f(x) \\ \left.\dfrac{\partial u}{\partial t}\right|_{t=0}=g(x)\end{cases}\tag{8.1.1}$$

方程中出现二阶导数项$\dfrac{\partial^2 u}{\partial t^2}$、$\dfrac{\partial^2 u}{\partial x^2}$。利用二阶中心差商近似二阶导数通过泰勒展开式分析，可知

$$\frac{u(x_{j+1},\ t_n)-2u(x_j,\ t_n)+u(x_{j-1},\ t_n)}{h^2}=\frac{\partial^2 u}{\partial x^2}+O(h^2)\qquad\text{（二阶中心差商）}$$

$$\frac{u(x_j,\ t_{n+1})-2u(x_j,\ t_n)+u(x_j,\ t_{n-1})}{\tau^2}=\frac{\partial^2 u}{\partial t^2}+O(\tau^2)\qquad\text{（二阶中心差商）}$$

在波动方程(8.1.1)中，二阶导数采用二阶中心差商近似得

$$\frac{u(x_j,\ t_{n+1})-2u(x_j,\ t_n)+u(x_j,\ t_{n-1})}{\tau^2}-a^2\frac{u(x_{j+1},\ t_n)-2u(x_j,\ t_n)+u(x_{j-1},\ t_n)}{h^2}=O(\tau^2+h^2)$$

类似于式(8.08)，可得近似解$u_j^n$满足的显式差分方程。

**显式差分格式：**

$$\frac{u_j^{n+1}-2u_j^n+u_j^{n-1}}{\tau^2}-a^2\frac{u_{j+1}^n-2u_j^n+u_{j-1}^n}{h^2}=0\tag{8.1.2}$$

显然，这是一个二阶格式，此时初始条件也应该进行二阶离散，可设

$$\begin{cases}u_j^0=f_j=f(x_j)\\ \dfrac{u_j^1-u_j^{-1}}{2\tau}=g_j\end{cases}$$

在差分方程中，令$n=0$，得

$$\frac{u_j^1-2u_j^0+u_j^{-1}}{\tau^2}-a^2\frac{u_{j+1}^0-2u_j^0+u_{j-1}^0}{h^2}=0$$

与$\dfrac{u_j^1-u_j^{-1}}{2\tau}=g_j$联立，得

$$u_j^1=\frac{1}{2}a^2\lambda^2(f_{j-1}+f_{j+1})+(1-a^2\lambda^2)f_j+\tau g_j\tag{8.1.3}$$

其中，$\lambda=\dfrac{\tau}{h}$，故差分方程的计算公式为

$$\begin{cases}u_j^{n+1}=a^2\lambda^2(u_{j+1}^n-2u_j^n+u_{j-1}^n)+2u_j^n-u_j^{n-1}\qquad(n>1)\\ u_j^1=\dfrac{1}{2}a^2\lambda^2(f_{j-1}+f_{j+1})+(1-a^2\lambda^2)f_j+\tau g_j\end{cases}\tag{8.1.4}$$

显式差分格式是相容的，是条件收敛、条件稳定的，收敛性与稳定性条件为$a\lambda<1$。

为了提高差分格式的稳定性，通常采用隐式格式，即对微分项$\dfrac{\partial^2 u}{\partial x^2}$采用未知时间层上的信息。对显式差分格式中的二阶中心差分项$\dfrac{u_{j+1}^n-2u_j^n+u_{j-1}^n}{h^2}$改用第$n+1$层与第$n-1$层的平均值来近似，得到隐式差分格式。

**隐式差分格式：**

$$\frac{u_j^{n+1}-2u_j^n+u_j^{n-1}}{\tau^2}-\frac{1}{2}a^2\left(\frac{u_{j+1}^{n-1}-2u_j^{n-1}+u_{j-1}^{n-1}}{h^2}+\frac{u_{j+1}^{n+1}-2u_j^{n+1}+u_{j-1}^{n+1}}{h^2}\right)=0 \tag{8.1.5}$$

式(8.1.5)为二阶差分格式，是无条件收敛、无条件稳定的。隐式差分格式需要求解线性方程组，该格式适用于求解有界区域上的问题，考虑合理的边界条件，形成封闭的线性方程组。即使对于无界的问题，通过设计人工边界条件，把无界区域的问题转化为有限区域上的问题，仍可以采用隐式差分格式计算。

进一步地，对显式差分格式中的二阶中心差分项$\dfrac{u_{j+1}^n-2u_j^n+u_{j-1}^n}{h^2}$采用$n-1$层、$n$层与$n+1$层的加权平均值来近似，可得加权隐式差分格式。

**加权隐式差分格式：**

$$\frac{u_j^{n+1}-2u_j^n+u_j^{n-1}}{\tau^2}-a^2\left(\theta\frac{u_{j+1}^{n-1}-2u_j^{n-1}+u_{j-1}^{n-1}}{h^2}+(1-2\theta)\frac{u_{j+1}^n-2u_j^n+u_{j-1}^n}{\tau^2}+\theta\frac{u_{j+1}^{n+1}-2u_j^{n+1}+u_{j-1}^{n+1}}{h^2}\right)=0 \tag{8.1.6}$$

加权隐式差分格式综合了显式差分格式和隐式差分格式。当$\theta=0$时，是显式差分格式；当$\theta=\dfrac{1}{2}$时，是隐式差分格式。通过分析截断误差可知，当$\theta\neq\dfrac{1}{12}\left(a^2-\dfrac{1}{\lambda^2}\right)$时，加权隐式差分格式为二阶差分格式；当$\theta=\dfrac{1}{12}\left(a^2-\dfrac{1}{\lambda^2}\right)$时，为四阶差分格式。通过稳定性的分析可以证明，当$\theta\geqslant\dfrac{1}{4}$时，该差分格式是无条件稳定的；当$0\leqslant\theta<\dfrac{1}{4}$时，稳定性的充要条件是$a\lambda<\dfrac{1}{\sqrt{1-4\theta}}$。

实际上，最令人感兴趣的是当$\theta=\dfrac{1}{4}$时的差分格式，即

$$\frac{u_j^{n+1}-2u_j^n+u_j^{n-1}}{\tau^2}-\frac{1}{4}a^2\left(\frac{u_{j+1}^{n-1}-2u_j^{n-1}+u_{j-1}^{n-1}}{h^2}+2\frac{u_{j+1}^n-2u_j^n+u_{j-1}^n}{\tau^2}+\frac{u_{j+1}^{n+1}-2u_j^{n+1}+u_{j-1}^{n+1}}{h^2}\right)=0 \tag{8.1.7}$$

除了上述通过直接离散对波动方程建立的差分格式的方法，还可以把二阶波动方程化为两个一阶双曲方程，利用一阶双曲方程组的差分格式求解波动方程的解。

## 8.2 抛物型方程的差分方法

### 8.2.1 常系数扩散方程差分方程

考虑描述一维扩散现象的初边值问题

$$\begin{cases}\dfrac{\partial u}{\partial t}-a^2\dfrac{\partial^2 u}{\partial x^2}=0 & (0<t\leqslant T,\ 0<x<l)\\ u|_{t=0}=\varphi(x) & \\ u|_{x=0}=u|_{x=l}=0 & \end{cases} \tag{8.2.1}$$

假定$\varphi(x)$在相应区域光滑，并且在$x=0,\ l$处满足相容性条件，使得上述问题有唯一充分光滑的解。

设$h=\dfrac{l}{N},\ \tau=\dfrac{T}{M}$，则网格节点为$(x_j,t_n)=(jh,n\tau)$，$j=0,1,2,\cdots N,\ n=0,1,2\cdots M$。对时间变量$t$采用向前差分，分别在第$n$时间层与第$n+1$时间层上对空间变量$x$采用二阶中心差分，直接对微分方程离散，可得如下向前差分格式（显式格式）和向后差分格式（隐式格式）。

**向前差分格式（显式格式）：**

$$\begin{cases}\dfrac{u_j^{n+1}-u_j^n}{\tau}-a^2\dfrac{u_{j+1}^n-2u_j^n+u_{j-1}^n}{h^2}=0\\ u_j^0=\varphi_j=\varphi(x_j)\\ u_0^n=u_N^n=0\end{cases}\tag{8.2.2}$$

其中，$j=1,\ 2,\ \cdots,\ N-1$，$n=1,\ 2,\ \cdots,\ M$。设$\lambda=\dfrac{\tau}{h^2}$，计算公式为

$$\begin{cases}u_j^{n+1}=a^2\lambda u_{j+1}^n+(1-2a^2\lambda)u_j^n+a^2\lambda u_{j-1}^n\\ u_j^0=\varphi_j=\varphi(x_j)\\ u_0^n=u_N^n=0\end{cases}\tag{8.2.3}$$

此格式对时间变量$t$为一阶精度，对空间变量$x$为二阶精度。收敛性与稳定性条件为$a^2\lambda\leqslant\dfrac{1}{2}$。

**向后差分格式（隐式格式）：**

$$\begin{cases}\dfrac{u_j^{n+1}-u_j^n}{\tau}-a^2\dfrac{u_{j+1}^{n+1}-2u_j^{n+1}+u_{j-1}^{n+1}}{h^2}=0\\ u_j^0=\varphi_j=\varphi(x_j)\\ u_0^n=u_N^n=0\end{cases}\tag{8.2.4}$$

其中，$j=1,\ 2,\ \cdots,\ N-1$，$n=1,\ 2,\ \cdots,\ M$。计算公式为

$$\begin{cases}-a^2\lambda u_{j+1}^{n+1}+(1-2a^2\lambda)u_j^{n+1}-a^2\lambda u_{j-1}^{n+1}=u_j^n\\ u_j^0=\varphi_j=\varphi(x_j)\\ u_0^n=u_N^n=0\end{cases}\tag{8.2.5}$$

隐式格式每一个时间层的计算需要求解线性方程组，此格式对时间变量$t$为一阶精度，对空间变量$x$为二阶精度，是无条件收敛与无条件稳定的。

类似于波动方程，这里也可以考虑取显式差分格式和隐式差分格式的加权平均，有下面加权隐式格式。

**加权隐式格式：**

$$\begin{cases}\dfrac{u_j^{n+1}-u_j^n}{\tau}-a^2\left[(1-\theta)\dfrac{u_{j+1}^n-2u_j^n+u_{j-1}^n}{h^2}+\theta\dfrac{u_{j+1}^{n+1}-2u_j^{n+1}+u_{j-1}^{n+1}}{h^2}\right]=0\\ u_j^0=\varphi_j=\varphi(x_j)\\ u_0^n=u_N^n=0\end{cases}\tag{8.2.6}$$

其中，$j=1, 2, \cdots, N-1$，$n=1, 2, \cdots, M$。$0\leqslant\theta\leqslant1$。当$\theta=0$时，为显式差分格式，当$\theta=1$时，为隐式格式。当$\theta\neq\frac{1}{2}$时，此格式对时间变量$t$为一阶精度，对空间变量$x$为二阶精度；当$\theta=\frac{1}{2}$时，此格式为二阶精度。当$0\leqslant\theta<\frac{1}{2}$时，稳定性条件为$2a^2\lambda\leqslant\frac{1}{1-2\theta}$；当$\frac{1}{2}\leqslant\theta\leqslant1$时，是无条件稳定的。最常用的为$\theta=\frac{1}{2}$时的格式，也称为Crank-Nicolson格式。

**Crank-Nicolson 格式：**

$$\begin{cases}\dfrac{u_j^{n+1}-u_j^n}{\tau}-\dfrac{a^2}{2}\left[\dfrac{u_{j+1}^{n+1}-2u_j^{n+1}+u_{j-1}^{n+1}}{h^2}+\dfrac{u_{j+1}^n-2u_j^n+u_{j-1}^n}{h^2}\right]=0\\ u_j^0=\varphi_j=\varphi(x_j)\\ u_0^n=u_N^n=0\end{cases}\tag{8.2.7}$$

显然，Crank-Nicolson格式具有二阶精度，且为无条件稳定与无条件收敛。

前面的差分格式只涉及相邻两个时间层，又称为二层格式，下面介绍几个有效的三层格式。

**三层显式格式（Dufort-Frankel 格式）：**

$$\frac{u_j^{n+1}-u_j^{n-1}}{\tau}-a^2\frac{u_{j+1}^n-(u_j^{n+1}+u_j^{n-1})+u_{j-1}^n}{h^2}=0\tag{8.2.8}$$

式(8.2.8)是通过对三层Richard格式

$$\frac{u_j^{n+1}-u_j^{n-1}}{2\tau}-a^2\frac{u_{j+1}^n-2u_j^n+u_{j-1}^n}{h^2}=0$$

改进而来的。虽然Richard格式具有精度高的优点，但可以证明它是不稳定的差分格式。令$2u_j^n=u_j^{n+1}+u_j^{n-1}$，就改进为Dufort-Frankel格式。改进后的Dufort-Frankel格式是条件相容的，相容性条件为$\tau/h\to0$，是无条件稳定的。

对一阶微分采用二阶差商近似，可以构造如下三层隐式格式。

**三层隐式格式Ⅰ：**

$$\frac{3}{2}\frac{u_j^{n+1}-u_j^n}{\tau}-\frac{1}{2}\frac{u_j^n-u_j^{n-1}}{\tau}-a^2\frac{u_{j+1}^{n+1}-2u_j^{n+1}+u_{j-1}^{n+1}}{h^2}=0\tag{8.2.9}$$

三层隐式格式Ⅰ是二阶精度的差分格式，是无条件稳定、无条件收敛的差分格式。每一步的求解需要求解线性方程组。再对空间的差商部分采用加权隐式格式，可得三层隐式格式Ⅱ。

**三层隐式格式Ⅱ：**

设$\delta_x^2u_j^n=u_{j+1}^n-2u_j^n+u_{j-1}^n$，有

$$\frac{u_j^{n+1}-u_j^{n-1}}{2\tau}-\frac{a^2}{3h^2}(\delta_x^2u_j^{n+1}+\delta_x^2u_j^n+\delta_x^2u_j^{n-1})=0\tag{8.2.10}$$

三层隐式格式Ⅱ可以看做Richard格式的改进，也可以看做Crank-Nicolson格式向三层格式的推广，它是二阶精度的差分格式，是无条件稳定、无条件收敛的差分格式。每一步的求解需要求解线性方程组。

### 8.2.2 第三类边界条件的处理

前面介绍的三层格式均需要一个同阶的二层格式作为起步格式，隐式格式适用于有限区域上的计算。第一类边界条件容易处理，直接可以给出边界点处的函数值，而对于第三类边界条件，需要仔细处理。

对于具有第三类边界条件的初边值问题

$$\begin{cases}\dfrac{\partial u}{\partial t}-a^2\dfrac{\partial^2 u}{\partial x^2}=0 \qquad (0<x<l,t>0)\\ \left.\left(\dfrac{\partial u}{\partial x}-\alpha u\right)\right|_{x=0}=\mu(t), \left.\left(\dfrac{\partial u}{\partial x}-\beta u\right)\right|_{x=l}=\gamma(t)\\ u|_{t=0}=f(x)\end{cases}$$

网格剖分、初值离散和前面一样，边界条件的离散可以按如下两种方法处理。

(1) 在点 $(0, t_n)$ 和点 $(l, t_n)$ 分别用向前和向后差商近似，有

$$\begin{cases}\dfrac{u_1^n-u_0^n}{h}-\alpha u_0^n=\mu(t_n)\\ \dfrac{u_N^n-u_{N-1}^n}{h}-\beta u_N^n=\gamma(t_n)\end{cases}$$

与内点差分格式一起，即可求解，但边界条件的离散是一阶的，不适用于二阶格式。

(2) 用中心差商近似 $\dfrac{\partial u}{\partial x}$，有

$$\begin{cases}\dfrac{u_1^n-u_{-1}^n}{2h}-\alpha u_0^n=\mu(t_n)\\ \dfrac{u_{N+1}^n-u_{N-1}^n}{2h}-\beta u_N^n=\gamma(t_n)\end{cases}$$

这种离散格式具有二阶精度，但式中含有区域之外的点 $(x_{-1}, t_n)$、$(x_{N+1}, t_n)$，需要借助内点差分格式消去 $u_{-1}^n$、$u_{N+1}^n$。例如，内点计算用古典显式格式

$$\frac{u_j^{n+1}-u_j^n}{\tau}-a^2\frac{u_{j+1}^n-2u_j^n+u_{j-1}^n}{h^2}=0$$

分别取 $j=0$、$j=N$，得

$$\begin{aligned}u_0^{n+1}&=u_0^n+a^2\lambda(u_1^n-2u_0^n+u_{-1}^n)\\ u_N^{n+1}&=u_N^n+a^2\lambda(u_{N+1}^n-2u_N^n+u_{N-1}^n)\end{aligned}$$

这样的边界值具有二阶精度，与内点格式联立可求解方程。

实际上，对于很多实际问题，需要处理的是变系数问题与多维问题，对于变系数问题与多维问题，求解析解几乎不可能，只能依赖求数值解了解原微分方程解的性态。在下面的章节中，将对简单的变系数问题与多维问题给出常用的数值格式。

### *8.2.3　变系数初值问题

考虑下面变系数扩散问题

$$\begin{cases}\dfrac{\partial u}{\partial t}-a(x)\dfrac{\partial^2 u}{\partial x^2}=0\\ u(x,0)=g(x)\end{cases}$$

其中，$a(x)\geqslant a_0>0$，$a(x)$连续。类似于常系数问题，采用直接离散的方法，可得古典显式格式和古典隐式格式。

**古典显式格式：**

$$\frac{u_j^{n+1}-u_j^n}{\tau}-a_j\frac{u_{j+1}^n-2u_j^n+u_{j-1}^n}{h^2}=0$$

古典显式格式对时间变量为一阶精度，对空间变量为二阶精度，稳定性条件为$\max\limits_x|a(x)|\lambda\leqslant\dfrac{1}{2}$。

**古典隐式格式：**

$$\frac{u_j^{n+1}-u_j^n}{\tau}-a_j\frac{u_{j+1}^{n+1}-2u_j^{n+1}+u_{j-1}^{n+1}}{h^2}=0$$

古典隐式格式对时间变量为一阶精度，对空间变量为二阶精度，是无条件稳定的。

可以通过泰勒展开式，得到更高精度的格式。

**紧格式：**

$$\frac{1}{12}\frac{u_{j+1}^{n+1}-u_{j+1}^n}{a_{j+1}\cdot\tau}+\frac{5}{6}\frac{u_j^{n+1}-u_j^n}{a_j\cdot\tau}+\frac{1}{12}\frac{u_{j-1}^{n+1}-u_{j-1}^n}{a_{j-1}\cdot\tau}=\frac{\delta_x^2u_j^{n+1}+\delta_x^2u_j^n}{2h^2}$$

古典隐式格式对时间变量为二阶精度，对空间变量为四阶精度，是无条件稳定的。

### *8.2.4　多维问题

以二维问题为例，介绍多维扩散问题的差分方法。考虑下面常系数二维初边值问题：

$$\begin{cases}\dfrac{\partial u}{\partial t}-a^2\left(\dfrac{\partial^2 u}{\partial x^2}+\dfrac{\partial^2 u}{\partial y^2}\right)=0 \quad (0<x,\ y<1,\ t>0)\\ u|_{x=0}=u|_{x=1}=u|_{y=0}=u|_{y=1}=0\\ u|_{t=0}=f(x,y)\end{cases}$$

取$\Delta t=\tau$、$\Delta x=\Delta y=h$，形成网格

$$D_h=\left\{(x_j,y_l,t_n)\left|\begin{array}{l}x_j=jh,\ j=0,1\cdots J,\ Jh=1\\ y_l=lh,\ l=0,1\cdots J,\ Jh=1\\ t_n=n\tau,\ n\geqslant 0\end{array}\right.\right\}$$

并记

$$\delta_x^2 u_{j,l}^n = u_{j+1,l}^n - 2u_{j,l}^n + u_{j-1,l}^n$$

$$\delta_y^2 u_{j,l}^n = u_{j,l+1}^n - 2u_{j,l}^n + u_{j,l-1}^n$$

仿照一维问题，采用直接差商的方法，显然有下面的古典显式格式和古典隐式格式。

**古典显式格式：**

$$\frac{u_{jl}^{n+1} - u_{jl}^n}{\tau} - \frac{a^2}{h^2}(\delta_x^2 u_{jl}^n + \delta_y^2 u_{jl}^n) = 0$$

此格式为一维古典显式格式的推广，古典显式格式对时间变量为一阶精度，对空间变量为二阶精度，稳定性条件为 $a^2\lambda \leqslant \frac{1}{4}$。

**古典隐式格式：**

$$\frac{u_{jl}^n - u_{jl}^{n-1}}{\tau} - \frac{a^2}{h^2}(\delta_x^2 u_{jl}^n + \delta_y^2 u_{jl}^n) = 0$$

此格式为一维古典隐式格式的推广，古典隐式格式对时间变量为一阶精度，对空间变量为二阶精度，是无条件稳定的。

**Crank-Nicolson 格式：**

$$\frac{u_{jl}^{n+1} - u_{jl}^n}{\tau} - \frac{a^2}{2h^2}\left[\delta_x^2(u_{jl}^{n+1} + u_{jl}^n) + \delta_y^2(u_{jl}^{n+1} + u_{jl}^n)\right] = 0$$

Crank-Nicolson 格式为二阶精度的差分格式，且是无条件稳定的，是实际计算问题中经常采用的差分格式。隐式格式有无条件稳定的优点，但计算量大，如 Crank-Nicolson 格式需要在每个时间层上对平面上所有的点解五对角线性方程组。为了减小计算量，可以采用**交替方向隐式差分格式**。

**PR（Peaceman-Rachford）格式：**

$$\begin{cases}\dfrac{u_{jl}^{n+\frac{1}{2}} - u_{jl}^n}{\dfrac{\tau}{2}} - a^2\dfrac{1}{h^2}\left(\delta_x^2 u_{jl}^{n+\frac{1}{2}} + \delta_y^2 u_{jl}^n\right) = 0 \\[2ex] \dfrac{u_{jl}^{n+1} - u_{jl}^{n+\frac{1}{2}}}{\dfrac{\tau}{2}} - a^2\dfrac{1}{h^2}\left(\delta_x^2 u_{jl}^{n+\frac{1}{2}} + \delta_y^2 u_l^{n+1}\right) = 0\end{cases}$$

PR 格式是二阶精度的格式，且是无条件稳定的。从计算量上看，每层只需要解三对角的线性方程组，大大减小了计算量。

**Douglas 格式：**

$$\begin{cases}\left(1 - \dfrac{a^2\lambda}{2}\delta_x^2\right)u_{jl}^{n+\frac{1}{2}} - u_{jl}^n - a^2\lambda(\delta_x^2 + \delta_y^2)u_{jl}^n = 0 \\[2ex] u_{jl}^{n+1} - u_{jl}^{n+\frac{1}{2}} - \dfrac{a^2}{2}\lambda\delta_y^2(u_{jl}^{n+1} - u_{jl}^n) = 0\end{cases}$$

此格式称为 Douglas 格式，它的稳定性、精度与 PR 格式相同，且易于向高维推广。

**三维的 Douglas 格式：**

$$\begin{cases}\left(1-\dfrac{a^2\lambda}{2}\delta_x^2\right)(u_{ijl}^{n+1/3}-u_{ijl}^{n})-a^2\lambda(\delta_x^2+\delta_y^2+\delta_z^2)u_{ijl}^{k}=0\\ u_{ijl}^{k+2/3}-u_{ijl}^{k+1/3}-\dfrac{a^2\lambda}{2}\delta_y^2\left(u_{ijl}^{k+2/3}-u_{ijl}^{k}\right)=0\\ u_{ijl}^{k+1}-u_{ijl}^{k+2/3}-\dfrac{a^2\lambda}{2}\delta_z^2\left(u_{ijl}^{k+1}-u_{ijl}^{k}\right)=0\end{cases}$$

# 8.3　椭圆型方程的差分方法

## 8.3.1　直角坐标系下的差分格式

考虑泊松方程

$$\Delta u=\frac{\partial^2 u}{\partial x^2}+\frac{\partial^2 u}{\partial y^2}=-f(x,y)\qquad [(x,y)\in D]\tag{8.3.1}$$

其中，$D$ 是平面内的有界区域，边界用 $\partial D$ 表示。不妨假设 $D$ 为矩形区域 $D=\{(x,y),0<x<1,\ 0<y<1\}$，方程满足边界条件 $u(x,y)=a(x,y),\ (x,y)\in\partial\Omega$。方向 $x$ 的步长 $h_1=\dfrac{1}{I}$，方向 $y$ 的步长 $h_2=\dfrac{1}{J}$，区域 $D$ 的内点 $D_h=\{(x_i,y_j),x_i=ih_1,1\leqslant i\leqslant I-1;\quad y_j=jh_2,1\leqslant j\leqslant J-1\}$，区域 $D$ 的边界点 $\partial D_h=\{(x_i,y_j),x_i=ih_1,y_j=jh_2,\ i=0\text{或}I,0\leqslant j\leqslant J,j=0\text{或}J,0\leqslant i\leqslant I\}$。设 $h=\sqrt{h_1^2+h_2^2}$。

**五点差分格式：**

现假定 $(x_i,y_j)$ 为内点，在 $x$ 方向和 $y$ 方向分别用二阶差商来替代，记

$$\Delta_h u_{ij}=-\left[\frac{u_{i+1,j}-2u_{ij}+u_{i-1,j}}{h_1^2}+\frac{u_{i,j+1}-2u_{ij}+u_{i,j-1}}{h_2^2}\right]$$

则得五点差分格式为

$$\begin{cases}\Delta_h u_{ij}=f_{ij} & (x_i,y_j)\in D_h\\ u_{ij}=a_{ij} & (x_i,y_j)\in\partial D_h\end{cases}$$

通过泰勒展开可知，五点差分格式的精度为 $O(h_1^2+h_2^2)=O(h^2)$。若 $h_1=h_2$，则差分方程简化为

$$4u_{ij}-(u_{i+1,j}+u_{i-1,j}+u_{i,j+1}+u_{i,j-1})=h^2 f_{ij}$$

若 $f=0$，则有

$$4u_{ij}=(u_{i+1,j}+u_{i-1,j}+u_{i,j+1}+u_{i,j-1})$$

若把单位正方形的内部节点上的 $(J-1)^2$ 个方程写成矩阵的形式 $\boldsymbol{A}u=b$ 的形式，则 $\boldsymbol{A}$ 为 $(J-1)^2$ 阶方阵

$$A=\begin{bmatrix} B & -I & & & \\ -I & B & -I & & \\ & \ddots & \ddots & \ddots & \\ & & -I & B & -I \\ & & & -I & B \end{bmatrix}$$

其中，$I$ 为 $J-1$ 阶单位方阵；$B$ 为 $J-1$ 阶三对角矩阵，即

$$B=\begin{bmatrix} 4 & -1 & & & \\ -1 & 4 & -1 & & \\ & \ddots & \ddots & \ddots & \\ & & -1 & 4 & -1 \\ & & & -1 & 4 \end{bmatrix}$$

通过泰勒展开式的方法，可以得到更高阶的格式。

**九点差分格式：**

$$-\Delta_h u_{ij}-\frac{1}{12}\frac{h_1^2+h_2^2}{h_1^2h_2^2}[4u_{ij}-2(u_{i-1,j}+u_{i,j-1}+u_{i+1,j}+u_{i,j+1})+u_{i-1,j-1}+u_{i+1,j-1}+u_{i+1,j+1}+u_{i-1,j+1})]=$$

$$f_{ij}+\frac{1}{12}\left(h_1^2\frac{\partial^2 f(x_i,y_j)}{\partial x^2}+h_2^2\frac{\partial^2 f(x_i,y_j)}{\partial y^2}\right)$$

此格式的精度为 $O(h^4)$。

## 8.3.2 极坐标系下的差分格式

如果求解域是圆形区域、环形区域或扇形区域，则采用极坐标比较方便，此时泊松方程形如

$$-\Delta_{r,\theta}u=-\left[\frac{1}{r}\frac{\partial}{\partial r}\left(r\frac{\partial u}{\partial r}\right)+\frac{1}{r^2}\frac{\partial^2 u}{\partial \theta^2}\right]=f(r,\ \theta) \tag{8.3.2}$$

式(8.3.2)的系数在 $r=0$ 处奇异，因此只有当 $r>0$ 时有意义。为了定出有意义的解，需补充 $u$ 在 $r=0$ 处有界的条件，从而 $u$ 满足

$$\lim_{r\to 0^+} r\frac{\partial u}{\partial r}=0 \tag{8.3.3}$$

关于变量 $r$、$\theta$，分别取等步长 $h_r$、$h_\theta$，令

$$r_i=(i+0.5)h_r \qquad (i=0,\ 1,\ 2,\ \cdots)$$

$$\theta_j=(j+1)h_\theta \qquad (j=0,\ 1,\ \cdots,\ J-1,\ h_\theta=2\pi/J)$$

对于任一点 $(r_i,\theta_j)(i>0)$，用中心差商公式

$$\begin{cases} \left[\dfrac{1}{r}\dfrac{\partial}{\partial r}\left(r\dfrac{\partial u}{\partial r}\right)\right]_{(r_i,\theta_j)}\approx\dfrac{1}{r_i}\dfrac{r_{i+\frac{1}{2}}u_{i+1,j}-\left(r_{i+\frac{1}{2}}+r_{i-\frac{1}{2}}\right)u_{ij}+r_{i-\frac{1}{2}}u_{i-1,j}}{h_r^2} \\ \left[\dfrac{1}{r^2}\dfrac{\partial^2 u}{\partial \theta^2}\right]_{(r_i,\theta_j)}\approx\dfrac{1}{r_i^2}\dfrac{u_{i,j+1}-2u_{i,j}+u_{i,j-1}}{h_\theta^2} \\ u_{i0}=u_{ij},\ u_{i-1}=u_{ij-1} \end{cases}$$

代入式(8.3.2)中，对于点$(r_i, r_j)(i>0)$，得到逼近它的差分方程

$$-\left[\frac{1}{r_i}\frac{r_{i+\frac{1}{2}}u_{i+1,j}-\left(r_{i+\frac{1}{2}}+r_{i-\frac{1}{2}}\right)u_{ij}+r_{i-\frac{1}{2}}u_{i-1,j}}{h_r^2}+\frac{1}{r_i^2}\frac{u_{i,j+1}-2u_{i,j}+u_{i,j-1}}{h_\theta^2}\right]=f(r_i,\ \theta_j)$$

采用积分插值法导出点$(r_0,\ \theta_j)$处的差分方程，以$r$乘以式(8.3.2)，并对$r$由$\varepsilon$到$h_r$积分，对$r$由$\theta_{j-\frac{1}{2}}$到$\theta_{j+\frac{1}{2}}$积分，然后令$\varepsilon\to 0$，且注意条件式(8.3.3)，则得

$$-\left[h_r\int_{\theta_{j-\frac{1}{2}}}^{\theta_{j+\frac{1}{2}}}\frac{\partial}{\partial r}u(h_r,\ \theta)\mathrm{d}\theta+\int_0^{h_r}\frac{1}{r}\left(\frac{\partial}{\partial\theta}u\left(r,\ \theta_{j+\frac{1}{2}}\right)-\frac{\partial}{\partial\theta}u\left(r,\ \theta_{j-\frac{1}{2}}\right)\right)\mathrm{d}r\right]=\int_0^{h_r}r\mathrm{d}r\int_{\theta_{j-\frac{1}{2}}}^{\theta_{j+\frac{1}{2}}}f(r,\ \theta)\mathrm{d}\theta$$

用中点矩形公式代替上述积分，则

$$-\left[h_rh_\theta\frac{\partial}{\partial r}u(h_r,\theta_j)+2(\frac{\partial}{\partial\theta}u\left(\frac{h_r}{2},\ \theta_{j+\frac{1}{2}}\right)-\frac{\partial}{\partial\theta}u\left(\frac{h_r}{2},\ \theta_{j-\frac{1}{2}}\right)\right]\approx\frac{1}{2}h^2{}_rh_\theta f\left(\frac{h_r}{2},\ \theta_j\right)$$

再用中心差商代替微商，就得到点$(r_0,\ \theta_j)$的差分方程

$$-\left[h_rh_\theta\frac{u_{1j}-u_{0j}}{h_r}+2\frac{u_{0,j+1}-2u_{0j}+u_{0,j-1}}{h_\theta}\right]=\frac{1}{2}h^2{}_rh_\theta f_{0j}$$

或两端除以$\frac{1}{2}h^2{}_rh_\theta$，得

$$-\left[\frac{2}{h_r}\frac{u_{1j}-u_{0j}}{h_r}+\frac{4}{h_r^2}\frac{u_{0,j+1}-2u_{0j}+u_{0,j-1}}{h_\theta^2}\right]=f_{0j}$$

对于有界区域上的泊松方程的离散，需要给出边界条件的离散。对于矩形区域，边界条件的处理与抛物型方程一维问题处理方法相同。对于一般边界，需要首先对边界作一些近似的处理，具体见参考文献[4]。

### *8.3.3　变系数问题

考虑变系数椭圆方程

$$\frac{\partial}{\partial x}\left(a(x,\ y)\frac{\partial u}{\partial x}\right)+\frac{\partial}{\partial y}\left(b(x,\ y)\frac{\partial u}{\partial y}\right)-c(x,\ y)u=f(x,\ y)$$

其中，$a(x,\ y)>0$、$b(x,\ y)>0$、$c(x,\ y)>0$.

对微分项采用中心差分处理，记$\delta_xu_{ij}=u_{\left(i+\frac{1}{2}\right)j}-u_{\left(i-\frac{1}{2}\right)j}$、$\delta_yu_{ij}=u_{i\left(j+\frac{1}{2}\right)}-u_{i\left(j-\frac{1}{2}\right)}$，设两个方向上步长相等，即$h_1=h_2=h$。

**直接差分方法：**

$$\frac{1}{h^2}\delta_x(a_{ij}\delta_xu_{ij})+\frac{1}{h^2}\delta_y(a_{ij}\delta_yu_{ij})-c_{ij}u_{ij}=f_{ij}$$

**有限体积法（积分差分方法）：**

也可以采用先积分、再差商的方法，也称为有限体积方法构造差分格式。具体为：对方程两边在对偶区域 $D_{ij}=\left\{(x,y)|\,x_{i-\frac{1}{2}}<x<x_{i+\frac{1}{2}},\ y_{j-\frac{1}{2}}<y<y_{j+\frac{1}{2}}\right\}$ 上积分，得

$$\iint_{D_{ij}}\frac{\partial}{\partial x}\left(a(x,y)\frac{\partial u}{\partial x}\right)\mathrm{d}x\mathrm{d}y=\int_{y_{j-\frac{1}{2}}}^{y_{j+\frac{1}{2}}}\left[a\left(x_{i+\frac{1}{2}},y\right)\frac{\partial u}{\partial x}\left(x_{i+\frac{1}{2}},y\right)-a\left(x_{i-\frac{1}{2}},y\right)\frac{\partial u}{\partial x}\left(x_{i-\frac{1}{2}},y\right)\right]\mathrm{d}y$$

$$\iint_{D_{ij}}\frac{\partial}{\partial y}\left(b(x,y)\frac{\partial u}{\partial y}\right)\mathrm{d}x\mathrm{d}y=\int_{x_{i-\frac{1}{7}}}^{x_{i+\frac{1}{2}}}\left[b\left(x_i,y_{j+\frac{1}{2}}\right)\frac{\partial u}{\partial x}\left(x_i,y_{j+\frac{1}{2}}\right)-b\left(x_i,y_{j-\frac{1}{2}}\right)\frac{\partial u}{\partial x}\left(x_i,y_{j-\frac{1}{2}}\right)\right]\mathrm{d}x$$

对上面的积分用中点矩形公式，有

$$\iint_{D_{ij}}\frac{\partial}{\partial x}\left(a(x,y)\frac{\partial u}{\partial x}\right)\mathrm{d}x\mathrm{d}y\approx\left[a\left(x_{i+\frac{1}{2}},y_j\right)\frac{\partial u}{\partial x}\left(x_{i+\frac{1}{2}},y_j\right)-a\left(x_{i-\frac{1}{2}},y_j\right)\frac{\partial u}{\partial x}\left(x_{i-\frac{1}{2}},y_j\right)\right]h$$

$$\iint_{D_{ij}}\frac{\partial}{\partial x}\left(b(x,y)\frac{\partial u}{\partial x}\right)\mathrm{d}x\mathrm{d}y\approx\left[b\left(x_i,y_{j+\frac{1}{2}}\right)\frac{\partial u}{\partial x}\left(x_i,y_{j+\frac{1}{2}}\right)-b\left(x_i,y_{j-\frac{1}{2}}\right)\frac{\partial u}{\partial x}\left(x_i,y_{j-\frac{1}{2}}\right)\right]h$$

再有

$$\int_{D_{ij}}c(x,y)u\mathrm{d}x\mathrm{d}y\approx c_{ij}u_{ij}h^2,\qquad \int_{D_{ij}}f(x,y)\mathrm{d}x\mathrm{d}y\approx f_{ij}h^2$$

于是，有

$$\frac{1}{h^2}\left[a_{i+\frac{1}{2},j}(u_{i+1,j}-u_{i,j})-a_{i-\frac{1}{2},j}(u_{i,j}-u_{i-1,j})\right]+\frac{1}{h^2}\left[a_{i,j+\frac{1}{2}}(u_{i,j+1}-u_{i,j})-a_{i,j-\frac{1}{2}}(u_{i,j}-u_{i,j-1})\right]-c_{ij}u_{ij}=f_{ij}$$

可以看出，此格式与直接差分法构造的格式相同。

前面只给出了三类偏微分方程典型的差分格式，关于差分方程的性质及理论上的结果请见参考文献[4]。

# 习　题

1．考虑对流方程

$$\frac{\partial u}{\partial t}+\frac{\partial u}{\partial x}=0\qquad(x\in R,\ t>0)$$

的差分格式

$$u_j^{n+1}=C_{-1}u_{j-1}^n+C_0u_j^n+C_1u_{j+1}^n$$

试确定差分格式中的系数 $C_{-1}$、$C_0$、$C_1$，使得此格式具有尽可能高的精度。

2．把波动方程

$$\frac{\partial^2 u}{\partial t^2}-a^2\frac{\partial^2 u}{\partial x^2}=0 \qquad (x\in R,\ t>0)$$

化为一阶双曲方程组，并通过一阶双曲方程设计差分格式。

3．考虑下面对扩散方程

$$\begin{cases}\dfrac{\partial u}{\partial t}-\dfrac{\partial^2 u}{\partial x^2}=0 & (0<x<1,\ t>0)\\ u|_{x=0}=g_1(t),\ u|_{x=1}=g_2(t) \\ u|_{t=0}=f(x)\end{cases}$$

请写出一个无条件稳定的二阶精度的差分格式。

4．用五点差分格式求解泊松方程的边值问题

$$\begin{cases}\Delta u=8 & (x,y)\in D\\ u=0 & (x,y)\in\partial D\end{cases}$$

其中，$D=\{(x,y)\mid -1<x<1,\ -1<y<1\}$。

(1) 用正方形网格（$h_1=h_2=h$）列出相应的差分方程；

(2) 对$h=\dfrac{1}{2}$、$h=\dfrac{1}{4}$分别求解。

5．已知三维空间中的泊松方程边值问题

$$\begin{cases}\Delta u=f(x,y,z) & (x,y,z)\in D\\ u=0 & (x,y,z)\in\partial D\end{cases}$$

其中，$D=\{(x,y,z)\mid x^2+y^2\leqslant 1,\ 0\leqslant z\leqslant 1\}$。

(1) 用柱面坐标表示泊松方程；

(2) 对柱面坐标下的泊松方程写出一个差分格式。

# 附录 A　线性常微分方程

求解数学物理方程定解问题的一个最自然的想法就是将其转化为一些相应的常微分方程初边值问题来处理，如分离变量法和积分变换法就是基于这种思想产生的两类方法，因此常微分方程理论在本课程的学习中有非常重要的作用。在本附录中，将对线性常微分方程的知识——包括解的存在性、解的结构和求解方法做一些回顾和总结。

把包含未知函数和它的导数的方程称为常微分方程。**线性常微分方程的标准形式**

$$y^{(n)}+p_{n-1}(x)y^{(n-1)}+\cdots+p_1(x)y'+p_0(x)y=f(x)\qquad(x\in I)\tag{A.1}$$

其中，$n$ 称为方程的**阶数**，$p_j(x)(j=0,1,\cdots,n-1)$ 和 $f(x)$ 是给定的函数。可微函数 $y=y(x)$ 在区间 $I$ 上满足方程(A.1)，则称其为常微分方程(A.1)在 $I$ 上的一个**解**，$f(x)$ 称为方程(A.1)的**自由项**。当自由项 $f(x)\equiv 0$ 时，方程(A.1)称为**齐次方程**，否则称为**非齐次方程**。一般来说，常微分方程的解是不唯一的，将方程的全部解构成的集合称为**解集合**，解集合中全部元素的一个通项表达式称为方程的**通解**，而某个给定的解称为方程的**特解**。

在本附录中，重点介绍一阶和二阶常微分方程的相关知识。

## A.1　一阶线性常微分方程

一阶线性常微分方程可表示为

$$y'+p(x)y=f(x)\qquad(x\in I)\tag{A.2}$$

当 $f(x)\equiv 0$ 时，方程退化为

$$y'+p(x)y=0\tag{A.3}$$

假设 $y(x)$ 不恒等于零，则上式等价于

$$\frac{y'}{y}=-p(x)$$

而 $\dfrac{y'}{y}=\left(\ln|y|\right)'$，从而方程(A.3)的通解为

$$y(x)=C\mathrm{e}^{-\int p(x)\mathrm{d}x}\tag{A.4}$$

对于非齐次一阶线性常微分方程(A.2)，在其两端同乘以函数 $\mathrm{e}^{\int p(x)\mathrm{d}x}$，则

$$\mathrm{e}^{\int p(x)\mathrm{d}x}y'+p(x)\mathrm{e}^{\int p(x)\mathrm{d}x}y=\mathrm{e}^{\int p(x)\mathrm{d}x}f(x)$$

注意到上面等式的左端

$$\mathrm{e}^{\int p(x)\mathrm{d}x}y' + p(x)\mathrm{e}^{\int p(x)\mathrm{d}x}y = \left(\mathrm{e}^{\int p(x)\mathrm{d}x}y\right)'$$

因此，有

$$\left(\mathrm{e}^{\int p(x)\mathrm{d}x}y\right)' = \mathrm{e}^{\int p(x)\mathrm{d}x}f(x)$$

两端积分

$$\mathrm{e}^{\int p(x)\mathrm{d}x}y = C + \int \mathrm{e}^{\int p(x)\mathrm{d}x}f(x)\mathrm{d}x$$

其中，$C$ 是任意常数。进一步地，有

$$y = \mathrm{e}^{-\int p(x)\mathrm{d}x}\left(C + \int \mathrm{e}^{\int p(x)\mathrm{d}x}f(x)\mathrm{d}x\right)$$

综上讨论，有如下结论。

**定理 A.1** 假设 $p(x)$和$f(x)$在$I$上连续，则一阶线性非齐次常微分方程(A.1)的通解具有如下形式：

$$y(x) = C\mathrm{e}^{-\int p(x)\mathrm{d}x} + \mathrm{e}^{-\int p(x)\mathrm{d}x}\int \mathrm{e}^{\int p(x)\mathrm{d}x}f(x)\mathrm{d}x \tag{A.5}$$

其中，$C$ 是任意常数。

观察式(A.4)和式(A.5)，发现一阶线性非齐次常微分方程(A.1)的解等于一阶线性齐次常微分方程(A.2)的通解 $C\mathrm{e}^{-\int p(x)\mathrm{d}x}$ 加上函数 $y^*(x) = \mathrm{e}^{-\int p(x)\mathrm{d}x}\int \mathrm{e}^{\int p(x)\mathrm{d}x}f(x)\mathrm{d}x$。容易验证，$y^*(x)$ 是方程(A.1)的一个特解。这符合线性方程解的结构规律。

**【例 A-1】** 求解一阶常微分方程

$$y' - 2y = 1$$

**解**：此时，$p(x) = -2$、$f(x) = 1$，由式(A.5)，解为

$$y(x) = C\mathrm{e}^{2x} + \mathrm{e}^{2x}\int \mathrm{e}^{-2x}\cdot 1\mathrm{d}x$$
$$= C\mathrm{e}^{2x} - \frac{1}{2}$$

其中，$C$ 是任意常数。

## A.2　二阶线性常微分方程

将具有以下形式的方程

$$y'' + p(x)y' + q(x)y = f(x) \qquad (x \in I) \tag{A.6}$$

称为**二阶线性常微分方程**，其中 $p(x)$、$q(x)$、$f(x)$ 都是已知的连续函数。称

$$y'' + p(x)y' + q(x)y = 0 \qquad (x \in I) \tag{A.7}$$

为与方程(A.6)**相伴的齐次方程**。

### A.2.1 二阶线性微分方程解的结构

首先，讨论齐次方程(A.7)解的结构。

**定理 A.2** 如果函数$y_1(x)$与$y_2(x)$是线性齐次方程(A.7)的两个解，则函数$y=c_1y_1(x)+c_2y_2(x)$仍为该方程的解，其中$c_1$、$c_2$是任意的常数。

定理 A.2 说明齐次线性常微分方程(A.7)的解如果存在的话，一定有无穷多个。为了说明齐次线性常微分方程(A.7)通解的结构，首先给出函数线性无关的定义。

**定义 A.1** 设函数$y_1(x), y_2(x), \cdots, y_n(x)$是定义在区间$I$上的$n$个函数，如果存在$n$个不全为零的常数$k_1, k_2, \cdots, k_n$，使得

$$k_1y_1(x)+k_2y_2(x)+\cdots+k_ny_n(x)=0$$

在区间$I$上恒成立，则称函数$y_1(x), y_2(x), \cdots, y_n(x)$在区间上**线性相关**，否则称为**线性无关**。

例如，函数1、$\cos^2 x$、$\sin^2 x$在整个数轴上是线性相关的，而函数$e^x$和$e^{-x}$在任何区间$(a, b)$内是线性无关的。

特别地，对于两个函数的情形，它们线性相关与否，只需要看它们的比值是否为常数即可。若比值为常数，则它们线性相关，否则线性无关。

有了函数线性无关的概念，就有如下二阶线性齐次微分方程(A.7)通解结构的定理。

**定理 A.3** 假设线性齐次方程(A.7)中，函数$p(x)$与$q(x)$在区间$I$上连续，则方程(A.7)一定存在两个线性无关的解。

类似于代数学中齐次线性方程组，二阶线性齐次常微分方程的解集合也存在**基础解系**。

**定理 A.4** 若$y_1(x)$与$y_2(x)$是二阶线性齐次常微分方程(A.7)的两个线性无关的特解，则$y=c_1y_1(x)+c_2y_2(x)$是该方程的通解，其中$c_1$、$c_2$是任意的常数。

从定理 A.4 可以看出二阶线性齐次常微分方程(A.7)的任何两个线性无关的特解构成其基础解系。

关于二阶线性非齐次常微分方程(A.6)的通解，有如下结论。

**定理 A.5** 若函$y^*(x)$是方程(A.6)的一个特解，$Y(x)$是方程(A.6)相伴的齐次方程(A.7)的通解，则$y(x)=y^*(x)+Y(x)$是二阶线性非齐次常微分方程(A.6)的通解。

从定理 A.4 和定理 A.5 可以得到求解二阶线性非齐次常微分方程(A.6)的通解的一般步骤：

(1) 求解与方程(A.6)相伴的齐次方程(A.7)的线性无关的两个特解$y_1(x)$与$y_2(x)$，得该齐次方程的通解$Y(x)=c_1y_1(x)+c_2y_2(x)$；

(2) 求二阶线性非齐次常微分方程(A.6)的一个特解$y^*(x)$，那么方程(A.6)的通解为$y(x)=y^*(x)+Y(x)$。

对于一些相对复杂的问题，如下的线性微分方程的叠加原理是非常有用的。

**定理 A.6** 设二阶线性非齐次常微分方程为

$$y''+p(x)y'+q(x)y=f_1(x)+f_2(x) \tag{A.8}$$

且$y_1^*(x)$与$y_2^*(x)$分别为

$$y''+p(x)y'+q(x)y=f_1(x)$$

和

$$y'' + p(x)y' + q(x)y = f_2(x)$$

的特解，则 $y_1^*(x) + y_2^*(x)$ 是方程(A.8)的特解。

## A.2.2 二阶常系数线性常微分方程的解法

如果二阶线性常微分方程为

$$y'' + py' + qy = f(x) \tag{A.9}$$

其中，$p$、$q$ 均为常数，则称为**二阶常系数线性常微分方程**。以下分两种情形讨论方程(A.9)的解法。

### 1．二阶常系数线性齐次方程的解法

此时，问题为

$$y'' + py' + qy = 0 \tag{A.10}$$

考虑到方程中的系数 $p$、$q$ 均为常数，可以猜想该方程具有形如 $y = \mathrm{e}^{rx}$ 的解，其中 $r$ 为待定常数，将 $y' = r\mathrm{e}^{rx}$ 和 $y'' = r^2\mathrm{e}^{rx}$ 及 $y = \mathrm{e}^{rx}$ 代入方程 $y'' + py' + qy = 0$ 中，得

$$\mathrm{e}^{rx}(r^2 + pr + q) = 0$$

由于 $\mathrm{e}^{rx} \neq 0$，因此，只要 $r$ 满足方程

$$r^2 + pr + q = 0 \tag{A.11}$$

即只要 $r$ 是上述一元二次方程的根时，$y = \mathrm{e}^{rx}$ 就是方程(A.10)的解。方程(A.11)称为方程(A.10)的**特征方程**，它的根称为**特征根**。关于特征方程(A.11)的根与微分方程(A.10)的解的关系有如下结论。

(1) 特征方程具有两个不相等的实根 $r_1$ 与 $r_2$，即 $r_1 \neq r_2$。

此时，函数 $y_1(x) = \mathrm{e}^{r_1 x}$和$y_2(x) = \mathrm{e}^{r_2 x}$ 都是微分方程(A.10)的解，且因 $\dfrac{y_1(x)}{y_2(x)} = \mathrm{e}^{(r_1 - r_2)x} \neq$ 常数，所以 $y_1(x)$、$y_2(x)$ 线性无关，因而常微分方程的通解为

$$y(x) = c_1\mathrm{e}^{r_1 x} + c_2\mathrm{e}^{r_2 x}$$

(2) 特征方程具有两个相等的实根，即 $r_1 = r_2 = -\dfrac{p}{2}$。

此时，函数 $y_1(x) = \mathrm{e}^{r_1 x}$ 是微分方程(A.11)的一个特解，还需另找一个与之线性无关的特解 $y_2(x)$。为此，设 $y_2(x) = u(x)y_1(x)$，其中 $u(x)$ 为待定的函数，将 $y_2(x)$ 及其一、二阶导数代入方程(A.10)中，得

$$\mathrm{e}^{r_1 x}[u'' + (2r_1 + p)u' + (r_1^2 + pr_1 + q)u] = 0$$

注意到 $r_1 = -\dfrac{p}{2}$ 是特征方程的根，且 $\mathrm{e}^{r_1 x} \neq 0$，因此，只要 $u(x)$ 满足 $u''(x) = 0$，则 $y_2(x) = u(x)\mathrm{e}^{r_1 x}$ 就是微分方程(A.10)的解。特别地，取 $y_2(x) = x\mathrm{e}^{r_1 x}$，此时，微分方程(A.11)的通解为

$$y(x) = c_1\mathrm{e}^{r_1 x} + c_2 x\mathrm{e}^{r_1 x} = (c_1 + c_2 x)\mathrm{e}^{r_1 x}$$

(3) 特征方程具有一对共轭复根，$r_1=\alpha+\beta\mathrm{i}$与$r_2=\alpha-\beta\mathrm{i}$。

此时，两个线性无关的特解$y_1=\mathrm{e}^{(\alpha+\mathrm{i}\beta)x}$与$y_2=\mathrm{e}^{(\alpha-\mathrm{i}\beta)x}$是两个复数解。为了便于在实数范围内讨论问题，再构造两个线性无关的实数解。由欧拉公式$\mathrm{e}^{\mathrm{i}x}=\cos x+\mathrm{i}\sin x$，可得

$$y_1=\mathrm{e}^{\alpha x}(\cos\beta x+\mathrm{i}\sin\beta x)\,,\qquad y_2=\mathrm{e}^{\alpha x}(\cos\beta x-\mathrm{i}\sin\beta x)$$

于是，由定理A.2知，函数

$$\mathrm{e}^{\alpha x}\cos\beta x=\frac{1}{2}(y_1+y_2)\,,\qquad \mathrm{e}^{\alpha x}\sin\beta x=\frac{1}{2}(y_1-y_2)$$

是微分方程(A.10)的解。容易验证它们线性无关，所以这时方程的通解可以表示为

$$y(x)=\mathrm{e}^{\alpha x}(c_1\cos\beta x+c_2\sin\beta x)$$

上述求解二阶常系数线性齐次方程的方法称为**特征根法**，其具体步骤可总结如下：

(1) 写出所给微分方程的特征方程；

(2) 求出特征根；

(3) 根据特征根的三种不同情况求得对应的特解，并写出其通解。

【例A-2】 求解如下二阶齐次常微分方程：

(1) $y''-y=0$；　　　　(2) $y''+y=0$。

**解：**

(1) 特征方程为$r^2-1=0$，其根为$r_{1,2}=\pm1$，所以微分方程的两个线性无关的解为$y_1(x)=\mathrm{e}^x$、$y_2(x)=\mathrm{e}^{-x}$，所以通解可以表示为

$$y(x)=c_1\mathrm{e}^x+c_2\mathrm{e}^{-x}$$

又$\cosh x=\dfrac{\mathrm{e}^x+\mathrm{e}^{-x}}{2}$、$\sinh x=\dfrac{\mathrm{e}^x-\mathrm{e}^{-x}}{2}$，因而$\cosh x$和$\sinh x$也是微分方程的解，并且它们也是线性无关的，因此也可以构成微分方程的基础解系，即方程的通解也可以表示为

$$y(x)=c_1\cosh x+c_2\sinh x$$

这种表示方法在讨论某些工程问题时更加方便。

(2) 特征方程为$r^2+1=0$，其根为$r_{1,2}=\pm\mathrm{i}$，所以微分方程的两个线性无关的解为$y_1(x)=\cos x$、$y_2(x)=\sin x$，所以通解可以表示为

$$y(x)=c_1\cos x+c_2\sin x$$

在实际应用中，经常遇到带有一些条件的微分方程，如$y''+4y=\mathrm{e}^x$、$y(0)=0$、$y'(0)=1$或$y''+2y'-3y=\sin 2x$、$y(0)=0$、$y(1)=0$等，这些问题称为**初值问题或边值问题**。

【例A-3】 求方程$y''-4y'+4y=0$的满足初始条件$y(0)=1$、$y'(0)=4$的特解。

**解**：$y''-4y'+4y=0$的特征方程为$r^2-4r+4=0$，有重根$r=2$，其对应的两个线性无关的特解为

$$y_1(x)=\mathrm{e}^{2x},\qquad y_2(x)=x\mathrm{e}^{2x}$$

所以通解为

$$y(x)=(c_1+c_2x)e^{2x}$$

求导，得

$$y'(x)=c_2e^{2x}+2(c_1+c_2x)e^{2x}$$

将 $y(0)=1$、$y'(0)=4$ 代入以上两式中，得

$$\begin{cases}c_1=1\\ c_2+2c_1=4\end{cases}$$

解之，得 $c_1=1$ 、$c_2=2$ ，即得初值问题为

$$y(x)=(1+2x)e^{2x}$$

**【例 A-4】** 求含参数方程 $y''+\lambda y=0$（$\lambda$ 为实数）满足边界条件 $y(0)=0$、$y'(l)=0$ 的特解。

**解**：微分方程的特征方程为 $r^2+\lambda=0$ ，$\lambda$ 为实数，分以下三种情形进行讨论。

① 当 $\lambda<0$ 时，特征方程有两个互不相等的实根 $r_{1,2}=\pm\sqrt{\lambda}$ ，此时微分方程的两个线性无关的特解为 $y_1(x)=e^{\sqrt{\lambda}x}$、$y_2(x)=e^{-\sqrt{\lambda}x}$ ，因此其通解为

$$y(x)=c_1e^{\sqrt{\lambda}x}+c_2e^{-\sqrt{\lambda}x}$$

其中 $c_1$、$c_2$ 是任意常数。由条件 $y(0)=0$、$y'(l)=0$ ，得

$$\begin{cases}c_1+c_2=0\\ c_1e^{\sqrt{\lambda}l}-c_2e^{-\sqrt{\lambda}l}=0\end{cases}$$

解之，得 $c_1=c_2=0$ ，从而 $y(x)\equiv0$ ，也即方程没有满足边界条件的非零解。

② 当 $\lambda=0$ 时，方程退化为 $X''=0$ ，其特征方程有两个相等的实根 $r_{1,2}=0$ ，此时微分方程的两个线性无关的特解为 $y_1(x)=1$、$y_2(x)=x$ ，因此其通解为

$$X(x)=c_0+d_0x$$

其中，$c_0$、$d_0$ 是任意常数（当然，这个通解也可以直接由 $X''=0$ 积分两次得到）。

由条件 $y(0)=0$、$y'(l)=0$ ，得 $c_0=0$、$d_0=0$ ，此时，方程没有没有满足边界条件的非零解。

③ 当 $\lambda>0$ 时，特征方程有两个互为共轭的复根 $r_{1,2}=\pm\sqrt{\lambda}i$ ，于是，微分方程的两个线性无关的特解为 $y_1(x)=\cos\sqrt{\lambda}x$、$y_2(x)=\sin\sqrt{\lambda}x$ ，因此其通解为

$$y(x)=c_1\cos\sqrt{\lambda}x+c_2\sin\sqrt{\lambda}x$$

其中，$c_1$、$c_2$ 是任意常数。代入边界条件，得

$$\begin{cases}c_1\sqrt{\lambda}=0\\ \sqrt{\lambda}(-c_1\sin\sqrt{\lambda}l+c_2\cos\sqrt{\lambda}l)=0\end{cases}$$

由于 $\sqrt{\lambda}\neq0$ ，所以 $c_1=0$ ，故 $c_1\sin\sqrt{\lambda}l=0$ ，要使 $y(x)$ 不恒等于零，必须 $c_2\neq0$ ，因此必有 $\cos\sqrt{\lambda}l=0$ ，从而 $\sqrt{\lambda}l=\left(n+\dfrac{1}{2}\right)\pi, n=0, 1, 2, \cdots$，也即

$$\lambda = \frac{\left(n+\frac{1}{2}\right)^2 \pi^2}{l^2} \qquad (n=0,\ 1,\ 2,\ \cdots)$$

相应的解为

$$y(x) = c_2 \sin\frac{\left(n+\frac{1}{2}\right)\pi x}{l}$$

其中，$c_2$ 为任意的数。

**【例 A-5】** 求解如下带有周期条件的常微分方程问题：

$$\begin{cases} y'' + \lambda y = 0 \\ y(x+2\pi) = y(x) \end{cases}$$

**解**：首先与例 A-4 同理，可得常微分方程 $y'' + \lambda y = 0$ 在参数 $\lambda$ 取不同值时的通解为

$$y(x) = \begin{cases} c_1 \cos\sqrt{\lambda}x + c_2 \sin\sqrt{\lambda}x & (\lambda > 0) \\ c_0 + d_0 x & (\lambda = 0) \\ c_1 \mathrm{e}^{\sqrt{-\lambda}x} + c_2 \mathrm{e}^{-\sqrt{-\lambda}x} & (\lambda < 0) \end{cases}$$

结合周期条件 $y(x+2\pi) = y(x)$，可求得参数 $\lambda = n^2$，$n = 0,\ 1,\ 2,\ \cdots$，而相应的解为

$$y(x) = \begin{cases} c_1 \cos nx + c_2 \sin nx & (n \neq 0) \\ c_0 & (n = 0) \end{cases}$$

### 2．二阶常系数线性非齐次常微分方程的解法

由定理 A.5，线性非齐次常微分方程

$$y'' + py' + qy = f(x)$$

的解可由其相伴齐次方程的通解 $Y(x)$ 和非齐次方程的一个特解 $y^*(x)$ 之和构成。因此，求解二阶常系数线性非齐次常微分方程的关键就在于确定它的一个特解 $y^*(x)$。确定特解的方法很多，当 $f(x)$ 是一些特殊的函数，如指数函数、正余弦函数及多项式时，通常使用待定系数法来求解。该方法的基本思想是：利用右端项 $f(x)$ 的具体形式确定特解 $y^*(x)$ 的结构，然后代入到非齐次方程中确定其中系数。下面分几种情形来讨论。

1）自由项为多项式，即 $f(x) = P_n(x)$

设二阶常系数线性非齐次常微分方程

$$y'' + py' + qy = P_n(x) \tag{A.12}$$

其中，$P_n(x)$ 为 $x$ 的 $n$ 次多项式。由于方程中系数 $p$、$q$ 都是常数，且多项式的导数仍为多项式，所以可设方程(A.12)的特解为

$$y^* = x^k Q_n(x)$$

其中，$Q_n(x)$ 是与 $P_n(x)$ 同阶的多项式，$k$ 是一个常数。当系数 $q \neq 0$ 时，$k$ 取 0；当 $q = 0$，$p \neq 0$ 时，$k$ 取 1；当 $q = 0$，$p = 0$ 时，$k$ 取 2。

【例 A-6】　求非齐次方程 $y''-2y'+y=x^2$ 的一个特解。

**解**：使用待定系数法。由于该方程中自由项 $f(x)=x^2$ 是二次多项式，且 $q=1$，故取 $k=0$，所以设特解为 $y^*=ax^2+bx+c$，代入方程，合并同类项后有

$$ax^2+(-4a+b)x+(2a-2b+c)=x^2$$

比较两端系数可得 $a=1$、$b=4$、$c=6$。于是，求得特解为

$$y^*=x^2+4x+6$$

2）自由项 $f(x)$ 为 $Ae^{\alpha x}$ 型

设二阶常系数线性非齐次常微分方程

$$y''+py'+qy=Ae^{\alpha x} \tag{A.13}$$

其中，$A$、$\alpha$ 均为常数。考虑到 $p$、$q$ 都是常数，且指数函数的导数仍为指数函数，所以可设方程(A.13)的特解为

$$y^*=bx^k e^{\alpha x}$$

其中，$b$ 为待定的系数。当 $\alpha$ 不是方程(A.13)的相伴齐次方程的特征根时，$k$ 取 0；当 $\alpha$ 是方程(A.13)的相伴齐次方程的单特征根时，$k$ 取 1；当 $\alpha$ 是方程(A.13)的相伴齐次方程的重特征根时，$k$ 取 2。

【例 A-7】　求方程 $y''+y'+y=2e^{2x}$ 的通解。

**解**：非齐次方程的相伴齐次方程的特征方程为 $r^2+r+1=0$，其特征根为 $r_1=\dfrac{-1+\sqrt{3}i}{2}$、$r_2=\dfrac{-1-\sqrt{3}i}{2}$，所以齐次方程的通解为

$$Y(x)=e^{-\frac{1}{2}x}\left(c_1\cos\frac{\sqrt{3}}{2}x+c_2\sin\frac{\sqrt{3}}{2}x\right)$$

又 $\alpha=2$ 不是特征方程 $r^2+r+1=0$ 的特征根，取 $k=0$，所以设特解为 $y^*=be^{2x}$，代入方程得

$$4be^{2x}+2be^{2x}+be^{2x}=2e^{2x}$$

比较系数，得 $b=\dfrac{2}{7}$，故原方程的一个特解为

$$y^*(x)=\frac{2}{7}e^{2x}$$

因此，方程的通解为

$$y(x)=\frac{2}{7}e^{2x}+e^{-\frac{1}{2}x}\left(c_1\cos\frac{\sqrt{3}}{2}x+c_2\sin\frac{\sqrt{3}}{2}x\right)$$

3）自由项 $f(x)$ 为 $e^{\alpha x}(A\cos\beta x+B\sin\beta x)$ 型

设二阶常系数线性非齐次常微分方程

$$y''+py'+qy=e^{\alpha x}(A\cos\beta x+B\sin\beta x) \tag{A.14}$$

其中，$\alpha$、$A$、$B$ 均为常数。此时，可设方程(A.14)的特解为

$$y^* = x^k \mathrm{e}^{\alpha x}(a\cos\beta x + b\sin\beta x)$$

其中，$a$、$b$ 为待定的系数。当 $\alpha+\mathrm{i}\beta$ 不是方程(A.14)的相伴齐次方程的特征根时，$k$ 取 0；否则，$k$ 取 1。将 $y^*$ 代入非齐次方程确定系数 $a$、$b$。

【例 A-8】　求方程 $y''+3y'-y=\mathrm{e}^x\cos 2x$ 的一个特解。

**解**：非齐次方程的自由项为 $\mathrm{e}^x\cos 2x$，且 $1+2\mathrm{i}$ 不是相伴的齐次方程的特征根，故特解可设为

$$y^* = \mathrm{e}^x(a\cos 2x + b\sin 2x)$$

代入方程，合并同类项，得

$$\mathrm{e}^x[(10b-a)\cos 2x-(b+10a)\sin 2x]=\mathrm{e}^x\cos 2x$$

即

$$(10b-a)\cos 2x-(b+10a)\sin 2x=\cos 2x$$

比较两端系数，得

$$\begin{cases}10b-a=1\\ b+10a=0\end{cases}$$

解之，得 $a=-\dfrac{1}{101}$、$b=\dfrac{10}{101}$，故所求特解为

$$y^*=\mathrm{e}^x\left(-\frac{1}{101}\cos 2x+\frac{10}{101}\sin 2x\right)$$

【例 A-9】　求方程 $y''+y=\sin x$ 的通解。

**解**：非齐次方程的自由项为 $\sin x$，且 i 是相伴的齐次方程的特征根，故特解可设为

$$y^*(x) = x(a\cos x + b\sin x)$$

代入方程，合并同类项，得

$$-2a\sin x+2b\cos x=\sin x$$

比较两端系数，得 $a=-\dfrac{1}{2}$、$b=0$，故所求特解为

$$y^*(x)=-\frac{1}{2}x\cos 2x$$

而对应的齐次方程 $y'+y=0$ 的通解为

$$Y(x)=c_1\cos x+c_2\sin x$$

故所求的通解为

$$y(x)=-\frac{1}{2}x\cos 2x+c_1\cos x+c_2\sin x$$

### A.2.3　二阶变系数线性常微分方程的解法

定理 A.4 和定理 A.5 给出了二阶线性微分方程(A.6)

$$y''+p(x)y'+q(x)y=f(x),\quad x\in I$$

的通解

$$y(x)=y^*(x)+Y(x)$$

其中，$Y(x)$ 是微分方程(A.6)相伴的齐次方程的通解，$y^*(x)$ 是它的一个特解。在 A.2.2 节中，给出了自由项为一些特殊结构的函数的常系数微分方程的求解方法。对于变系数微分方程，一般情况下处理起来比较困难，这里给出两种方法分别用以求齐次方程的通解 $Y(x)$ 和非齐次方程的特解 $y^*(x)$。

**1．求二阶齐次线性微分方程的特解**

对于二阶齐次线性微分方程(A.7)

$$y''+p(x)y'+q(x)y=0$$

其通解为 $y(x)=c_1y_1(x)+c_2y_2(x)$，其中 $c_1$、$c_2$ 是任意常数，$y_1(x)$、$y_2(x)$ 是齐次方程的两个线性无关的解。现假设已知二阶齐次线性微分方程的一个非零特解 $y_1(x)$，利用 A.1 节中的定理 A.1，可以证明如下结论。

**定理 A.7**　假设在方程(A.7)中，函数 $p(x)$、$q(x)$ 连续，$y_1(x)$ 是方程(A.7)的一个非平凡解，则

$$y_2(x)=y_1(x)\int\frac{\mathrm{e}^{-\int p(x)\mathrm{d}x}}{y_1^2(x)}\mathrm{d}x$$

是方程(A.7)的特解，且与 $y_1(x)$ 线性无关。

**【例 A-10】**　已知 $\mathrm{e}^x$ 是二阶齐次常微分方程 $xy''-(1+x)y'+y=0$ 的一个特解，求该方程的通解。

**解：** 由定理 A.7，可以得到

$$y_2(x)=\mathrm{e}^x\int\frac{\mathrm{e}^{\int\frac{x+1}{x}\mathrm{d}x}}{(\mathrm{e}^x)^2}\mathrm{d}x=\mathrm{e}^x\int\frac{x\mathrm{e}^x}{\mathrm{e}^{2x}}\mathrm{d}x=\mathrm{e}^x\int x\mathrm{e}^{-x}\mathrm{d}x=\mathrm{e}^x(-x\mathrm{e}^{-x}-\mathrm{e}^{-x})=-x-1$$

所以，方程的通解为

$$y(x)=c_1\mathrm{e}^x+c_2(x+1)$$

**2．参数变异法**

参数变异法可以从相伴齐次方程的通解出发求得非齐次方程的一个特解 $y^*(x)$。设齐次方程的通解为

$$y(x)=c_1y_1(x)+c_2y_2(x)$$

所谓参数变异法就是设想非齐次方程(A.6)有一个形如

$$y(x)=c_1(x)y_1(x)+c_2(x)y_2(x)\tag{A.15}$$

的解，其中 $c_1(x)$、$c_2(x)$ 是两个待定的函数，即参数 $c_1$、$c_2$ 变异为函数了。下面我们来选择

$c_1(x)$、$c_2(x)$，使 $y(x)$ 成为非齐次方程的一个解。由式(A.15)，有

$$y'(x)=c_1'(x)y_1(x)+c_2'(x)y_2(x)+c_1(x)y_1'(x)+c_2(x)y_2'(x)$$

由于要确定两个函数 $c_1(x)$、$c_2(x)$，但它们只需满足一个方程，所以可以对 $c_1(x)$、$c_2(x)$ 添加一个约束条件。事实上，如下的条件可以同时起到简化计算的作用，我们规定

$$c_1'(x)y_1(x)+c_2'(x)y_2(x)=0 \tag{A.16}$$

利用式(A.15)和式(A.16)，有

$$y'(x)=c_1(x)y_1'(x)+c_2(x)y_2'(x)$$

$$y''(x)=c_1(x)y_1''(x)+c_2(x)y_2''(x)+c_1'(x)y_1'(x)+c_2'(x)y_2'(x)$$

将以上两式代入方程(A.6)中，可得

$$\begin{aligned}y''+p(x)y'+q(x)y&=(c_1(x)y_1''(x)+c_2(x)y_2''(x)+c_1'(x)y_1'(x)+c_2'(x)y_2'(x))+\\&\quad p(x)(c_1(x)y_1'(x)+c_2(x)y_2'(x))+q(x)(c_1(x)y_1(x)+c_2(x)y_2(x))\\&=c_1(x)\underbrace{(y_1''(x)+p(x)y_1'(x)+q(x)y_1(x))}_{=0}+\\&\quad c_2(x)\underbrace{(y_2''(x)+p(x)y_2'(x)+q(x)y_2(x))}_{=0}+c_1'(x)y_1'(x)+c_2'(x)y_2'(x)\\&=c_1'(x)y_1'(x)+c_2'(x)y_2'(x)\\&=f(x)\end{aligned}$$

由上式和式(A.15)，待定函数 $c_1(x)$、$c_2(x)$ 满足

$$\begin{cases}c_1'(x)y_1'(x)+c_2'(x)y_2'(x)=f(x)\\c_1'(x)y_1(x)\ +c_2'(x)y_2(x)=0\end{cases}$$

这是一个关于 $c_1'(x)$、$c_2'(x)$ 的方程组，由克拉默法则

$$c_1'(x)=\frac{\begin{vmatrix}0 & y_2(x)\\f(x) & y_2'(x)\end{vmatrix}}{\begin{vmatrix}y_1(x) & y_2(x)\\y_1'(x) & y_2'(x)\end{vmatrix}},\qquad c_2'(x)=\frac{\begin{vmatrix}y_1(x) & 0\\y_1'(x) & f(x)\end{vmatrix}}{\begin{vmatrix}y_1(x) & y_2(x)\\y_1'(x) & y_2'(x)\end{vmatrix}}$$

记 $W(y_1(x),\ y_2(x))=\begin{vmatrix}y_1(x) & y_2(x)\\y_1'(x) & y_2'(x)\end{vmatrix}$，则有

$$c_1'(x)=\frac{-f(x)y_2(x)}{W(y_1(x),\ y_2(x))},\qquad c_2'(x)=\frac{f(x)y_1(x)}{W(y_1(x),\ y_2(x))}$$

积分求得

$$c_1(x)=\int\frac{-f(x)y_2(x)}{W(y_1(x),\ y_2(x))}\mathrm{d}x,\qquad c_2(x)=\int\frac{f(x)y_1(x)}{W(y_1(x),\ y_2(x))}\mathrm{d}x$$

从而，得到方程(A.6)的一个特解

$$y^*=y_1(x)\int\frac{-f(x)y_2(x)}{W(y_1(x),\ y_2(x))}\mathrm{d}x+y_2(x)\int\frac{f(x)y_1(x)}{W(y_1(x),\ y_2(x))}\mathrm{d}x \tag{A.17}$$

【例 A-11】 求方程 $y''+y=\tan x$ 的通解。

**解：** 齐次方程 $y''+y=0$ 的通解为

$$Y(x)=c_1\cos x+c_2\sin x$$

用参数变异法，求解方程组

$$\begin{cases}c_1'(x)\cos x+c_2'(x)\sin x=0\\-c_1'(x)\sin x+c_2'(x)\cos x=\tan x\end{cases}$$

由此，得

$$c_1'(x)=-\tan x\cdot\sin x=-\frac{1}{\cos x}+\cos x$$
$$c_2'(x)=\tan x\cdot\cos x=\sin x$$

积分可得

$$c_1(x)=\sin x-\ln\left|\tan\left(\frac{x}{2}+\frac{\pi}{4}\right)\right|+C_1$$
$$c_2(x)=-\cos x+C_2$$

其中，$C_1$、$C_2$ 为任意的常数。所求通解为

$$y=\left(\sin x-\ln\left|\tan\left(\frac{x}{2}+\frac{\pi}{4}\right)\right|\right)\cos x-\cos x\sin x+C_1\cos x+C_2\sin x$$
$$=-\ln\left|\tan\left(\frac{x}{2}+\frac{\pi}{4}\right)\right|\cos x+C_1\cos x+C_2\sin x$$

其中，$C_1$、$C_2$ 为任意的常数。

### A.2.4 欧拉方程

在数学物理方程课程中还经常遇到一类特殊的二阶变系数线性常微分方程

$$xy''+pxy'+q=f(x) \tag{A.18}$$

其中，$p$、$q$ 为常数。这样的方程称为**欧拉方程**，它虽然不是常系数方程，但其系数很特殊，可以通过简单的自变量变换后化为常系数方程。令 $x=\mathrm{e}^t$，则

$$\frac{\mathrm{d}y}{\mathrm{d}x}=\frac{\mathrm{d}y}{\mathrm{d}t}\frac{\mathrm{d}t}{\mathrm{d}x}=\frac{1}{x}\frac{\mathrm{d}y}{\mathrm{d}t}$$

$$\frac{\mathrm{d}^2y}{\mathrm{d}x^2}=\left(\frac{1}{x}\frac{\mathrm{d}y}{\mathrm{d}t}\right)'=-\frac{1}{x^2}\frac{\mathrm{d}y}{\mathrm{d}t}+\frac{1}{x}\frac{\mathrm{d}^2y}{\mathrm{d}t^2}\frac{\mathrm{d}t}{\mathrm{d}x}=-\frac{1}{x^2}\frac{\mathrm{d}y}{\mathrm{d}t}+\frac{1}{x^2}\frac{\mathrm{d}^2y}{\mathrm{d}t^2}$$

代入方程(A.18)中，有

$$\frac{\mathrm{d}^2y}{\mathrm{d}t^2}+(p-1)\frac{\mathrm{d}y}{\mathrm{d}t}+qy=f(\mathrm{e}^t)$$

这是一个二阶线性常系数常微分方程，用 A.2.1 节中的方法求得其通解，最后再进行自变量代换还原为 $x$ 的函数即可。

【例 A-12】 求解如下方程

$$x^2y''+xy'-n^2y=0$$

其中，$n$ 非负整数。

**解**：这是一个欧拉型常微分方程。作代换 $x=\mathrm{e}^t$，方程化为

$$\frac{\mathrm{d}^2y}{\mathrm{d}t^2}-n^2y=0$$

其解为

$$y(t)=\begin{cases}C_n\mathrm{e}^{nt}+D_n\mathrm{e}^{-nt} & (n\neq 0)\\ C_0+D_0t & (n=0)\end{cases}$$

将变量还原为 $x$，得到解

$$y(x)=\begin{cases}C_nx^n+D_n\dfrac{1}{x^n} & (n\neq 0)\\ C_0+D_0\ln x & (n=0)\end{cases}$$

# 附录 B　傅里叶级数

傅里叶级数是研究数学物理方程的一个重要工具，在本附录中，对傅里叶级数的一些基本概念和结果作简单介绍。

## B.1　正交函数系

首先，给出函数正交的概念。

**定义 B.1**　设函数 $\rho(x)>0$ 在区间 $[a, b]$ 可积，如果定义在 $[a, b]$ 上的可积函数 $f(x)$、$g(x)$ 满足

$$\int_a^b \rho(x)f(x)g(x)\mathrm{d}x=0$$

则称**函数** $f(x)$、$g(x)$ **在区间** $[a, b]$ **上关于权函数** $\rho(x)$ **是正交的**。

然后，给出正交函数系的定义。

**定义 B.2**　设函数 $\rho(x)>0$ 在区间 $[a, b]$ 可积，如果定义在 $[a, b]$ 上的可积和平方可积函数系 $\{f_n(x)\}_{n=1}^{\infty}$ 满足

$$\int_a^b \rho(x)f_n(x)f_m(x)\mathrm{d}x=0 \qquad (m\neq n,\ m,\ n=1,\ 2,\ \cdots) \tag{B.1}$$

则称**函数系** $\{f_n(x)\}_{n=1}^{\infty}$ **在区间** $[a, b]$ **上关于权函数** $\rho(x)$ **是正交函数系**。

一般总假定函数 $f_n(x)$ 不恒等于零，因此 $\int_a^b \rho(x)f_n^2(x)\mathrm{d}x>0$，$n=1,\ 2,\ \cdots$，称该积分的平方根为**函数** $f_n(x)$ **的模**，记为 $\|f_n(x)\|$，即

$$\|f_n(x)\|=\left(\int_a^b \rho(x)f_n^2(x)\mathrm{d}x\right)^{\frac{1}{2}} \qquad (n=1,\ 2,\ \cdots) \tag{B.2}$$

特别地，当 $\rho(x)\equiv 1$ 时，称 $\{f_n(x)\}_{n=1}^{\infty}$ **是** $[a,b]$ **上的正交函数系**。进一步地，如果还有

$$\int_a^b f_n(x)f_m(x)\mathrm{d}x=\begin{cases}0 & (m\neq n)\\ 1 & (m=n)\end{cases}$$

则称 $\{f_n(x)\}_{n=1}^{\infty}$ **是区间** $[a, b]$ **上的标准正交函数系**。

**【例 B-1】**　三角函数系

$$1,\ \cos x,\ \sin x,\ \cos 2x,\ \sin 2x,\ \cdots,\ \cos nx,\ \sin nx,\ \cdots$$

是区间 $[-\pi, \pi]$ 上的正交函数系。

**证**：利用三角函数等式

$$\sin\alpha\cos\beta=\frac{1}{2}(\sin(\alpha-\beta)+\sin(\alpha+\beta))$$
$$\sin\alpha\sin\beta=\frac{1}{2}(\cos(\alpha-\beta)-\cos(\alpha+\beta))$$
$$\cos\alpha\cos\beta=\frac{1}{2}(\cos(\alpha-\beta)+\cos(\alpha+\beta))$$

对任意的正整数 $m$、$n$，可以验证

$$\int_{-\pi}^{\pi}\sin nx\mathrm{d}x=\int_{-\pi}^{\pi}\cos nx\mathrm{d}x=0$$
$$\int_{-\pi}^{\pi}\sin nx\sin mx\mathrm{d}x=\begin{cases}0 & (m\neq n)\\ \pi & (m=n)\end{cases}$$
$$\int_{-\pi}^{\pi}\cos nx\cos mx\mathrm{d}x=\begin{cases}0 & (m\neq n)\\ \pi & (m=n)\end{cases}$$
$$\int_{-\pi}^{\pi}\sin nx\cos mx\mathrm{d}x=0$$

因此，这个函数系是 $[-\pi,\pi]$ 上的正交函数系。

为了使这个正交函数系标准化，将正交系中各函数除以它的模

$$\frac{1}{\sqrt{2\pi}},\ \frac{\cos x}{\sqrt{\pi}},\ \frac{\sin x}{\sqrt{\pi}},\ \frac{\cos 2x}{\sqrt{\pi}},\ \frac{\sin 2x}{\sqrt{\pi}},\ \cdots,\ \frac{\cos nx}{\sqrt{\pi}},\ \frac{\sin nx}{\sqrt{\pi}},\ \cdots$$

是 $[-\pi,\pi]$ 上的标准正交函数系。

同理，可以证明 $\{\cos nx\}_{n=0}^{\infty}$、$\{\sin nx\}_{n=1}^{\infty}$ 都是 $[-\pi,\pi]$ 上的正交函数系。

**【例 B-2】** 下列函数系：

(1) $1,\cos\frac{\pi x}{l},\cos\frac{2\pi x}{l},\cdots,\cos\frac{n\pi x}{l},\cdots$

(2) $\sin\frac{\pi x}{l},\ \sin\frac{2\pi x}{l},\ \cdots,\ \sin\frac{n\pi x}{l},\ \cdots$

是 $[-l,l]$ 上的正交函数系。

**【例 B-3】** 已知函数方程 $\tan\beta l=-\frac{\beta}{h}$，图 B.1 给出的图像说明方程有无穷多个成对出现的实根，设其正根为 $\beta_1$, $\beta_2$, $\beta_3$, …，利用三角恒等式，可以验证 $\{\sin\beta_n x\}_{n=1}^{\infty}$ 是[0，$l$]上的一个正交函数系。

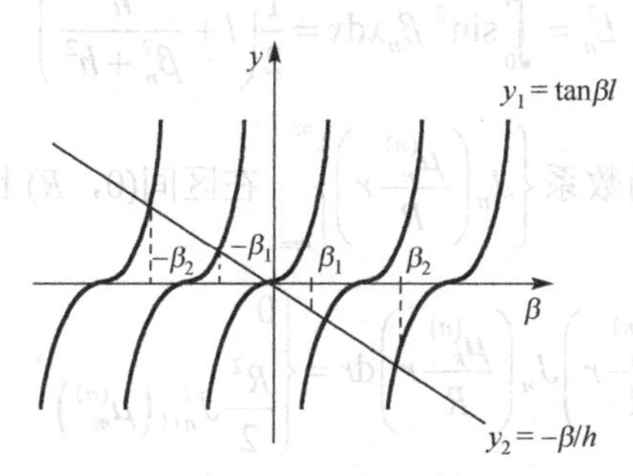


图 B.1　函数方程的根

事实上，当$m\neq n$时，有

$$\begin{aligned}\int_0^l \sin\beta_n x\sin\beta_m x\mathrm{d}x &= \frac{1}{2}\int_0^l [\cos(\beta_n-\beta_m)x-\cos(\beta_n+\beta_m)x]\mathrm{d}x\\ &=\frac{1}{2}\left[\frac{1}{\beta_n-\beta_m}\sin(\beta_n-\beta_m)l-\frac{1}{\beta_n+\beta_m}\sin(\beta_n+\beta_m)l\right]\\ &=\frac{1}{2}\left[\frac{1}{\beta_n-\beta_m}(\sin\beta_n l\cos\beta_m l-\sin\beta_m l\cos\beta_n l)-\right.\\ &\left.\frac{1}{\beta_n+\beta_m}(\sin\beta_n l\cos\beta_m l+\sin\beta_m l\cos\beta_n l)\right]\\ &=\frac{1}{2}\left(\frac{1}{\beta_n-\beta_m}-\frac{1}{\beta_n+\beta_m}\right)\sin\beta_n l\cos\beta_m l-\frac{1}{2}\left(\frac{1}{\beta_n-\beta_m}+\frac{1}{\beta_n+\beta_m}\right)\sin\beta_m l\cos\beta_n l\\ &=\frac{\beta_m\sin\beta_n l\cos\beta_m l-\beta_n\sin\beta_m l\cos\beta_n l}{\beta_n^2-\beta_m^2}\end{aligned}$$

又由于$\beta_n$、$\beta_m$是方程$\tan\beta l=-\dfrac{\beta}{h}$的根，即

$$\tan\beta_n l=-\frac{\beta_n}{h}$$

和

$$\tan\beta_m l=-\frac{\beta_m}{h}$$

分别在上面两个等式的两端乘以$\beta_m\cos\beta_m l\cos\beta_n l$和$\beta_n\cos\beta_m l\cos\beta_n l$后相减，得

$$\begin{aligned}\beta_m\sin\beta_n l\cos\beta_m l-\beta_n\sin\beta_m l\cos\beta_n l &= -\frac{\beta_m\beta_n\cos\beta_m l\cos\beta_n l}{h}+\frac{\beta_m\beta_n\cos\beta_m l\cos\beta_n l}{h}\\ &=0\end{aligned}$$

所以，有

$$\int_0^l \sin\beta_n x\sin\beta_m x\mathrm{d}x=0,\quad m\neq n$$

也即$\left\{\sin\beta_n x\right\}_{n=1}^{\infty}$是[0，$l$]上的一个正交函数系。

另外，通过计算还可以得到其模值的平方

$$L_n^2=\int_0^l \sin^2\beta_n x\mathrm{d}x=\frac{1}{2}\left(l+\frac{h}{\beta_n^2+h^2}\right)$$

**【例 B-4】** 证明贝塞尔函数系$\left\{J_n\left(\dfrac{\mu_m^{(n)}}{R}r\right)\right\}_{m=1}^{\infty}$在区间(0，$R$)上带权$r$正交，且

$$\int_0^R rJ_n\left(\frac{\mu_m^{(n)}}{R}r\right)J_n\left(\frac{\mu_k^{(n)}}{R}r\right)\mathrm{d}r=\begin{cases}0 & (m\neq k)\\ \dfrac{R^2}{2}J_{n+1}^2\left(\mu_m^{(n)}\right) & (m=k)\end{cases}$$

其中，$\mu_m^{(n)}$ ($m=1, 2, \cdots$)为$n$阶贝塞尔函数$J_n(x)$的正零点。

**证明：** $J_n\left(\frac{\mu_m^{(n)}}{R}r\right)$、$J_n\left(\frac{\mu_k^{(n)}}{R}r\right)$分别满足方程

$$\frac{\mathrm{d}}{\mathrm{d}r}\left(r\frac{\mathrm{d}}{\mathrm{d}r}J_n\left(\frac{\mu_m^{(n)}}{R}r\right)\right)+\left[\left(\frac{\mu_m^{(n)}}{R}\right)^2 r-\frac{n^2}{x}\right]J_n\left(\frac{\mu_m^{(n)}}{R}r\right)=0$$

和

$$\frac{\mathrm{d}}{\mathrm{d}r}\left(r\frac{\mathrm{d}}{\mathrm{d}r}J_n\left(\frac{\mu_k^{(n)}}{R}r\right)\right)+\left[\left(\frac{\mu_k^{(n)}}{R}\right)^2 r-\frac{n^2}{x}\right]J_n\left(\frac{\mu_k^{(n)}}{R}r\right)=0$$

将第 1 式乘以$J_n\left(\frac{\mu_k^{(n)}}{R}r\right)$，再减去第 2 式乘以$J_n\left(\frac{\mu_m^{(n)}}{R}r\right)$，并在[0，$R$]上积分

$$\int_0^R\left[J_n\left(\frac{\mu_k^{(n)}}{R}r\right)\frac{\mathrm{d}}{\mathrm{d}r}\left(r\frac{\mathrm{d}}{\mathrm{d}r}J_n\left(\frac{\mu_m^{(n)}}{R}r\right)\right)-J_n\left(\frac{\mu_m^{(n)}}{R}r\right)\frac{\mathrm{d}}{\mathrm{d}r}\left(r\frac{\mathrm{d}}{\mathrm{d}r}J_n\left(\frac{\mu_k^{(n)}}{R}r\right)\right)\right]\mathrm{d}r+$$
$$\left(\left(\frac{\mu_m^{(n)}}{R}\right)^2-\left(\frac{\mu_k^{(n)}}{R}\right)^2\right)\int_0^R rJ_n\left(\frac{\mu_m^{(n)}}{R}r\right)J_n\left(\frac{\mu_k^{(n)}}{R}r\right)\mathrm{d}r=0$$

利用分部积分，得

$$\left(\left(\frac{\mu_k^{(n)}}{R}\right)^2-\left(\frac{\mu_m^{(n)}}{R}\right)^2\right)\int_0^R rJ_n\left(\frac{\mu_m^{(n)}}{R}r\right)J_n\left(\frac{\mu_k^{(n)}}{R}r\right)\mathrm{d}r$$
$$=r\left[J_n\left(\frac{\mu_k^{(n)}}{R}r\right)\frac{\mathrm{d}}{\mathrm{d}r}J_n\left(\frac{\mu_m^{(n)}}{R}r\right)-J_n\left(\frac{\mu_m^{(n)}}{R}r\right)\frac{\mathrm{d}}{\mathrm{d}r}J_n\left(\frac{\mu_k^{(n)}}{R}r\right)\right]\Bigg|_0^R$$

在上式中，$J_n\left(\frac{\mu_m^{(n)}}{R}r\right)$的首项为$\frac{1}{2^n\Gamma(n+1)}\left(\frac{\mu_m^{(n)}}{R}r\right)^n$，$\left(J_n\left(\frac{\mu_m^{(n)}}{R}r\right)\right)'$的首项为$\frac{n}{2^n\Gamma(n+1)}\frac{\mu_m^{(n)}}{R}\cdot\left(\frac{\mu_m^{(n)}}{R}r\right)^{n-1}$，而$J_n\left(\frac{\mu_k^{(n)}}{R}r\right)$的首项为$\frac{1}{2^n\Gamma(n+1)}\left(\frac{\mu_k^{(n)}}{R}r\right)^n$，$\left(J_n\left(\frac{\mu_k^{(n)}}{R}r\right)\right)'$的首项为$\frac{n}{2^n\Gamma(n+1)}\cdot\frac{\mu_k^{(n)}}{R}\left(\frac{\mu_k^{(n)}}{R}r\right)^{n-1}$，利用级数的乘法公式推出$J_n\left(\frac{\mu_k^{(n)}}{R}r\right)\left(J_n\left(\frac{\mu_m^{(n)}}{R}r\right)\right)'-J_n\left(\frac{\mu_m^{(n)}}{R}r\right)\left(J_n'\left(\frac{\mu_k^{(n)}}{R}r\right)\right)'$的首项为零，其最低次幂为$r^{2n+2}$，因此当$n>-1$时，有

$$\left[J_n\left(\frac{\mu_k^{(n)}}{R}r\right)\frac{\mathrm{d}}{\mathrm{d}r}J_n\left(\frac{\mu_m^{(n)}}{R}r\right)-J_n\left(\frac{\mu_m^{(n)}}{R}r\right)\frac{\mathrm{d}}{\mathrm{d}r}J_n\left(\frac{\mu_k^{(n)}}{R}r\right)\right]\Bigg|_{r=0}=0$$

故

$$\int_0^R rJ_n\left(\frac{\mu_m^{(n)}}{R}r\right)J_n\left(\frac{\mu_k^{(n)}}{R}r\right)\mathrm{d}r$$

$$=\frac{r}{\left(\frac{\mu_k^{(n)}}{R}\right)^2-\left(\frac{\mu_m^{(n)}}{R}\right)^2}\left[J_n\left(\frac{\mu_k^{(n)}}{R}r\right)\frac{\mathrm{d}}{\mathrm{d}r}J_n\left(\frac{\mu_m^{(n)}}{R}r\right)-J_n\left(\frac{\mu_m^{(n)}}{R}r\right)\frac{\mathrm{d}}{\mathrm{d}r}J_n\left(\frac{\mu_k^{(n)}}{R}r\right)\right]\Bigg|_{r=R}$$

$$=\frac{R}{\left(\frac{\mu_k^{(n)}}{R}\right)^2-\left(\frac{\mu_m^{(n)}}{R}\right)^2}\left[\frac{\mu_m^{(n)}}{R}J_n\left(\mu_k^{(n)}\right)J_n'\left(\mu_m^{(n)}\right)-\frac{\mu_k^{(n)}}{R}J_n\left(\mu_m^{(n)}\right)J_n'\left(\mu_k^{(n)}\right)\right]$$

由于$\mu_m^{(n)}$、$\mu_k^{(n)}$为$J_n(x)$的零点，因而当$m\neq k$时，有

$$\int_0^R rJ_n\left(\frac{\mu_m^{(n)}}{R}r\right)J_n\left(\frac{\mu_k^{(n)}}{R}r\right)\mathrm{d}r=0$$

即$J_n\left(\frac{\mu_m^{(n)}}{R}r\right)$与$J_n\left(\frac{\mu_k^{(n)}}{R}r\right)$正交。

又当$\mu_m^{(n)}\neq\mu_k^{(n)}$时，有

$$\int_0^R rJ_n\left(\frac{\mu_m^{(n)}}{R}r\right)J_n\left(\frac{\mu_k^{(n)}}{R}r\right)\mathrm{d}r=\frac{\left[\mu_m^{(n)}J_n\left(\mu_k^{(n)}\right)J_n'\left(\mu_m^{(n)}\right)-\mu_k^{(n)}J_n\left(\mu_m^{(n)}\right)J_n'\left(\mu_k^{(n)}\right)\right]}{\left(\frac{\mu_k^{(n)}}{R}\right)^2-\left(\frac{\mu_m^{(n)}}{R}\right)^2}$$

在上式中视$\mu_m^{(n)}$为变量，取$\mu_k^{(n)}=\mu$，令$\mu_m^{(n)}\to\mu$，在上式两端取极限，由洛必达法则，有

$$\int_0^R r\left(J_n\left(\frac{\mu}{R}r\right)\right)^2\mathrm{d}r=\lim_{\mu_m^{(n)}\to\mu}\frac{\left[\mu_m^{(n)}J_n(\mu)J_n'\left(\mu_m^{(n)}\right)-\mu J_n\left(\mu_m^{(n)}\right)J_n'(\mu)\right]}{\left(\frac{\mu}{R}\right)^2-\left(\frac{\mu_m^{(n)}}{R}\right)^2}$$

$$=\lim_{\mu_m^{(n)}\to\mu}\frac{\left[\mu_m^{(n)}J_n'(\mu)J_n'\left(\mu_m^{(n)}\right)\right]}{2\frac{\mu_m^{(n)}}{R^2}}$$

$$=\frac{R^2}{2}\left[J_n'(\mu)\right]^2$$

利用$J_n(x)$的递推公式，得

$$\int_0^R r\left(J_n\left(\frac{\mu_m^{(n)}}{R}r\right)\right)^2\mathrm{d}r=\frac{R^2}{2}J_{n+1}^2\left(\mu_m^{(n)}\right)$$

$J_n\left(\frac{\mu_m^{(n)}}{R}r\right)$的模为$\frac{R}{\sqrt{2}}J_{n+1}\left(\mu_m^{(n)}\right)$。

【例 B-5】 勒让德多项式$\{P_k(x)\}_{k=1}^{\infty}$是$[-1, 1]$上的正交函数系，即

$$\int_{-1}^{1} P_k(x)P_l(x)\mathrm{d}x = 0 \qquad (k \neq l)$$

其中，$P_k(x)$是$k$阶勒让德方程的解。

**证明：** $P_k(x)$、$P_l(x)$分别满足勒让德方程

$$(1-x^2)P_k'' - 2xP_k' + k(k+1)P_k = 0$$

和

$$(1-x^2)P_l'' - 2xP_l' + l(l+1)P_l = 0$$

即

$$\left[(1-x^2)P_k'\right]' + k(k+1)P_k = 0$$

和

$$\left[(1-x^2)P_l'\right]' + l(l+1)P_l = 0$$

将前一个式子两端乘以$P_l$，减去后一个式子乘以$P_k$，并在$[-1, 1]$上积分，有

$$\int_{-1}^{1}\left\{P_l\left[(1-x^2)P_k'\right]' - P_k\left[(1-x^2)P_l'\right]'\right\}\mathrm{d}x + \int_{-1}^{1}[k(k+1)-l(l+1)]P_k P_l\,\mathrm{d}x = 0$$

利用分部积分计算，上式左端第 1 项等于零，即

$$P_l(1-x^2)P_k'\Big|_{-1}^{1} - P_k(1-x^2)P_l'\Big|_{-1}^{1} - \int_{-1}^{1}\left\{P_l'(1-x^2)P_k' - P_k'(1-x^2)P_l'\right\}\mathrm{d}x = 0$$

故

$$\int_{-1}^{1}[k(k+1)-l(l+1)]P_k P_l\,\mathrm{d}x = 0$$

当$k \neq l$时，有

$$\int_{-1}^{1} P_k P_l\,\mathrm{d}x = 0$$

所以，不同阶的勒让德多项式在$[-1, 1]$上正交。

下面计算$P_l(x)$的模

$$N_l = \left(\int_{-1}^{1} P_l^2(x)\mathrm{d}x\right)^{\frac{1}{2}}$$

由勒让德多项式的罗德里格斯表达式

$$P_l(x) = \frac{1}{2^l l!}\frac{\mathrm{d}^l}{\mathrm{d}x^l}(x^2-1)^l \qquad (l = 0, 1, 2, \cdots)$$

利用分部积分公式计算

$$N_l^2 = \int_{-1}^{1}\left[\frac{1}{2^l l!}\frac{d^l}{dx^l}(x^2-1)^l\right]^2 dx$$

$$= \frac{1}{2^{2l}(l!)^2}\int_{-1}^{1}\frac{d^l(x^2-1)^l}{dx^l}\frac{d^l(x^2-1)^l}{dx^l}dx$$

$$= \frac{1}{2^{2l}(l!)^2}\left[\frac{d^l(x^2-1)^l}{dx^l}\frac{d^l(x^2-1)^l}{dx^l}\right]\Bigg|_{-1}^{1} - \frac{1}{2^{2l}(l!)^2}\int_{-1}^{1}\frac{d^{l-1}(x^2-1)^l}{dx^{l-1}}\frac{d^{l+1}(x^2-1)^l}{dx^{l+1}}dx$$

$$= -\frac{1}{2^{2l}(l!)^2}\int_{-1}^{1}\frac{d^{l-1}(x^2-1)^l}{dx^{l-1}}\frac{d^{l+1}(x^2-1)^l}{dx^{l+1}}dx$$

连续分部积分 $l$ 次，即得

$$N_l^2 = (-1)^l\frac{1}{2^{2l}(l!)^2}\int_{-1}^{1}(x^2-1)^l\frac{d^{2l}(x^2-1)^l}{dx^{2l}}dx$$

$$= (-1)^l\frac{(2l)!}{2^{2l}(l!)^2}\int_{-1}^{1}(x^2-1)^l dx$$

$$= (-1)^l\frac{(2l)!}{2^{2l}(l!)^2}\int_{-1}^{1}(x-1)^l(x+1)^l dx$$

再连续分部积分 $l$ 次，得

$$N_l^2 = (-1)^l\frac{(2l)!}{2^{2l}(l!)^2}\cdot(-1)^l\cdot\frac{l}{l+1}\cdot\frac{l-1}{l+2}\cdots\frac{1}{2l}\int_{-1}^{1}(x+1)^{2l}dx$$

$$= \frac{1}{2^{2l}(2l+1)}(x+1)^{2l+1}\Bigg|_{-1}^{1}$$

$$= \frac{2}{2l+1}$$

这样，得到勒让德多项式 $P_l(x)$ 的模为

$$N_l = \sqrt{\frac{2}{2l+1}} \qquad (l = 0,\ 1,\ 2,\ \cdots)$$

## B.2　傅里叶级数

### B.2.1　$[-\pi, \pi]$ 上函数 $f(x)$ 的傅里叶级数

设 $f(x)$ 是以 $2\pi$ 为周期的周期函数，且能展开成三角函数系

$$1,\ \cos x,\ \sin x,\ \cos 2x,\ \sin 2x,\ \cdots,\ \cos nx,\ \sin nx,\ \cdots \tag{B.3}$$

的三角级数

$$f(x) = \frac{a_0}{2} + \sum_{k=1}^{\infty}(a_k\cos kx + b_k\sin kx) \tag{B.4}$$

现在的问题是系数 $a_0$、$a_k$、$b_k$ 与函数 $f(x)$ 之间存在怎样的关系？如何利用 $f(x)$ 把 $a_0$、$a_k$、$b_k$ 表达出来？为此，进一步假设级数(B.4)可以逐项积分。先求 $a_0$，对式(B.4)从 $-\pi$ 到 $\pi$ 逐项积分，有

$$\int_{-\pi}^{\pi} f(x)\mathrm{d}x = \int_{-\pi}^{\pi} \frac{a_0}{2}\mathrm{d}x + \sum_{k=1}^{\infty}\int_{-\pi}^{\pi}(a_k\cos kx + b_k\sin kx)\mathrm{d}x$$

根据三角函数系式(B.3)的正交性，等式右端除第 1 项外，其余各项均为零，故

$$\int_{-\pi}^{\pi} f(x)\mathrm{d}x = a_0\pi$$

于是，得

$$a_0 = \frac{1}{\pi}\int_{-\pi}^{\pi} f(x)\mathrm{d}x$$

其次，求 $a_k$、$b_k$，用 $\cos nx$ 乘以式(B.4)两端，再从 $-\pi$ 到 $\pi$ 逐项积分，得到

$$\int_{-\pi}^{\pi} f(x)\cos nx\mathrm{d}x = \int_{-\pi}^{\pi}\frac{a_0}{2}\cos nx\mathrm{d}x + \sum_{k=1}^{\infty}a_k\int_{-\pi}^{\pi}\cos kx\cos nx\mathrm{d}x + \sum_{k=1}^{\infty}b_k\int_{-\pi}^{\pi}\sin kx\cos nx\mathrm{d}x$$

由三角函数系式(B.3)的正交性，等式右端除了 $a_k\int_{-\pi}^{\pi}\cos kx\cos nx\mathrm{d}x$ 在 $k=n$ 时的一项外，其余各项均为零，故

$$\int_{-\pi}^{\pi} f(x)\cos nx\mathrm{d}x = a_n\int_{-\pi}^{\pi}\cos^2 nx\mathrm{d}x$$

于是，得

$$a_n = \frac{1}{\pi}\int_{-\pi}^{\pi} f(x)\cos nx\mathrm{d}x \qquad (n=1,\ 2,\ \cdots)$$

类似地，用 $\sin nx$ 乘以式(B.4)的两端，再从 $-\pi$ 到 $\pi$ 逐项积分，有

$$b_n = \frac{1}{\pi}\int_{-\pi}^{\pi} f(x)\sin nx\mathrm{d}x \qquad (n=1,\ 2,\ \cdots)$$

综上可得

$$\begin{cases} a_n = \dfrac{1}{\pi}\displaystyle\int_{-\pi}^{\pi} f(x)\cos nx\mathrm{d}x & (n=0,\ 1,\ 2,\ \cdots) \\ b_n = \dfrac{1}{\pi}\displaystyle\int_{-\pi}^{\pi} f(x)\sin nx\mathrm{d}x & (n=1,\ 2,\ \cdots) \end{cases} \tag{B.5}$$

如果式(B.5)中的积分都存在，则系数 $a_n$、$b_n$ 称为函数 $f(x)$ 的**傅里叶系数**，将这些系数代入式(B.5)右端，所得的三角级数

$$\frac{a_0}{2} + \sum_{k=1}^{\infty}(a_k\cos kx + b_k\sin kx) \tag{B.6}$$

称为函数 $f(x)$ 的**傅里叶级数**。式(B.5)给出的公式称为**傅里叶系数的欧拉公式**。

【例 B-6】 研究锯齿函数

$$f(x)=\begin{cases}-\dfrac{1}{2}x & (-\pi<x<\pi)\\ f(x+2\pi) & 其他\end{cases}$$

的傅里叶级数。

**解**：锯齿函数的图像由图 B.2 给出。

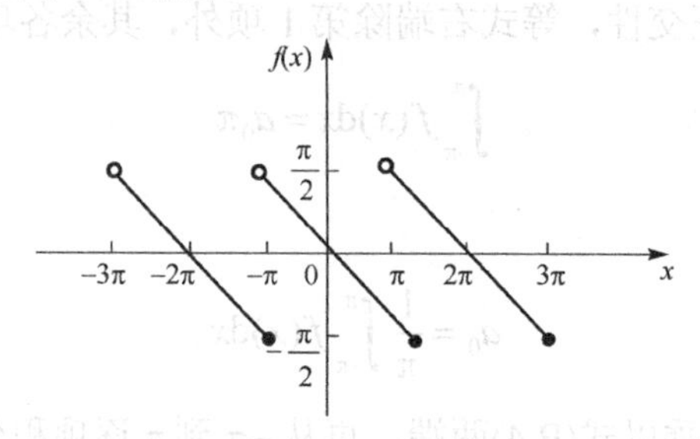


图 B.2　锯齿函数

利用欧拉公式(B.5)，计算可得

$$a_0=\frac{1}{\pi}\int_{-\pi}^{\pi}-\frac{1}{2}x\mathrm{d}x=0$$

$$\begin{aligned}a_n&=\frac{1}{\pi}\int_{-\pi}^{\pi}-\frac{1}{2}x\cos nx\mathrm{d}x\\&=-\frac{1}{2\pi}\left(\frac{1}{n^2}\cos nx+\frac{x}{n}\sin nx\right)\Bigg|_{-\pi}^{\pi}\\&=0\end{aligned}$$

$$\begin{aligned}b_n&=\frac{1}{\pi}\int_{-\pi}^{\pi}-\frac{1}{2}x\sin nx\mathrm{d}x\\&=\frac{1}{2\pi}\left(-\frac{1}{n^2}\sin nx+\frac{x}{n}\cos nx\right)\Bigg|_{-\pi}^{\pi}\\&=\frac{(-1)^n}{n}\end{aligned}$$

于是，得到 $f(x)$ 的傅里叶级数为

$$f(x)=\sum_{n=1}^{\infty}\frac{(-1)^n\sin nx}{n}$$

图 B.3 给出了锯齿函数的傅里叶级数部分和 $s_n(x)=\sum\limits_{k=1}^{n}\dfrac{(-1)^k\sin kx}{k}$ （$n=1, 5, 20$)的图像。由于当 $n$ 增大时，正弦函数的频率也增加，所以高阶部分和的图像抖动剧烈。部分和的极限就是整个傅里叶级数，从图像上看出，除了间断点 $x=(2k+1)\pi, k=\pm1, \pm2, \cdots$ 外，高阶部分和的图像与函数图像吻合程度非常好。在间断点处，级数收敛到 0，在后面的定理中可以看到，这正是函数在这些点的左、右极限的平均值。

一般情况下，一个定义在 $(-\infty,\infty)$ 上周期为 $2\pi$ 的函数 $f(x)$，只要它可积，就一定可以得到傅里叶级数(B.6)，但级数不一定收敛，即使它收敛，其和函数也不一定是 $f(x)$，这就产生了一个问题：$f(x)$ 需要满足怎样的条件，它的傅里叶级数收敛，且收敛于 $f(x)$？或者 $f(x)$ 满足什么条件才能展开成傅立叶级数？下面的定理给出了关于上述问题的一个重要结论。

**定理 B.1（狄利克雷充分条件）** 设 $f(x)$ 是以 $2\pi$ 为周期的函数，如满足：

(1) 在 $[-\pi, \pi]$ 上连续或只有有限个第一类间断点；

(2) 在 $[-\pi, \pi]$ 上至多有有限个极值点；

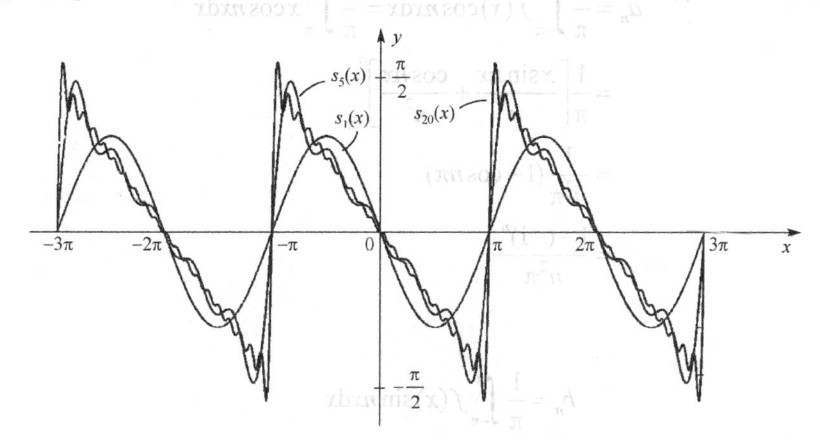


图 B.3　锯齿函数的傅里叶级数

则 $f(x)$ 的傅里叶级数收敛，并且

(1) 当 $x$ 是 $f(x)$ 的连续点时，级数收敛于 $f(x)$；

(2) 当 $x$ 是 $f(x)$ 的间断点时，级数收敛于 $\frac{1}{2}[f(x+)+f(x-)]$，即

$$\frac{1}{2}[f(x+)+f(x-)]=\frac{a_0}{2}+\sum_{k=1}^{\infty}(a_k\cos kx+b_k\sin kx)$$

定理 B.1 中的条件(1)、(2)称为**狄利克雷条件**，定理说明只要函数满足在 $[-\pi, \pi]$ 上至多有有限个第一类间断点，并且不作无限次振动，函数的傅里叶级数在连续点处就收敛于该点的函数值，在间断点处收敛于该点左右极限的算术平均值。

**【例 B-7】** 设 $f(x)$ 是周期为 $2\pi$ 的周期函数，它在 $[-\pi, \pi]$ 上的表达式为

$$f(x)=\begin{cases} x & (-\pi\leqslant x<0)\\ 0 & (0\leqslant x<\pi)\end{cases}$$

将 $f(x)$ 展开成傅里叶级数。

**解：** 图 B.4 给出了函数 $f(x)$ 的图形。

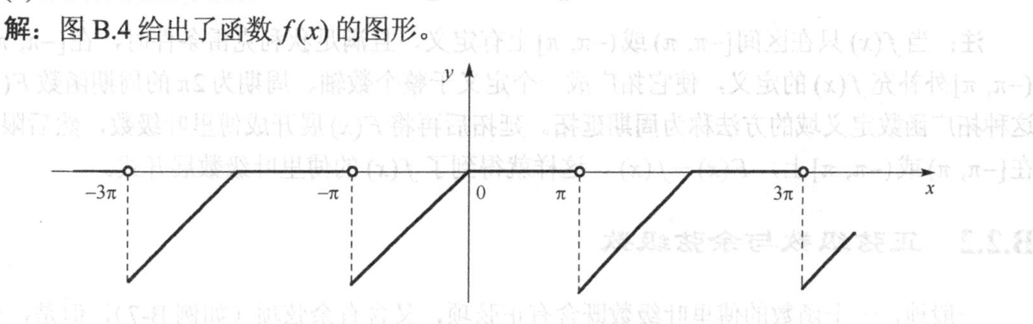


图 B.4　函数 $f(x)=\begin{cases} x & (-\pi\leqslant x<0)\\ 0 & (0\leqslant x<\pi)\end{cases}$ 的图形

显然，$f(x)$ 满足收敛定理条件。由式(B.5)，有

$$a_0 = \frac{1}{\pi}\int_{-\pi}^{\pi} f(x)\mathrm{d}x = \frac{1}{\pi}\int_{-\pi}^{0} x\mathrm{d}x = \frac{1}{\pi}\left[\frac{x^2}{2}\right]_{-\pi}^{0} = -\frac{\pi}{2}$$

$$\begin{aligned}a_n &= \frac{1}{\pi}\int_{-\pi}^{\pi} f(x)\cos nx\mathrm{d}x = \frac{1}{\pi}\int_{-\pi}^{0} x\cos nx\mathrm{d}x \\ &= \frac{1}{\pi}\left[\frac{x\sin nx}{n} + \frac{\cos nx}{n^2}\right]_{-\pi}^{0} \\ &= \frac{1}{n^2\pi}(1-\cos n\pi) \\ &= \frac{1-(-1)^n}{n^2\pi}\end{aligned}$$

和

$$\begin{aligned}b_n &= \frac{1}{\pi}\int_{-\pi}^{\pi} f(x)\sin nx\mathrm{d}x \\ &= \frac{1}{\pi}\int_{-\pi}^{0} x\sin nx\mathrm{d}x \\ &= \frac{1}{\pi}\left[-\frac{x\cos nx}{n} + \frac{\sin nx}{n^2}\right]_{-\pi}^{0} \\ &= -\frac{\cos n\pi}{n} \\ &= \frac{(-1)^{n+1}}{n}\end{aligned}$$

因此，$f(x)$ 的傅里叶级数为

$$f(x) = -\frac{\pi}{4} + \sum_{n=1}^{\infty}\frac{1-(-1)^n}{n^2\pi}\cos nx + \frac{(-1)^{n+1}}{n}\sin nx \quad (-\infty < x < \infty,\ x \neq \pm\pi,\ \pm 3\pi,\ \cdots)$$

在其间断点 $x = (2k+1)\pi,\ k = 0,\ \pm 1,\ \cdots$ 处，傅里叶级数收敛于

$$\frac{1}{2}(-\pi +) = -\frac{\pi}{2}$$

**注**：当 $f(x)$ 只在区间 $[-\pi, \pi)$ 或 $(-\pi, \pi]$ 上有定义，且满足狄利克雷条件时，在 $[-\pi, \pi)$ 或 $(-\pi, \pi]$ 外补充 $f(x)$ 的定义，使它拓广成一个定义于整个数轴、周期为 $2\pi$ 的周期函数 $F(x)$，这种拓广函数定义域的方法称为**周期延拓**。延拓后再将 $F(x)$ 展开成傅里叶级数，然后限制 $x$ 在 $[-\pi, \pi)$ 或 $(-\pi, \pi]$ 上，$F(x) = f(x)$，这样就得到了 $f(x)$ 的傅里叶级数展开式。

### B.2.2 正弦级数与余弦级数

一般地，一个函数的傅里叶级数既含有正弦项，又含有余弦项（如例 B-7），但是，也有一些函数的傅里叶级数只含有正弦项或者只含有常数项和余弦项，导致这种现象的原因与所

给函数的奇偶性有关。如果函数是以 $2\pi$ 为周期的奇函数，那么由式(B.5)，级数中的系数 $a_n=0,\ (n=0,\ 1,\ 2,\ \cdots)$，此时傅里叶级数只含有正弦项，$f(x)=\sum_{n=1}^{\infty}b_n\sin nx$，该级数为**正弦级数**；若函数是以 $2\pi$ 为周期的偶函数，则 $b_n=0,\ (n=1,\ 2,\ \cdots)$，傅里叶级数只含有余弦项，$f(x)=\dfrac{a_0}{2}+\sum_{n=1}^{\infty}a_n\cos nx$，此时级数称为**余弦级数**。

**【例 B-8】** 设 $f(x)$ 是以 $2\pi$ 为周期的周期函数，它在 $[-\pi,\ \pi]$ 上的表达式为

$$f(x)=\begin{cases}-1 & (-\pi\leqslant x<0)\\ 1 & (0\leqslant x<\pi)\end{cases}$$

将 $f(x)$ 展开成傅里叶级数。

**解**：函数的图形如图 B.5 所示。

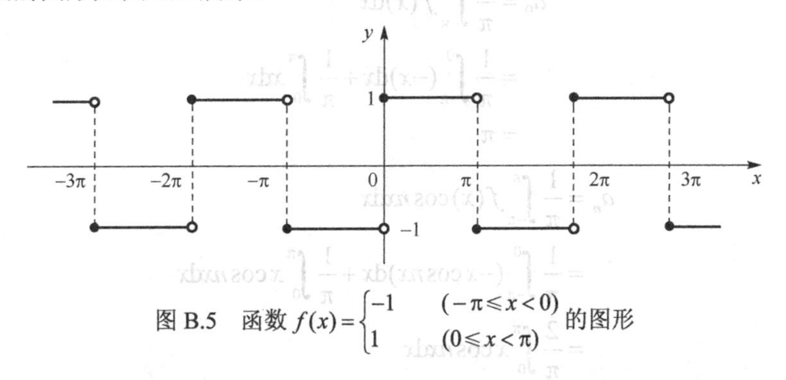


图 B.5 函数 $f(x)=\begin{cases}-1 & (-\pi\leqslant x<0)\\ 1 & (0\leqslant x<\pi)\end{cases}$ 的图形

$f(x)$ 仅在 $x=k\pi,\ k=0,\ \pm1,\ \pm2,\ \cdots$ 处间断，满足狄利克雷收敛条件，所以其傅里叶级数收敛。又 $f(x)$ 为奇函数，因此 $a_n=0,\ (n=0,\ 1,\ 2,\ \cdots)$，而

$$\begin{aligned}b_n&=\frac{1}{\pi}\int_{-\pi}^{\pi}f(x)\sin nx\mathrm{d}x\\&=\frac{1}{\pi}\int_{-\pi}^{0}(-1)\sin nx\mathrm{d}x+\int_{0}^{\pi}1\cdot\sin nx\mathrm{d}x\\&=\frac{1}{\pi}\left[\frac{\cos nx}{n}\right]_{-\pi}^{0}+\frac{1}{\pi}\left[-\frac{\cos nx}{n}\right]_{0}^{\pi}\\&=\frac{1}{n\pi}\left[1-\cos n\pi-\cos n\pi+1\right]\\&=\frac{2}{n\pi}\left[1-(-1)^n\right]\end{aligned}$$

$f(x)$ 的傅里叶级数展开式为

$$\begin{aligned}f(x)&=\sum_{n=1}^{\infty}\frac{2}{n\pi}\left[1-(-1)^n\right]\sin nx\\&=\frac{4}{\pi}\left[\sin x+\frac{1}{3}\sin 3x+\cdots+\frac{1}{2k-1}\sin(2k-1)x+\cdots\right]\end{aligned}$$

$$(-\infty<x<+\infty;\ x\neq0,\ \pm\pi,\ \pm2\pi,\ \cdots)$$

**【例 B-9】** 设 $f(x)$ 是以 $2\pi$ 为周期的周期函数，它在 $[-\pi, \pi]$ 上的表达式为 $f(x)=|x|$，将 $f(x)$ 展开成傅里叶级数。

**解：** 将 $f(x)$ 在 $(-\infty, \infty)$ 上以 $2\pi$ 为周期进行周期延拓，其函数图形如图 B.6 所示。

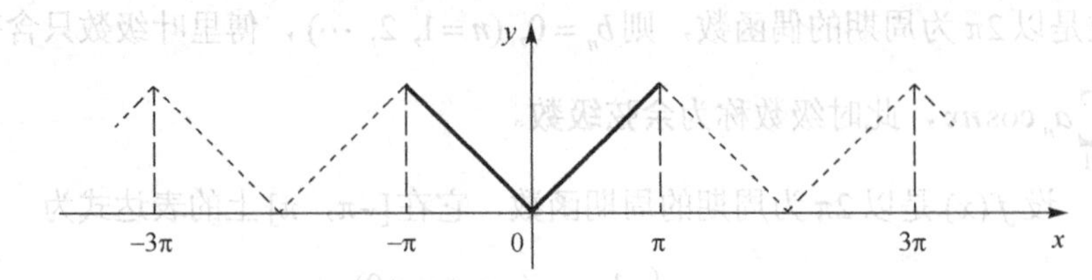


图 B.6　函数 $f(x)=|x|, -\pi<x<\pi$ 及其周期延拓的图像

拓广后的周期函数 $F(x)$ 是 $(-\infty, \infty)$ 上连续的偶函数，故 $b_n=0, (n=1, 2, \cdots)$，而

$$\begin{aligned}a_0&=\frac{1}{\pi}\int_{-\pi}^{\pi}f(x)\mathrm{d}x\\&=\frac{1}{\pi}\int_{-\pi}^{0}(-x)\mathrm{d}x+\frac{1}{\pi}\int_{0}^{\pi}x\mathrm{d}x\\&=\pi\end{aligned}$$

$$\begin{aligned}a_n&=\frac{1}{\pi}\int_{-\pi}^{\pi}f(x)\cos nx\mathrm{d}x\\&=\frac{1}{\pi}\int_{-\pi}^{0}(-x\cos nx)\mathrm{d}x+\frac{1}{\pi}\int_{0}^{\pi}x\cos nx\mathrm{d}x\\&=\frac{2}{\pi}\int_{0}^{\pi}x\cos nx\mathrm{d}x\\&=\frac{2}{\pi}\left[\frac{x\sin nx}{n}+\frac{\cos nx}{n^2}\right]_0^{\pi}\\&=\frac{2}{n^2\pi}(\cos n\pi-1)\\&=\begin{cases}-\dfrac{4}{n^2\pi} & (n=1, 3, 5, \cdots)\\0 & (n=2, 4, 6, \cdots)\end{cases}\end{aligned}$$

故 $f(x)$ 的傅里叶级数展开式为

$$f(x)=\frac{\pi}{2}-\frac{4}{\pi}\left(\cos x+\frac{1}{3^2}\cos 3x+\frac{1}{5^2}\cos 5x+\cdots\right)\qquad(-\pi\leqslant x\leqslant\pi)$$

如果函数 $f(x)$ 只定义在区间 $[0, \pi)$ 上，可以用延拓的方法使其定义在 $(-\infty,\infty)$，且以 $2\pi$ 为周期。延拓的方法有两种；**奇延拓**和**偶延拓**。

**奇延拓**　令

$$F(x)=\begin{cases}f(x) & (0\leqslant x<\pi)\\-f(-x) & (-\pi\leqslant x<0)\end{cases}$$

则 $F(x)$ 是定义在 $[-\pi, \pi)$ 上的奇函数，将 $F(x)$ 在 $[-\pi, \pi)$ 上展开成傅里叶级数，所得级数必是正弦级数，再限制 $x$ 在 $[0, \pi)$ 上，就得到 $f(x)$ 的正弦级数展开式

$$f(x)=\sum_{n=1}^{\infty}b_n\sin nx$$

其中，$b_n=\dfrac{2}{\pi}\int_0^{\pi}f(x)\sin nx\mathrm{d}x,\ n=1,\ 2,\ \cdots$。

**偶延拓** 令

$$F(x)=\begin{cases}f(x) & (0\leqslant x<\pi)\\ f(-x) & (-\pi\leqslant x<0)\end{cases}$$

则$F(x)$是定义在$[-\pi,\ \pi)$上的偶函数，将$F(x)$在$[-\pi,\ \pi)$上展开成傅里叶级数，所得级数是余弦级数，再限制$x$在$[0,\ \pi)$上，就得到$f(x)$的余弦级数展开式

$$f(x)=\frac{a_0}{2}+\sum_{n=1}^{\infty}a_n\cos nx$$

其中，$a_n=\dfrac{2}{\pi}\int_0^{\pi}f(x)\cos nx\mathrm{d}x,\ n=0,\ 1,\ 2,\ \cdots$。

这样，定义在$[0,\ \pi)$上的函数$f(x)$通过延拓既可以展开为傅里叶正弦级数，也可以展开为傅里叶余弦级数。

## B.2.3 以任意数为周期的函数的傅里叶级数

B.2.2 节中，研究了以$2\pi$为周期的函数的傅里叶级数，选择这个周期仅仅是为了方便，实际上，通过变量代换，可以将已有结果推广到以任意数为周期的函数上。

设$f(x)$是周期为$T=2l(l>0)$函数，作自变量代换，令$t=\dfrac{\pi}{l}x$，将$[-l,\ l]$上的函数化为$[-\pi,\ \pi]$上的函数$g(t)=f\left(\dfrac{l}{\pi}t\right)$，显然$g(t)$是以$2\pi$为周期的。将$g(t)$在$[-\pi,\ \pi]$上展开为傅里叶级数，再替换回原来的变量$x$即可。综合上面的讨论，有以下傅里叶表示定理。

**定理 B.2** 假设$f(x)$是周期为$2l$分段光滑函数，则$f(x)$可展开为如下的傅里叶级数：

$$f(x)=\frac{a_0}{2}+\sum_{n=1}^{\infty}\left(a_n\cos\frac{n\pi x}{l}+b_n\sin\frac{n\pi x}{l}\right)$$

其中

$$a_n=\frac{1}{l}\int_{-l}^{l}f(x)\cos\frac{n\pi x}{l}\mathrm{d}x\qquad(n=0,\ 1,\ 2,\ \cdots)$$

$$b_n=\frac{1}{l}\int_{-l}^{l}f(x)\sin\frac{n\pi x}{l}\mathrm{d}x\qquad(n=1,\ 2,\ 3,\ \cdots)$$

当 $x$ 是 $f(x)$ 的连续点时，级数收敛于 $f(x)$；当 $x$ 是 $f(x)$ 的间断点时，级数收敛于 $\dfrac{1}{2}[f(x+)+f(x-)]$。

**【例 B-10】** 求$f(x)=|x|,-l\leqslant x\leqslant l$的傅里级数。

**解：** $f(x)$是以$2l$为周期的函数，由定理 B.2，有

$$a_0=\frac{1}{l}\int_{-l}^{l}f(x)\mathrm{d}x=\frac{2}{l}\int_0^{l}x\mathrm{d}x=l$$

$$\begin{aligned} a_n &= \frac{1}{l}\int_{-l}^{l} f(x)\cos\frac{n\pi x}{l}\mathrm{d}x \\ &= \frac{2}{l}\int_{0}^{l} x\cos\frac{n\pi x}{l}\mathrm{d}x \\ &= -\frac{2l}{n^2\pi^2}\left[1-(-1)^n\right] \end{aligned}$$

因为 $f(x)$ 为偶函数，故

$$b_n = 0$$

所以 $f(x)$ 的傅里叶级数为

$$f(x) = \frac{l}{2} - \frac{4l}{\pi^2}\left(\cos\frac{\pi}{l}x + \frac{1}{3^2}\cos\frac{3\pi}{l}x + \frac{1}{5^2}\cos\frac{5\pi}{l}x + \cdots\right)$$

对于定义于区间 $[0, l]$ 上的函数 $f(x)$，如果满足狄利克雷条件，可以通过奇延拓和以 $2\pi$ 为周期的周期延拓，把它展开成傅里叶正弦级数

$$f(x) = \sum_{n=1}^{\infty} b_n \sin\frac{n\pi x}{l}$$

其中，$b_n = \frac{2}{l}\int_0^l f(x)\sin\frac{n\pi x}{l}\mathrm{d}x$，$n=1, 2, 3, \cdots$。可以通过偶延拓和周期延拓，把它展开成傅里叶余弦级数

$$f(x) = \frac{a_0}{2} + \sum_{n=1}^{\infty} a_n \cos\frac{n\pi x}{l}$$

其中，$a_n = \frac{2}{l}\int_0^l f(x)\cos\frac{n\pi x}{l}\mathrm{d}x$，$n=0, 1, 2, \cdots$。

**【例 B-11】** 求函数 $f(x)=x, 0<x<1$ 的傅里叶级数正弦级数和余弦级数展开。

**解**：函数 $f(x)=x$ 及其奇延拓、偶延拓的图像如图 B.7 所示。

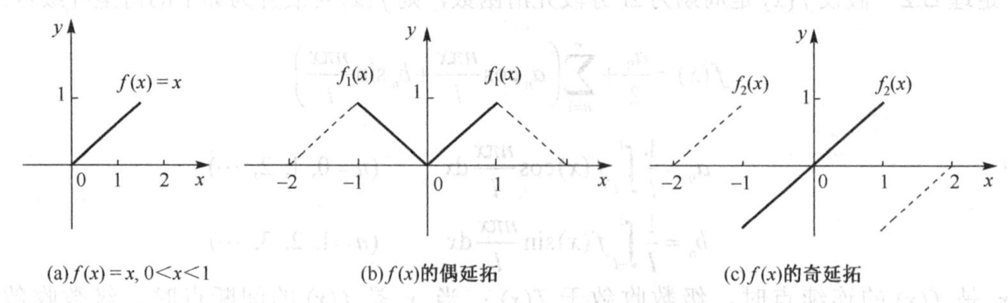


图 B.7　函数 $f(x)$ 及其奇、偶延拓的图像

$f(x)$ 通过奇延拓和以 2 为周期的周期延拓后，展开为傅里叶正弦级数

$$f(x) = \sum_{n=1}^{\infty} b_n \sin n\pi x$$

其中

$$b_n = \frac{2}{l}\int_0^l f(x)\sin n\pi x \mathrm{d}x = \frac{2}{1}\int_0^1 x\sin n\pi x \mathrm{d}x = \frac{2(-1)^{n+1}}{n\pi}$$

即 $f(x)$ 的正弦级数为

$$x = \frac{2}{\pi}\sum_{n=1}^{\infty}\frac{(-1)^{n+1}}{n}\sin n\pi x \qquad (0 < x < 1)$$

$f(x)$ 通过偶延拓和以 $2\pi$ 为周期的周期延拓后，展开为傅里叶余弦级数

$$f(x) = \frac{a_0}{2} + \sum_{n=1}^{\infty} a_n \cos n\pi x$$

其中

$$a_0 = \frac{2}{1}\int_0^1 f(x)\mathrm{d}x = 2\int_0^1 x\mathrm{d}x = 1$$

$$a_n = \frac{2}{1}\int_0^1 f(x)\cos n\pi x \mathrm{d}x = 2\int_0^1 x\cos n\pi x \mathrm{d}x = \begin{cases} 0 & (n = 2k) \\ -\dfrac{4}{\pi^2(2k+1)^2} & (n = 2k+1) \end{cases}$$

即 $f(x)$ 的余弦级数为

$$x = \frac{1}{2} - \frac{4}{\pi^2}\sum_{n=0}^{\infty}\frac{1}{(2k+1)^2}\cos(2k+1)\pi x \qquad (0 < x < 1)$$

对于定义于任意区间 $[a, b]$ 上的函数 $f(x)$，可以作代换

$$t = \frac{2l}{b-a}\left[x - \frac{1}{2}(a+b)\right]$$

将 $f(x)$ 化为 $[-l, l]$ 的函数

$$g(t) = f\left(\frac{a+b}{2} + \frac{b-a}{2l}t\right)$$

将 $g(t)$ 在 $[-l, l]$ 上展开为傅里叶级数，再替换回原来的变量 $x$，即得

$$f(x) = \frac{a_0}{2} + \sum_{n=1}^{\infty}\left(a_n\cos\frac{n\pi(2x-b-a)}{b-a} + b_n\sin\frac{n\pi(2x-b-a)}{b-a}\right)$$

其中

$$a_n = \frac{2}{b-a}\int_a^b f(x)\cos\frac{n\pi(2x-b-a)}{b-a}\mathrm{d}x \qquad (n = 0, 1, 2, \cdots)$$

$$b_n = \frac{2}{b-a}\int_a^b f(x)\sin\frac{n\pi(2x-b-a)}{b-a}\mathrm{d}x \qquad (n = 1, 2, 3, \cdots)$$

**【例 B-12】** 将函数 $f(x) = 10 - x, 5 < x < 15$ 展开成傅里叶级数。

**解**：作变量代换 $t = x - 10$，则 $t \in (-5, 5)$，记 $g(t) = f(t+10) = -t$，容易看出，$g(t)$ 在 $(-5, 5)$ 上满足狄利克雷条件，因此在 $(-5, 5)$ 上 $g(t)$ 的傅里叶级数为

$$\frac{a_0}{2} + \sum_{n=1}^{\infty}\left(a_n\cos\frac{n\pi t}{5} + b_n\sin\frac{n\pi t}{5}\right)$$

其中，$a_n=0,\ n=0,\ 1,\ 2,\ \cdots$，以及

$$b_n=\frac{2}{5}\int_0^5(-t)\sin\frac{n\pi t}{5}\mathrm{d}t=(-1)^n\frac{10}{n\pi}\qquad(n=1,\ 2,\ \cdots)$$

即

$$g(t)=\frac{10}{\pi}\sum_{n=1}^{\infty}\frac{(-1)^n}{n}\sin\frac{n\pi t}{5}\qquad(-5<t<5)$$

将 $t=x-10$ 代入，即得

$$f(x)=\frac{10}{\pi}\sum_{n=1}^{\infty}\frac{(-1)^n}{n}\sin\frac{n\pi(x-10)}{5}=\frac{10}{\pi}\sum_{n=1}^{\infty}\frac{(-1)^n}{n}\sin\frac{n\pi x}{5}\qquad(5<x<15)$$

# 附录C 变 换 表

## C.1 傅里叶变换表

| 象原函数 | 象函数 |
| --- | --- |
| $f(t)$ | $F(\omega)$ |
| $f'(t)$ | $(\mathrm{i}\omega)F(\omega)$ |
| $f^{(n)}(t)$ | $(\mathrm{i}\omega)^n F(\omega)$ |
| $f(t)\mathrm{e}^{\mathrm{i}\alpha t}$ | $F(\omega-\alpha)$ |
| $\int_{-\infty}^{\infty} f_1(\tau)f_2(t-\tau)\mathrm{d}\tau$ | $F_1(\omega)F_2(\omega)$，其中 $F_k(\omega)$ 是 $f_k(t)$ 的傅氏变换，$k=1,2$ |
| $f(t)=\begin{cases} h & (-\tau<t<\tau) \\ 0 & 其他 \end{cases}$ | $2h\dfrac{\sin\omega\tau}{\omega}$ |
| $\delta(t)$ | $1$ |
| 单位阶跃函数 $u(t)=\begin{cases} 1 & (t\geqslant 0) \\ 0 & (t<0) \end{cases}$ | $\dfrac{1}{\mathrm{i}\omega}+\pi\delta(\omega)$ |
| $u(t)\mathrm{e}^{-i\alpha}$ $(\alpha>0)$ | $\dfrac{1}{\alpha+\mathrm{i}\omega}+\delta(\omega+\alpha)$ |
| $\mathrm{e}^{-\alpha\lvert t\rvert}$ $(\alpha>0)$ | $\dfrac{2\alpha}{\alpha^2+\omega^2}$ |
| $u(t)t$ | $\dfrac{1}{(\mathrm{i}\omega)^2}+\pi i\delta(\omega)$ |
| $u(t)\sin\alpha t$ | $\dfrac{\alpha}{\alpha^2-\omega^2}+\dfrac{\pi}{2i}[\delta(\omega-\alpha)-\delta(\omega-\alpha)]$ |
| $u(t)\cos\alpha t$ | $\dfrac{\mathrm{i}\omega}{\alpha^2-\omega^2}+\dfrac{\pi}{2}[\delta(\omega-\alpha)-\delta(\omega+\alpha)]$ |
| $\cos\alpha t$ | $\pi[\delta(\omega-\alpha)+\delta(\omega+\alpha)]$ |
| $\sin\alpha t$ | $\mathrm{i}\pi[\delta(\omega+\alpha)-\delta(\omega-\alpha)]$ |
| $\dfrac{1}{\sqrt{2\pi\sigma}}\mathrm{e}^{-\frac{t^2}{2\sigma}}$ | $\mathrm{e}^{-\frac{\omega^2\sigma}{2}}$ |
| $\dfrac{1}{\alpha^2+t^2}$ $(\mathrm{Re}\alpha<0)$ | $-\dfrac{\pi}{\alpha}\mathrm{e}^{\alpha\lvert\omega\rvert}$ |
| $\sin At^2$ $(A>0)$ | $\sqrt{\dfrac{\pi}{4}}\cos\left(\dfrac{\omega^2}{4A}+\dfrac{\pi}{4}\right)$ |
| $\cos At^2$ $(A>0)$ | $\sqrt{\dfrac{\pi}{4}}\cos\left(\dfrac{\omega^2}{4A}-\dfrac{\pi}{4}\right)$ |

## C.2 拉普拉斯变换表

| 象原函数 | 象函数 |
| --- | --- |
| $f(t)$ | $F(\lambda)$ |
| $f^{(n)}(t)$ | $\lambda^n F(\lambda)-\left[\lambda^{n-1}f(0)+\lambda^{n-2}f'(0)+\cdots+f^{(n-1)}(0)\right]$ |
| $(-t)^n f(t)$ | $F^{(n)}(\lambda)$ |

续表

| 象原函数 | 象函数 |
|---|---|
| $\int_0^t f(\tau)\mathrm{d}\tau$ | $\dfrac{F(\lambda)}{\lambda}$ |
| $f(t-\tau)$ | $\mathrm{e}^{-\lambda\tau}F(\lambda)$ |
| $\mathrm{e}^{-\lambda_0 t}f(t)$ | $F(\lambda-\lambda_0)$ |
| $\int_0^t f_1(\tau)f_2(t-\tau)\mathrm{d}\tau$ | $F_1(\lambda)F_2(\lambda)$，其中 $F_i(\lambda)$ 是 $f_i(t)(i=1,\ 2)$ 的拉氏变换 |
| $\delta(t)$ | $1$ |
| $u(t)$ | $\dfrac{1}{\lambda}$ |
| $\mathrm{e}^{at}$ | $\dfrac{1}{\lambda-a}$ |
| $t^n \quad (n>-1)$ | $\dfrac{\Gamma(n+1)}{\lambda^{n+1}}$ |
| $\sin kt$ | $\dfrac{k}{\lambda^2+k^2}$ |
| $\cos kt$ | $\dfrac{\lambda}{\lambda^2+k^2}$ |
| $\sinh kt$ | $\dfrac{k}{\lambda^2-k^2}$ |
| $\cosh kt$ | $\dfrac{\lambda}{\lambda^2-k^2}$ |
| $\mathrm{e}^{-at}\sin kt$ | $\dfrac{k}{(\lambda+a)^2+k^2}$ |
| $\mathrm{e}^{-at}\cos kt$ | $\dfrac{\lambda+a}{(\lambda+a)^2+k^2}$ |
| $\mathrm{e}^{-at}t^n \quad (n>-1)$ | $\dfrac{\Gamma(n+1)}{(\lambda+a)^{n+1}}$ |
| $\sqrt{t}$ | $\dfrac{\sqrt{\pi}}{2\sqrt{\lambda^3}}$ |
| $\dfrac{1}{\sqrt{t}}$ | $\sqrt{\dfrac{\pi}{\lambda}}$ |
| $\mathrm{e}^{-at}-\mathrm{e}^{-bt} \quad (a>b)$ | $\dfrac{a-b}{(\lambda-a)(\lambda-b)}$ |
| $\dfrac{1}{a}\sin at-\dfrac{1}{b}\sin bt$ | $\dfrac{b^2-a^2}{(\lambda^2+a^2)(\lambda^2+b^2)}$ |
| $\cos at-\cos bt$ | $\dfrac{(b^2-a^2)\lambda}{(\lambda^2+a^2)(\lambda^2+b^2)}$ |
| $J_0(t)$ | $\dfrac{1}{\sqrt{\lambda^2+1}}$ |
| $J_0(2\sqrt{t})$ | $\dfrac{1}{\lambda}\mathrm{e}^{-\frac{1}{\lambda}}$ |
| $\dfrac{1}{\sqrt{\pi t}}\mathrm{e}^{-2a\sqrt{t}}$ | $\dfrac{1}{\sqrt{\lambda}}\mathrm{e}^{\frac{a^2}{\lambda}}\mathrm{erfc}\left(\dfrac{a}{\sqrt{\lambda}}\right)$ |
| $\dfrac{1}{\sqrt{\pi t}}\cos 2\sqrt{kt}$ | $\dfrac{1}{\sqrt{\lambda}}\mathrm{e}^{-\frac{k}{\lambda}}$ |
| $\dfrac{1}{\sqrt{\pi t}}\sin 2\sqrt{kt}$ | $\dfrac{1}{\lambda^{\frac{3}{2}}}\mathrm{e}^{-\frac{k}{\lambda}}$ |
| $\mathrm{erfc}\left(\dfrac{k}{2\sqrt{t}}\right)$ | $\dfrac{1}{\lambda}\mathrm{e}^{-k\sqrt{\lambda}} \quad (k\geqslant 0)$ |

续表

| 象原函数 | 象函数 |
| --- | --- |
| $\frac{1}{\sqrt{\pi t}}e^{-\frac{k^2}{4t}}$ | $\frac{1}{\sqrt{\lambda}}e^{-k\sqrt{\lambda}}$ |
| $\mathrm{erf}(\sqrt{at})$ | $\frac{\sqrt{a}}{\lambda\sqrt{\lambda+a}}$ |
| $e^t\mathrm{erf}(\sqrt{t})$ | $\frac{1}{\lambda+\sqrt{\lambda}}$ |
| $J_n(at)$ $(\mathrm{Re}\,a>-1)$ | $\frac{a^n}{\sqrt{a^2+\lambda^2}}\left(\frac{1}{\lambda+\sqrt{a^2+\lambda^2}}\right)^n$ |

注：

误差函数 $\mathrm{erf}(y)=\frac{2}{\sqrt{\pi}}\int_0^y e^{-t^2}\mathrm{d}t,\ \mathrm{erf}(\infty)=1,\ \mathrm{erf}(y)=\frac{2}{\sqrt{\pi}}\left(y-\frac{y^3}{1!3}+\frac{y^5}{2!5}-\frac{y^7}{3!7}+\cdots\right)$；

余误差函数 $\mathrm{erfc}(y)=1-\mathrm{erf}(y)=\frac{2}{\sqrt{\pi}}\int_y^{\infty}e^{-t^2}\mathrm{d}t$ 。

# 部分习题参考答案

## 第 1 章

1．$\dfrac{\partial^2 u}{\partial t^2}-a^2\dfrac{\partial^2 u}{\partial x^2}=0$，其中 $a^2=\dfrac{E}{\rho}$。

2．$\dfrac{\partial u}{\partial t}-\left[\dfrac{\partial}{\partial x}\left(k\dfrac{\partial u}{\partial x}\right)+\dfrac{\partial}{\partial y}\left(k\dfrac{\partial u}{\partial y}\right)+\dfrac{\partial}{\partial z}\left(k\dfrac{\partial u}{\partial z}\right)\right]=0$。

3．$\dfrac{\partial^2 u}{\partial x^2}+\dfrac{\partial^2 u}{\partial y^2}=f$。

4．$\dfrac{\partial^2 u}{\partial t^2}-\dfrac{T}{\rho}\dfrac{\partial^2 u}{\partial x^2}+\dfrac{R}{\rho}\dfrac{\partial u}{\partial t}=0$，其中 $T$ 为弦中张力，$\rho$ 为弦的线密度。

5．提示：令

$$f(r)=u(x_1,\ x_2,\ \cdots,\ x_n)=\begin{cases} c_1+c_2\dfrac{1}{r^{n-2}} & (n\neq 2) \\ c_1+c_2\ln\dfrac{1}{r} & (n=2) \end{cases}$$

由 $f''+\dfrac{n-1}{r}f'=0$ 验证 $f'=Ar^{-(n-1)}$，从而证明结果。

6．边界条件：$u|_{x=0}=0,\ u|_{x=l}=0$；初始条件：$u|_{t=0}=\begin{cases} \dfrac{F(l-x_0)}{Tl}x & (0\leqslant x<x_0) \\ \dfrac{Fx_0}{Tl}(l-x) & (x_0\leqslant x<l) \end{cases}$

7．$$\begin{cases} \dfrac{\partial u}{\partial t}-a^2\dfrac{\partial^2 u}{\partial x^2}=0 & (0<x<l,\ t>0) \\ u|_{x=0}=u_0,\quad \left.\dfrac{\partial u}{\partial x}\right|_{x=l}=\dfrac{q_0}{k} \\ u|_{t=0}=\dfrac{x(l-x)}{2} \end{cases}$$

8．$$\begin{cases} \dfrac{\partial u}{\partial t}-a^2\dfrac{\partial^2 u}{\partial x^2}=0 & (0<x<l,\ t>0) \\ \left.\dfrac{\partial u}{\partial x}\right|_{x=0}=0,\quad u|_{x=l}=u_0 \\ u|_{t=0}=0 \end{cases}$$

9．(1) 令 $\xi=x-y$、$\eta=3x+y$，得 $4\dfrac{\partial^2 u}{\partial\xi\partial\eta}-\dfrac{\partial u}{\partial\xi}+3\dfrac{\partial u}{\partial\eta}=0$。

(2) 令$\xi=\ln|x|$, $\eta=\ln|y|$，得$\dfrac{\partial^2 u}{\partial \xi^2}+\dfrac{\partial^2 u}{\partial \eta^2}-\dfrac{\partial u}{\partial \xi}-\dfrac{\partial u}{\partial \eta}=0$。

## 第2章

1．$u(x,\ t)=\cos x\cos at+\dfrac{t}{e}$。

2．$u(x,\ y)=\dfrac{1}{6}x^3y^2+\cos y-\dfrac{1}{6}y^2+x^2-1$。

3．$u(x,\ y)=\dfrac{1}{4}\sin(x+y)+\dfrac{3}{4}\sin\left(x-\dfrac{y}{3}\right)+\dfrac{y^2}{3}+xy$。

4．$u(x,\ t)=\varphi\left(\dfrac{x-t}{2}\right)+\psi\left(\dfrac{x+t}{2}\right)-\varphi(0)$。

5．(1) $u(x,\ t)=t\sin x$；

(2) $u(x,\ t)=3t+\dfrac{1}{2}xt^2$。

6．$u(x,\ t)=\begin{cases}0 & \left(t<\dfrac{x}{a}\right)\\ A\sin\omega\left(t-\dfrac{x}{a}\right) & \left(t\geqslant\dfrac{x}{a}\right)\end{cases}$

7．$u(x,\ y,\ z,\ t)=x^3+y^2z+3a^2xt+a^2zt^2$。

8．$u(x,\ y,\ t)=x^2(x+y)+(3x+y)a^2t^2$。

## 第3章

1．$u(x,\ t)=\left(\cos\dfrac{a\pi}{l}t+\dfrac{l}{a\pi}\sin\dfrac{a\pi}{l}t\right)\sin\dfrac{\pi}{l}x$。

2．定解问题为

$$\begin{cases}\dfrac{\partial^2 u}{\partial t^2}-a^2\dfrac{\partial^2 u}{\partial x^2}=0 & (0<x<l,\ t>0)\\ u|_{x=0}=0,\ u|_{x=l}=0 & \\ u|_{t=0}=\begin{cases}\dfrac{F(l-x_0)}{Tl}x & (0\leqslant x<x_0)\\ \dfrac{Fx_0}{Tl}(l-x) & (x_0\leqslant x<l)\end{cases} & \\ \left.\dfrac{\partial u}{\partial t}\right|_{t=0}=0 & \end{cases}$$

解为$u(x,\ t)=\dfrac{2Fl}{T\pi^2}\sum\limits_{n=1}^{\infty}\dfrac{1}{n^2}\sin\dfrac{n\pi}{l}x_0\cos\dfrac{n\pi a}{l}t\sin\dfrac{n\pi}{l}x$。

3．$u(x,\ t)=-\dfrac{32l^2}{\pi^3}\sum\limits_{k=0}^{\infty}\dfrac{1}{(2k+1)^2}\cos\dfrac{(2k+1)\pi a}{2l}t\sin\dfrac{(2k+1)\pi}{2l}x$。

4. $u(x,t)=\dfrac{l}{2}+\dfrac{2l}{\pi^2}\sum_{n=1}^{\infty}\dfrac{(-1)^n-1}{n^2}e^{-\frac{a^2n^2\pi^2}{l^2}t}\cos\dfrac{n\pi}{l}x$。

5. $u(x,y)=\dfrac{B\sinh\dfrac{(b-y)\pi}{a}}{\sinh\dfrac{b\pi}{a}}\sin\dfrac{\pi}{a}x$。

6. $u(\rho,\varphi)=A+\dfrac{B}{\rho_0}\rho\sin\varphi$。

7. 定解问题为

$$\begin{cases}\dfrac{\partial^2u}{\partial r^2}+\dfrac{1}{r}\dfrac{\partial u}{\partial r}+\dfrac{1}{r^2}\dfrac{\partial^2u}{\partial\theta^2}=0 & (0<r<a,0<\theta<\pi)\\ u|_{r=a}=T\theta(\pi-\theta)\\ u|_{\theta=0}=0,\ u|_{\theta=\pi}=0\end{cases}$$

解为 $u(r,\theta)=\dfrac{4T}{\pi}\sum_{n=1}^{\infty}\dfrac{r^n}{a^nn^3}[1-(-1)^n]\sin n\theta$。

8. 定解问题为

$$\begin{cases}\Delta u=0 & (0<r<R,0<\theta<\alpha)\\ u|_{\theta=0}=0,\ u|_{\theta=\alpha}=0\\ u|_{r=R}=f(\theta)\end{cases}$$

解为 $u(r,\theta)=\dfrac{2}{\alpha}\sum_{n=1}^{\infty}\left[\int_0^{\alpha}f(\theta)\sin\dfrac{n\pi}{\alpha}\theta\mathrm{d}\theta\right]\left(\dfrac{r}{R}\right)^{\frac{n\pi}{\alpha}}\sin\dfrac{n\pi}{\alpha}\theta$。

9. $u(x,t)=\dfrac{A}{a\pi}\dfrac{1}{\omega^2-\pi^2a^2}(\omega\sin\pi at-\pi a\sin\omega t)\cos\pi x$。

10. $u(x,t)=\sum_{n=1}^{\infty}\left\{\dfrac{2T_0}{n\pi}[1-(-1)^n]e^{-\frac{n^2\pi^2a^2t}{l^2}}-\dfrac{2A}{a^2n\pi}\dfrac{[1-(-1)^ne^{-\alpha l}]}{\alpha^2+\left(\dfrac{n\pi}{l}\right)^2}\left(e^{-\frac{n^2\pi^2a^2t}{l^2}}-1\right)\right\}\sin\dfrac{n\pi}{l}x$。

11. $u(x,t)=e^{-4\pi^2a^2t}\cos2\pi x+\dfrac{1}{a^2\pi^2}\left(1-e^{-a^2\pi^2t}\right)\cos\pi x$。

12. $u(r,\theta)=\dfrac{1}{24}r^2(a^2-r^2)\sin2\theta$。

13. 定解问题为

$$\begin{cases}\dfrac{\partial u}{\partial t}-a^2\dfrac{\partial^2u}{\partial x^2}=0 & (0<x<l,\ t>0)\\ \left.\dfrac{\partial u}{\partial x}\right|_{x=0}=0,u|_{x=l}=u_0\\ u|_{t=0}=\dfrac{u_0}{l}x\end{cases}$$

解为 $u(x,t)=u_0-\frac{8u_0}{\pi^2}\sum_{n=1}^{\infty}\frac{1}{(2n-1)^2}e^{-\frac{(2n-1)^2\pi^2a^2}{4l^2}t}\cos\frac{(2n-1)\pi}{2l}x$。

14. $$u(x,y)=\sum_{n=1}^{\infty}f_n(y)\sin\frac{n\pi}{a}x+\varphi_1(y)+\frac{\varphi_2(y)-\varphi_1(y)}{a}x$$

其中，$f_n(y)$ 由

$$\begin{aligned}&f_n''(y)-\frac{n^2\pi^2}{a^2}f_n(y)\\&=\frac{2}{a}\int_0^a\left\{f(x,y)-\left[\varphi_1''(y)+\frac{\varphi_2''(y)-\varphi_1''(y)}{a}x\right]\right\}\sin\frac{n\pi}{a}x\mathrm{d}x\end{aligned}$$

$$f_n(0)=\frac{2}{a}\int_0^a\left\{\psi_1(x)-\left[\varphi_1(0)+\frac{\varphi_2(0)-\varphi_1(0)}{a}x\right]\right\}\sin\frac{n\pi}{a}x\mathrm{d}x$$

$$f_n(b)=\frac{2}{a}\int_0^a\left\{\psi_2(x)-\left[\varphi_1(b)+\frac{\varphi_2(b)-\varphi_1(b)}{a}x\right]\right\}\sin\frac{n\pi}{a}x\mathrm{d}x$$

确定。

15. $u(x,t)=\frac{8Al^2}{\pi^3}\sum_{k=0}^{\infty}\frac{1}{(2k+1)^3}\cos\frac{(2k+1)^2\pi^2a}{l^2}t\sin\frac{(2k+1)\pi}{l}x$。

16. (1) $\frac{\mathrm{d}}{\mathrm{d}x}\left(x^{\gamma}(x-1)^{1+\alpha+\beta-\gamma}\frac{\mathrm{d}y}{\mathrm{d}x}\right)+\alpha\beta x^{\gamma-1}(x-1)^{\alpha+\beta-\gamma}y=0$；

(2) $\frac{\mathrm{d}}{\mathrm{d}x}\left(x^{\gamma}e^{-x}\frac{\mathrm{d}y}{\mathrm{d}x}\right)-\alpha x^{\gamma-1}e^{-x}y=0$。

18. (1) $X_n(x)=\sin\frac{(2n+1)\pi}{2l}x,\quad n=0,1,\cdots$。

(2) $X_n(x)=C_n\sin\frac{\gamma_n}{l}x,\quad n=1,2,\cdots$，其中 $\gamma_n$ 为 $\gamma+hl\tan\gamma=0$ 的解。

(3) $X_n(x)=A_n\cos nx+B_n\sin nx\quad n=1,2,\cdots$。

21. $u(x,y)=\frac{xy}{12}(a^3-x^3)+\frac{a^4b}{\pi^5}\sum_{n=1}^{\infty}\frac{n^2\pi^2(-1)^n+2-2(-1)^n}{n^5}\frac{\sinh\frac{n\pi}{a}y}{\sinh\frac{n\pi b}{2a}}\sin\frac{n\pi}{a}x$。

## 第4章

1. 利用 $\int_0^{\infty}\frac{\sin ax}{x}\mathrm{d}x=\frac{\pi}{2}\operatorname{sgn}a$ 可得

$$\mathcal{F}\left[\frac{\sin ax}{x}\right]=\begin{cases}\pi & (-a<\omega<a)\\ \frac{\pi}{2} & (\omega=\pm a)\\ 0 & (\omega<-a\text{ 或 }\omega>a)\end{cases}$$

2. $u(x,t)=\frac{c}{2}\left[1+\operatorname{erf}\left(\frac{x}{2\sqrt{t}}\right)\right]$。

3. $u(x, t)=\frac{1}{2\sqrt{\pi t}}\mathrm{e}^{\frac{t^2}{2}}\int_{-\infty}^{+\infty}\exp\left(-\frac{(y-x)^2}{4t}\right)\varphi(y)\mathrm{d}y$。

4. 令

$$U(\omega, t)=\mathcal{F}[u(x, t)],\quad \hat{f}(\omega, t)=\mathcal{F}[f(x, t)],\quad \Phi(\omega, t)=\mathcal{F}[\varphi(x, t)],\quad \Psi(\omega, t)=\mathcal{F}[\psi(x, t)]$$

则

$$U(\omega, t)=\Phi(\omega)\cos a\omega t+\Psi(\omega)\frac{\sin a\omega t}{a\omega}+\frac{1}{a\omega}\int_0^t\hat{f}(\omega, \tau)\sin a\omega(t-\tau)\mathrm{d}\tau$$

取逆傅里叶变换，并用到傅里叶变换的位移性质

$$u(x, t)=\frac{1}{2}[\varphi(x+at)+\varphi(x-at)]+\frac{1}{a}\psi*g_{at}(x)+\frac{1}{a}\int_0^t f*g_{a(t-\tau)}(x)\mathrm{d}\tau$$

其中

$$g_{at}(x)=\begin{cases}\frac{1}{2} & (-at<x<at)\\ 0 & \text{其他}\end{cases}$$

因此

$$u(x, t)=\frac{1}{2}[\varphi(x+at)+\varphi(x-at)]+\frac{1}{2a}\int_{x-at}^{x+at}\psi(s)\mathrm{d}s+\frac{1}{2a}\int_0^t\mathrm{d}\tau\int_{x-a(t-\tau)}^{x+a(t-\tau)}f(s, \tau)\mathrm{d}s$$

5. $\mathcal{L}[\mathrm{e}^{-t}\sin at]=\frac{a}{(\lambda+1)^2+a^2}$，$\mathcal{L}[t^2\mathrm{e}^{-t}]=\frac{2}{(\lambda+1)^3}$。

6. $T(t)=\frac{1}{a}\int_0^t f(s)\sin a(t-s)\mathrm{d}s+b\cos at+\frac{c}{a}\sin at$。

7. $u(x, t)=\frac{k}{\pi^2}(1-\cos\pi t)\sin\pi x$。

8. $u(x, y)=x^2+\frac{1}{3}xy^3-\frac{1}{3}y^3$。

9. $f(t)=\frac{1}{27}(24+120t+30\cos 3t+50\sin 3t)$。

**第 5 章**

5. 圆域上的格林函数为

$$G(M, M_0)=\frac{1}{2\pi}\left[\ln\frac{1}{r_{MM_0}}-\ln\left(\frac{a}{r_{OM_0}}\cdot\frac{1}{r_{MM_1}}\right)\right]$$

其中，$M_1$是圆内定点$M_0$关于圆周的反演点。

圆内狄氏问题的解为

$$u(r, \theta)=\frac{1}{2\pi}\int_0^{2\pi}\varphi(t)\frac{a^2-r^2}{a^2+r^2-2ar\cos(\theta-t)}\mathrm{d}t$$

6. $u(x, y)=\frac{y}{\pi}\int_{-\infty}^{+\infty}\frac{\varphi(\xi)}{(x-\xi)^2+y^2}\mathrm{d}\xi$

7. $G(M, M_0)=\frac{1}{4\pi}\left(\frac{1}{r_{MM_0}}-\frac{R}{r_{OM_0}}\cdot\frac{1}{r_{MM_1}}-\frac{1}{r_{MM_1^*}}+\frac{R}{r_{OM_0}}\cdot\frac{1}{r_{MM_1^*}}\right)$

其中，$M_1$是点$M_0$关于球面的反演点，$M_1^*$是$M_1$关于平面$z=0$的对称点。

## 第6章

1. $(-\infty, +\infty)$。

3. (1) $-\alpha J_1(\alpha x)$；
   (2) $\alpha x J_0(\alpha x)$。

4. (1) $x^3J_1(x)-4xJ_1(x)+2x^2J_0(x)+C$；
   (2) $x^4J_2(x)-2x^3J_3(x)+C$；
   (3) $\frac{1}{\alpha}x^{n+1}J_{n+1}(\alpha x)+C$。

8. $x=2a\sum_{i=1}^{\infty}\frac{1}{\mu_iJ_2(\mu_i)}J_1\left(\frac{\mu_i}{a}x\right)$。

9. $1-x^2=8\sum_{i=1}^{\infty}\frac{1}{\alpha_i^3J_1(\alpha_i)}J_0(\alpha_ix)$。

12. $u(r, t)=\sum_{n=1}^{\infty}\frac{4J_2(\mu_n^{(0)})}{(\mu_n^{(0)})^2J_1(\mu_n^{(0)})}J_0\left(\frac{\mu_n^{(0)}}{R}r\right)\cos\frac{a\mu_n^{(0)}}{R}t$。

13. 定解问题为

$$\begin{cases}\Delta u=0 & (r<a,0<z<h)\\ u|_{z=0}=0,\ u|_{z=h}=r^2 \\ u|_{r=a}=0\end{cases}$$

解为$u(r, z)=2a^2\sum_{n=1}^{\infty}\frac{(\mu_n^{(0)})^2-4}{(\mu_n^{(0)})^3J_1(\mu_n^{(0)})}\frac{\sinh\frac{\mu_n^{(0)}z}{a}}{\sinh\frac{\mu_n^{(0)}h}{a}}J_0\left(\frac{\mu_n^{(0)}}{a}r\right)$。

## 第7章

4. (1) 0;　　(2) $\frac{2}{5}$。

6. 提示：利用$P_l(x)$的罗德里格斯表达式，分部积分证明。

7. $f(x)=2P_0(x)+4P_1(x)+2P_2(x)+2P_3(x)$。

8. $f(x)=\frac{1}{4}P_0(x)+\frac{1}{2}P_1(x)+\frac{5}{16}P_2(x)-\frac{3}{32}P_4(x)+\cdots$。

9. $u(r, \theta)=2r^2(3\cos^2\theta-1)$。

10．$u(r,\ \theta)=-E_0 r\cos\theta+r^{-2}E_0 a^3\cos\theta$。

12．(1) $A_0=\frac{1}{2}$、$A_1=0$、$A_2=\frac{5}{8}$、$A_3=0$、$A_4=-\frac{3}{16}$。

## 第 8 章

1．设 $\lambda=\frac{\tau}{h}$, $C_{-1}=\frac{1}{2}(\lambda^2+\lambda)$、$C_0=1-\lambda^2$、$C_1=\frac{1}{2}(\lambda^2-\lambda)$。

# 参 考 文 献


[1] A.H. 吉洪诺夫，A.A. 撒马尔斯基. 数学物理. 北京：人民教育出版社，1961.

[2] 刘盾．实用数学物理方程. 重庆：重庆大学出版社，1998.

[3] 梁昆淼．数学物理方法（第三版）．北京：高等教育出版社，1995.

[4] 陆金甫，关治. 偏微分方程数值解法（第二版）．北京：清华大学出版社，2004.

[5] 欧维义. 数学物理方程. 吉林：吉林大学出版社，1997.

[6] 潘祖梁，陈仲慈. 工程技术中的偏微分方程. 浙江：浙江大学出版社，1996.

[7] 胡祖炽，雷功炎. 偏微分方程初值问题差分方法. 北京：北京大学出版社，1988.

[8] 胡嗣柱，倪光炯. 数学物理方法（第二版）．北京：高等教育出版社，2002.

[9] 彭芳麟. 数学物理方程的 MATLAB 解法与可视化. 北京：清华大学出版社，2004.

[10] 李元杰. 数理方程与特殊函数（第三版）．北京：高等教育出版社，2009.

[11] 王元明. 数理方程与特殊函数（第三版）．北京：高等教育出版社，2004.

[12] Nakhle H. Asmar. Partial Differential Equations with Fourier Series and Boundary Value Problems (second edition). NewYork: Prentice Hall, 2005.

举报电话：（010）88254396；（010）88258888
传　　真：（010）88254397
E-mail:　dbqq@phei.com.cn
通信地址：北京市万寿路 173 信箱
　　　　　电子工业出版社总编办公室
邮　　编：100036